线性代数

主　编　朱荣坤　翁苏骏

副主编　谢加良　李　丽　邰亚丽

科学出版社

北　京

内 容 简 介

本书内容包括行列式、矩阵、线性方程组、矩阵的特征值与特征向量、二次型等基本理论与方法. 例题配置注重层次性和典型性, 按章节配有相当数量的习题, 各章还精心设置了较为丰富、有助于考研等需求的复习题, 书末附有部分习题参考解答. 此外, 还附有线性代数应用实例与 MATLAB 在代数计算中的用法供学生进一步参考学习. 在概念的引入和内容的叙述等方面, 全书力求做到由浅入深、条理清晰、通俗易懂、易教易学.

本书可供普通高等学校理工类、经管类等专业学生使用, 也可作为考研的复习参考书.

图书在版编目(CIP)数据

线性代数/朱荣坤, 翁苏骏主编. —北京：科学出版社，2023.7

ISBN 978-7-03-075860-6

Ⅰ. ①线… Ⅱ. ①朱… ②翁… Ⅲ. ①线性代数-高等学校-教材
Ⅳ. ①O151.2

中国国家版本馆 CIP 数据核字(2023)第 108963 号

责任编辑: 姚莉丽 范培培 / 责任校对: 彭珍珍
责任印制: 师艳茹 / 封面设计: 陈 敬

科学出版社 出版
北京东黄城根北街 16 号
邮政编码：100717
http://www.sciencep.com
天津文林印务有限公司 印刷
科学出版社发行 各地新华书店经销
*
2023 年 7 月第 一 版 开本: 720 × 1000 1/16
2023 年 7 月第一次印刷 印张: 12 1/4
字数：244 000

定价: 38.00 元

(如有印装质量问题, 我社负责调换)

前　言

线性代数是研究变量间线性关系的一门学科, 是大学数学中一门重要的基础课程, 是理工类、经管类等专业的必修基础理论课程之一. 高等学校线性代数教学对于培养学生的抽象思维、逻辑推理、空间想象和计算等能力具有不可替代的作用. 同时, 进入数字经济时代, 线性代数处理问题的思想、方法和技术被广泛应用到经济、金融、信息、社会等各个领域. 本书根据教育部高等学校大学数学课程教学指导委员会最新公布的大学数学课程教学基本要求, 结合一线教学经验编写, 适合高等学校本科理工类、经管类等专业学生使用. 本书的基本内容包括行列式、矩阵、线性方程组、矩阵的特征值与特征向量、二次型等, 有机融入课程思政元素, 建议授课时数为 48 学时, 课时较少的可酌情删减教学内容, 标 $*$ 部分可作为自学参考章节. 本书在编写过程中力求做到科学性、通俗性和实用性相结合, 体现在如下三方面:

(1) 在结构体系上, “以线性方程组为主线, 以矩阵为主要工具, 以初等变换为主要方法”, 围绕线性方程组的提出、求解以及拓展等三个部分构建线性代数知识框架, 利用行列式理论、矩阵理论和向量空间理论来说明线性方程组解的问题, 各部分内容有机紧密地串联起来.

(2) 在内容处理上, 由浅入深、条理清晰、通俗易懂、易教易学, 例题配置注重层次性和典型性, 并配备了大量的习题以加强对概念、性质、方法的理解和应用. 注重理论联系实际, 加强概念与理论的背景和应用介绍, 利用对实际问题的讨论, 帮助学生理解抽象的代数概念. 同时, 还附有线性代数应用实例与 MATLAB 在代数计算中的用法, 把数学软件、信息技术与课程内容结合, 让学生学会在应用线性代数知识解决实际问题时如何应用数学软件, 提高数学建模能力.

(3) 在方法处理上, 贯彻 “以学生发展为中心” 的教育理念, 使得教学过程中可以更符合学生的思维特点. 例如, 以归纳法引入行列式概念, 以便初学者理解掌握; 把向量的内积与正交性内容并入实对称矩阵的对角化章节等. 针对学生容易引起模糊认识的知识点, 以 “想一想” 等探究性问题方式加以强调, 引导学生思考, 纠正易错点, 澄清疑难点, 提高学生自主探究的学习能力, 提升课程认知水平. 通过对课程思政元素的挖掘, 进一步引导学生领略科学方法论与数学美, 培养学生自主学习能力、科学探索精神, 塑造学生科学严谨、求真钻研的学科素养.

本书编者具有多年的线性代数教学经验与研究经历. 朱荣坤、翁苏骏负责总体方案设计、内容编排及统稿工作, 第 1 章和第 5 章由翁苏骏编写, 第 2 章由李丽编写, 第 3 章由郜亚丽编写, 第 4 章由朱荣坤编写; 全书的习题及部分习题参考解答由朱荣坤补充、完善. 线性代数应用实例由谢加良编写. 本书在编写过程中不仅得到了多方专家、学者和同行的热诚帮助, 还得到了集美大学、集美大学诚毅学院和科学出版社的鼎力支持. 在此, 编者特向提供帮助的各方人士表示由衷的感谢!

鉴于编者水平所限, 谬误浅显, 在所难免. 编者期待支持, 也期待斧正, 恳请各方人士不吝赐教. 谢谢!

编 者

2022 年 10 月

目　　录

第 1 章　行　列　式

行列式是线性代数的重要组成部分, 它不仅是研究矩阵和线性方程组理论的有用工具, 而且在工程技术、经济学和管理学等领域中有着极其广泛的应用. 本章在定义二阶、三阶行列式的基础上, 进一步讨论 n 阶行列式的定义、性质和计算, 介绍行列式在解线性方程组中的应用——克拉默 (Cramer) 法则.

1.1　行列式的定义与性质

1.1.1　二阶、三阶行列式

先来看中国古代的鸡兔同笼问题.《孙子算经》中记载了一个有趣的问题: “今有雉兔同笼, 上有三十五头, 下有九十四足, 问雉兔各几何?” 这个问题用二元一次方程组很容易求解, 可设雉 (鸡) 有 x_1 只, 兔有 x_2 只, 则有

$$\begin{cases} x_1 + x_2 = 35, \\ 2x_1 + 4x_2 = 94. \end{cases}$$

用消元法容易求得 $x_1 = 23, x_2 = 12$. 即鸡有 23 只, 兔有 12 只.

我们将问题一般化, 把二元一次方程组的一般形式写为

$$\begin{cases} a_{11}x_1 + a_{12}x_2 = b_1, \\ a_{21}x_1 + a_{22}x_2 = b_2. \end{cases} \tag{1.1.1}$$

用 a_{22} 乘第一个方程且用 a_{12} 乘第二个方程, 所得的两个方程相减, 当 $a_{11}a_{22} - a_{12}a_{21} \neq 0$ 时, 就可解出 x_1. 同理用 a_{21} 乘第一个方程且用 a_{11} 乘第二个方程, 所得的两个方程相减, 当 $a_{11}a_{22} - a_{12}a_{21} \neq 0$ 时, 就可解出 x_2. 所以当 $a_{11}a_{22} - a_{12}a_{21} \neq 0$ 时, 有

$$\begin{cases} x_1 = \dfrac{b_1a_{22} - b_2a_{12}}{a_{11}a_{22} - a_{12}a_{21}}, \\ x_2 = \dfrac{b_2a_{11} - b_1a_{21}}{a_{11}a_{22} - a_{12}a_{21}}, \end{cases} \tag{1.1.2}$$

这就是二元一次方程组的求解公式. 但这个公式不好记, 为了便于记住这个公式, 我们引进记号 $\begin{vmatrix} a & b \\ c & d \end{vmatrix}$, 称它为**二阶行列式**, 定义为

$$\begin{vmatrix} a & b \\ c & d \end{vmatrix} = ad - bc.$$

二阶行列式中的每个数称为元素, 横排称为行, 竖排称为列. 利用二阶行列式的定义, 由方程组 (1.1.1) 中的未知量 x_1, x_2 的系数可确定二阶行列式

$$D = \begin{vmatrix} a_{11} & a_{12} \\ a_{21} & a_{22} \end{vmatrix} = a_{11}a_{22} - a_{21}a_{12}.$$

把式 (1.1.2) 中的分子分别记为

$$D_1 = \begin{vmatrix} b_1 & a_{12} \\ b_2 & a_{22} \end{vmatrix}, \quad D_2 = \begin{vmatrix} a_{11} & b_1 \\ a_{21} & b_2 \end{vmatrix}.$$

D_j 实际上是将 D 的第 j 列元素用方程组右端的常数项替换后所得到的二阶行列式 ($j = 1, 2$). 所以当方程组 (1.1.1) 的系数行列式 $D \neq 0$ 时, 它的解就可以简洁地表示为

$$x_1 = \frac{D_1}{D}, \quad x_2 = \frac{D_2}{D}.$$

回顾鸡兔同笼问题, 利用行列式求解得

$$x_1 = \frac{D_1}{D} = \frac{\begin{vmatrix} 35 & 1 \\ 94 & 4 \end{vmatrix}}{\begin{vmatrix} 1 & 1 \\ 2 & 4 \end{vmatrix}} = \frac{46}{2} = 23, \quad x_2 = \frac{D_2}{D} = \frac{\begin{vmatrix} 1 & 35 \\ 2 & 94 \end{vmatrix}}{\begin{vmatrix} 1 & 1 \\ 2 & 4 \end{vmatrix}} = \frac{24}{2} = 12.$$

对于解三元一次方程组

$$\begin{cases} a_{11}x_1 + a_{12}x_2 + a_{13}x_3 = b_1, \\ a_{21}x_1 + a_{22}x_2 + a_{23}x_3 = b_2, \\ a_{31}x_1 + a_{32}x_2 + a_{33}x_3 = b_3, \end{cases} \tag{1.1.3}$$

同二元一次方程组一样, 用加减消元法消去 x_3, 就得到只含 x_1, x_2 的两个新的二元一次方程组, 再从这两个方程组中消去 x_2 就得到

$$(a_{11}a_{22}a_{33} + a_{12}a_{23}a_{31} + a_{13}a_{21}a_{32} - a_{11}a_{23}a_{32} - a_{12}a_{21}a_{33} - a_{13}a_{22}a_{31})x_1$$

$$= b_1a_{22}a_{33} + a_{12}a_{23}b_3 + a_{13}b_2a_{32} - b_1a_{23}a_{32} - a_{12}b_2a_{33} - a_{13}a_{22}b_3.$$

当 x_1 的系数不为零时, 就可解出 x_1. 用类似的方法可解出 x_2 与 x_3.

和前面一样, 为了便于记忆, 我们定义**三阶行列式**

$$D = \begin{vmatrix} a_{11} & a_{12} & a_{13} \\ a_{21} & a_{22} & a_{23} \\ a_{31} & a_{32} & a_{33} \end{vmatrix} = a_{11}a_{22}a_{33} + a_{12}a_{23}a_{31} + a_{13}a_{21}a_{32} - a_{11}a_{23}a_{32} - a_{12}a_{21}a_{33} - a_{13}a_{22}a_{31}. \tag{1.1.4}$$

如果三元一次方程组的系数行列式 $D \neq 0$, 那么可得解为

$$x_1 = \frac{D_1}{D}, \quad x_2 = \frac{D_2}{D}, \quad x_3 = \frac{D_3}{D},$$

其中

$$D_1 = \begin{vmatrix} b_1 & a_{12} & a_{13} \\ b_2 & a_{22} & a_{23} \\ b_3 & a_{32} & a_{33} \end{vmatrix}, \quad D_2 = \begin{vmatrix} a_{11} & b_1 & a_{13} \\ a_{21} & b_2 & a_{23} \\ a_{31} & b_3 & a_{33} \end{vmatrix}, \quad D_3 = \begin{vmatrix} a_{11} & a_{12} & b_1 \\ a_{21} & a_{22} & b_2 \\ a_{31} & a_{32} & b_3 \end{vmatrix}.$$

三阶行列式还可用对角线法则表示如下 (图 1.1.1).

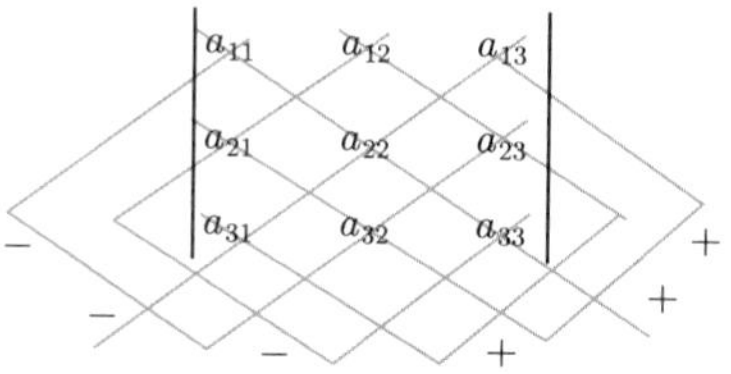

图 1.1.1 三阶行列式的对角线法则

例 1.1.1 解三元一次方程组

$$\begin{cases} x_1 - x_2 + 2x_3 = 13, \\ x_1 + x_2 + x_3 = 10, \\ 2x_1 + 3x_2 - x_3 = 1. \end{cases}$$

解 因为系数行列式

$$D = \begin{vmatrix} 1 & -1 & 2 \\ 1 & 1 & 1 \\ 2 & 3 & -1 \end{vmatrix} = 1 \times 1 \times (-1) + (-1) \times 1 \times 2 + 1 \times 3 \times 2$$

$$-2\times1\times2-3\times1\times1-1\times(-1)\times(-1)=-5\neq0,$$

且 $D_1=\begin{vmatrix}13&-1&2\\10&1&1\\1&3&-1\end{vmatrix}=-5, D_2=\begin{vmatrix}1&13&2\\1&10&1\\2&1&-1\end{vmatrix}=-10, D_3=\begin{vmatrix}1&-1&13\\1&1&10\\2&3&1\end{vmatrix}=$ -35, 所以方程组的解为

$$x_1=\frac{D_1}{D}=1,\quad x_2=\frac{D_2}{D}=2,\quad x_3=\frac{D_3}{D}=7.$$

利用行列式对二元一次方程组、三元一次方程组的讨论, 其结果简洁、美观, 体现了数学美. 那么, 能否将这一结果推广到有 n 个未知量、n 个方程的线性方程组呢? 即能否利用行列式给出 n 元线性方程组解的公式呢? 1.3 节将给出肯定的回答, 下面先介绍 n 阶行列式的定义.

1.1.2　n 阶行列式

为了定义 n 阶行列式, 下面来分析二、三阶行列式的定义, 然后找出规律. 利用二阶行列式的定义, 三阶行列式 (1.1.4) 可以变为

$$\begin{aligned}D&=a_{11}(a_{22}a_{33}-a_{23}a_{32})-a_{12}(a_{21}a_{33}-a_{23}a_{31})+a_{13}(a_{21}a_{32}-a_{22}a_{31})\\&=a_{11}(-1)^{1+1}\begin{vmatrix}a_{22}&a_{23}\\a_{32}&a_{33}\end{vmatrix}+a_{12}(-1)^{1+2}\begin{vmatrix}a_{21}&a_{23}\\a_{31}&a_{33}\end{vmatrix}+a_{13}(-1)^{1+3}\begin{vmatrix}a_{21}&a_{22}\\a_{31}&a_{32}\end{vmatrix}.\end{aligned}$$

记 $M_{11}=\begin{vmatrix}a_{22}&a_{23}\\a_{32}&a_{33}\end{vmatrix}, M_{12}=\begin{vmatrix}a_{21}&a_{23}\\a_{31}&a_{33}\end{vmatrix}, M_{13}=\begin{vmatrix}a_{21}&a_{22}\\a_{31}&a_{32}\end{vmatrix}$, 分别称为元素 a_{11},a_{12},a_{13} 的**余子式**, 它们是划掉元素 a_{1j} 所在第一行的元素和所在的第 j 列元素后的二阶行列式. 为了使表示式更简洁, 记 $A_{1j}=(-1)^{1+j}M_{1j}, j=1,2,3$, 称 A_{1j} 为元素 a_{1j} 的**代数余子式**, 于是三阶行列式可写成

$$D=a_{11}A_{11}+a_{12}A_{12}+a_{13}A_{13}.$$

规定一阶行列式就是这个元素, 即 $|a_{11}|=a_{11}$, 则二阶行列式可写成

$$\begin{vmatrix}a_{11}&a_{12}\\a_{21}&a_{22}\end{vmatrix}=a_{11}A_{11}+a_{12}A_{12},$$

这里 $A_{11}=a_{22}, A_{12}=-a_{21}$.

现在可以将二、三阶行列式推广到 n 阶行列式.

定义 1.1.1 由 n^2 个数排成 n 行 n 列的一个算式

$$D=\begin{vmatrix} a_{11} & a_{12} & \cdots & a_{1n} \\ a_{21} & a_{22} & \cdots & a_{2n} \\ \vdots & \vdots & & \vdots \\ a_{n1} & a_{n2} & \cdots & a_{nn} \end{vmatrix}=a_{11}A_{11}+a_{12}A_{12}+\cdots+a_{1n}A_{1n}, \tag{1.1.5}$$

称为 ***n* 阶行列式**, 可记为 $D=|a_{ij}|$. 这里 $A_{1j}=(-1)^{1+j}M_{1j}$, 其中

$$M_{1j}=\begin{vmatrix} a_{21} & \cdots & a_{2,j-1} & a_{2,j+1} & \cdots & a_{2n} \\ a_{31} & \cdots & a_{3,j-1} & a_{3,j+1} & \cdots & a_{3n} \\ \vdots & & \vdots & \vdots & & \vdots \\ a_{n1} & \cdots & a_{n,j-1} & a_{n,j+1} & \cdots & a_{nn} \end{vmatrix} \quad (j=1,2,\cdots,n)$$

是行列式 D 中划掉第一行元素和第 j 列元素后所构成的 $n-1$ 阶行列式, 称 M_{1j} 为元素 a_{1j} 的**余子式**, 称 A_{1j} 为元素 a_{1j} 的**代数余子式**. 对于行列式 (1.1.5) 中的一般元素 a_{ij} 的余子式和代数余子式可类似定义.

注 一个 n 阶行列式按照定义逐次迭代, 可以得到与元素有关的展开式, 这个展开式具有三个特点: ① 展开式共有 $n!$ 项; ② 每一项都是来自不同行不同列的 n 个元素相乘; ③ 每一项的符号由所谓的 "逆序数" 确定. 有兴趣的读者可以参考相关教材.

式 (1.1.5) 相当于行列式按第一行展开, 那么能否按其他行 (或列) 展开呢? 这个问题将在后面进一步研究.

元素 $a_{11},a_{22},\cdots,a_{nn}$ 所在的对角线称为**主对角线**.

例如, 在四阶行列式 $D=\begin{vmatrix} 1 & -1 & 13 & 7 \\ 4 & 1 & 10 & 6 \\ 2 & 3 & 1 & 0 \\ 5 & 6 & 7 & 8 \end{vmatrix}$ 中, 元素 a_{32} 的余子式和代数余子式分别为 $M_{32}=\begin{vmatrix} 1 & 13 & 7 \\ 4 & 10 & 6 \\ 5 & 7 & 8 \end{vmatrix}$ 与 $A_{32}=(-1)^{3+2}M_{32}$.

利用定义可进行较高阶行列式的计算.

例 1.1.2 计算四阶行列式 $D=\begin{vmatrix} 3 & 0 & -1 & 0 \\ 1 & 1 & 10 & 6 \\ 2 & 3 & 1 & 0 \\ 5 & 6 & 7 & 8 \end{vmatrix}$.

想一想: 四阶行列式能否按对角线法则展开?

解　由式 (1.1.5) 得

$$D=(-1)^{1+1}\times 3\times\begin{vmatrix}1&10&6\\3&1&0\\6&7&8\end{vmatrix}+(-1)^{1+3}\times(-1)\times\begin{vmatrix}1&1&6\\2&3&0\\5&6&8\end{vmatrix}$$

$$=3\times(-142)+(-1)\times(-10)=-416.$$

从这个例子已初步看出: 用定义计算行列式, 阶数越高计算量越大, 既耗时又容易出错, 所以需要探讨计算行列式更有效的方法. 为了简化行列式的计算, 下面给出行列式的性质.

1.1.3　行列式的性质

性质 1.1.1　行列式 D 与其转置行列式 D^{T} 相等, 即 $D=D^{\mathrm{T}}$. 这里将行列式

$$D=\begin{vmatrix}a_{11}&a_{12}&\cdots&a_{1n}\\a_{21}&a_{22}&\cdots&a_{2n}\\\vdots&\vdots&&\vdots\\a_{n1}&a_{n2}&\cdots&a_{nn}\end{vmatrix}$$

中的行与列按对应的顺序互换得到新的行列式

$$D^{\mathrm{T}}=\begin{vmatrix}a_{11}&a_{21}&\cdots&a_{n1}\\a_{12}&a_{22}&\cdots&a_{n2}\\\vdots&\vdots&&\vdots\\a_{1n}&a_{2n}&\cdots&a_{nn}\end{vmatrix},$$

D^{T} 称为 D 的**转置行列式**. 显然 D 也是 D^{T} 的转置行列式.

例如二阶行列式 $D=\begin{vmatrix}a&b\\c&d\end{vmatrix}=ad-bc=\begin{vmatrix}a&c\\b&d\end{vmatrix}=D^{\mathrm{T}}$.

对于一般的 n 阶行列式, 可以用数学归纳法证明这一性质.

性质 1.1.1 说明在行列式中行与列的地位是相同的, 凡是行列式对行成立的性质, 对列也成立, 反之亦然. 譬如 n 阶行列式的定义是按第一行展开的, 由于行与列的地位一样, 所以行列式也可以按第一列展开.

性质 1.1.2　行列式中任意两行 (列) 互换后, 行列式的值改变符号.

证明　用数学归纳法, 对二阶行列式结论显然正确.

假设对任意 $n-1$ 阶行列式结论正确. 由 n 阶行列式定义式 (1.1.5) 可知结论对 n 阶行列式也正确.

推论 1.1.1 若行列式中有两行 (列) 元素完全相同, 则行列式的值等于零.

性质 1.1.3 行列式某一行 (列) 的所有元素都乘以数 k, 等于用数 k 乘以此行列式, 即

$$\begin{vmatrix} a_{11} & a_{12} & \cdots & a_{1n} \\ \vdots & \vdots & & \vdots \\ ka_{i1} & ka_{i2} & \cdots & ka_{in} \\ \vdots & \vdots & & \vdots \\ a_{n1} & a_{n2} & \cdots & a_{nn} \end{vmatrix} = k \begin{vmatrix} a_{11} & a_{12} & \cdots & a_{1n} \\ \vdots & \vdots & & \vdots \\ a_{i1} & a_{i2} & \cdots & a_{in} \\ \vdots & \vdots & & \vdots \\ a_{n1} & a_{n2} & \cdots & a_{nn} \end{vmatrix},$$

或者说, 若行列式的某一行 (列) 中所有元素有公因子, 则可将公因子提取到行列式记号外面.

证明 由性质 1.1.2 及行列式定义式 (1.1.5),

$$\begin{aligned} \begin{vmatrix} a_{11} & a_{12} & \cdots & a_{1n} \\ \vdots & \vdots & & \vdots \\ ka_{i1} & ka_{i2} & \cdots & ka_{in} \\ \vdots & \vdots & & \vdots \\ a_{n1} & a_{n2} & \cdots & a_{nn} \end{vmatrix} &= - \begin{vmatrix} ka_{i1} & ka_{i2} & \cdots & ka_{in} \\ \vdots & \vdots & & \vdots \\ a_{11} & a_{12} & \cdots & a_{1n} \\ \vdots & \vdots & & \vdots \\ a_{n1} & a_{n2} & \cdots & a_{nn} \end{vmatrix} \\ &= -(ka_{i1}A_{11} + ka_{i2}A_{12} + \cdots + ka_{in}A_{1n}) \\ &= -k(a_{i1}A_{11} + a_{i2}A_{12} + \cdots + a_{in}A_{1n}) \\ &= -k \begin{vmatrix} a_{i1} & a_{i2} & \cdots & a_{in} \\ \vdots & \vdots & & \vdots \\ a_{11} & a_{12} & \cdots & a_{1n} \\ \vdots & \vdots & & \vdots \\ a_{n1} & a_{n2} & \cdots & a_{nn} \end{vmatrix} = k \begin{vmatrix} a_{11} & a_{12} & \cdots & a_{1n} \\ \vdots & \vdots & & \vdots \\ a_{i1} & a_{i2} & \cdots & a_{in} \\ \vdots & \vdots & & \vdots \\ a_{n1} & a_{n2} & \cdots & a_{nn} \end{vmatrix}. \end{aligned}$$

由性质 1.1.3 可得以下三个推论:

推论 1.1.2 若行列式中有一行 (列) 的元素全为零, 则行列式的值等于零.

推论 1.1.3 若行列式中有两行 (列) 的元素成比例, 则行列式的值等于零.

性质 1.1.4 若行列式的某一行 (列) 的元素均可以写成两项之和, 则这个行

列式等于两个行列式之和, 即

$$\begin{vmatrix} a_{11} & a_{12} & \cdots & a_{1n} \\ \vdots & \vdots & & \vdots \\ b_{i1}+c_{i1} & b_{i2}+c_{i2} & \cdots & b_{in}+c_{in} \\ \vdots & \vdots & & \vdots \\ a_{n1} & a_{n2} & \cdots & a_{nn} \end{vmatrix}$$

$$= \begin{vmatrix} a_{11} & a_{12} & \cdots & a_{1n} \\ \vdots & \vdots & & \vdots \\ b_{i1} & b_{i2} & \cdots & b_{in} \\ \vdots & \vdots & & \vdots \\ a_{n1} & a_{n2} & \cdots & a_{nn} \end{vmatrix} + \begin{vmatrix} a_{11} & a_{12} & \cdots & a_{1n} \\ \vdots & \vdots & & \vdots \\ c_{i1} & c_{i2} & \cdots & c_{in} \\ \vdots & \vdots & & \vdots \\ a_{n1} & a_{n2} & \cdots & a_{nn} \end{vmatrix}.$$

性质 1.1.4 的证明只需将 n 阶行列式中的第 i 行与第一行交换, 然后按定义展开, 比较等式两边是相同的即可.

由性质 1.1.3 及推论 1.1.3、性质 1.1.4 可证得如下结论.

性质 1.1.5　若在行列式的某一行 (列) 元素上加上另一行 (列) 对应元素的 c 倍, 则行列式的值不变, 即

$$\begin{vmatrix} a_{11} & a_{12} & \cdots & a_{1n} \\ \vdots & \vdots & & \vdots \\ a_{i1} & a_{i2} & \cdots & a_{in} \\ \vdots & \vdots & & \vdots \\ a_{k1} & a_{k2} & \cdots & a_{kn} \\ \vdots & \vdots & & \vdots \\ a_{n1} & a_{n2} & \cdots & a_{nn} \end{vmatrix} = \begin{vmatrix} a_{11} & a_{12} & \cdots & a_{1n} \\ \vdots & \vdots & & \vdots \\ a_{i1} & a_{i2} & \cdots & a_{in} \\ \vdots & \vdots & & \vdots \\ ca_{i1}+a_{k1} & ca_{i2}+a_{k2} & \cdots & ca_{in}+a_{kn} \\ \vdots & \vdots & & \vdots \\ a_{n1} & a_{n2} & \cdots & a_{nn} \end{vmatrix}.$$

想一想： 哪一行变了？哪一行不变？

性质 1.1.6 行列式可以按任意一行 (列) 展开, 即对任意 $1 \leqslant i, j \leqslant n$,

$$\begin{vmatrix} a_{11} & a_{12} & \cdots & a_{1n} \\ \vdots & \vdots & & \vdots \\ a_{i1} & a_{i2} & \cdots & a_{in} \\ \vdots & \vdots & & \vdots \\ a_{n1} & a_{n2} & \cdots & a_{nn} \end{vmatrix} = a_{i1}A_{i1} + a_{i2}A_{i2} + \cdots + a_{in}A_{in} = \sum_{j=1}^{n} a_{ij}A_{ij}$$

或

$$\begin{vmatrix} a_{11} & a_{12} & \cdots & a_{1n} \\ \vdots & \vdots & & \vdots \\ a_{i1} & a_{i2} & \cdots & a_{in} \\ \vdots & \vdots & & \vdots \\ a_{n1} & a_{n2} & \cdots & a_{nn} \end{vmatrix} = a_{1j}A_{1j} + a_{2j}A_{2j} + \cdots + a_{nj}A_{nj} = \sum_{i=1}^{n} a_{ij}A_{ij}.$$

性质 1.1.6 也可称为行列式按行 (列) 展开定理. 它说明了行列式可以按它的任一行 (列) 展开, 结果是一样的.

性质 1.1.7 行列式

$$D = \begin{vmatrix} a_{11} & a_{12} & \cdots & a_{1n} \\ \vdots & \vdots & & \vdots \\ a_{i1} & a_{i2} & \cdots & a_{in} \\ \vdots & \vdots & & \vdots \\ a_{k1} & a_{k2} & \cdots & a_{kn} \\ \vdots & \vdots & & \vdots \\ a_{n1} & a_{n2} & \cdots & a_{nn} \end{vmatrix}$$

中任意一行的元素与另一行元素的代数余子式乘积之和为零, 即当 $i \neq k$ 时, 有

$$a_{i1}A_{k1} + a_{i2}A_{k2} + \cdots + a_{in}A_{kn} = 0.$$

这里略去性质 1.1.6、性质 1.1.7 的证明. 性质 1.1.6 主要用于行列式的计算, 而性质 1.1.7 主要用于一些理论的证明, 比如用其证明克拉默法则等.

例 1.1.3　设 $D=\begin{vmatrix}1&1&3&2\\1&0&1&2\\2&-1&1&0\\3&0&-1&2\end{vmatrix}$, 求 $A_{31}-A_{32}+A_{33}-A_{34}$, 其中 A_{ij} 为 $a_{ij}(1\leqslant i,j\leqslant 4)$ 的代数余子式.

解

$$A_{31}-A_{32}+A_{33}-A_{34}=\begin{vmatrix}1&1&3&2\\1&0&1&2\\\boxed{1\quad -1\quad 1\quad -1}\\3&0&-1&2\end{vmatrix}=\begin{vmatrix}1&1&3&2\\1&0&1&2\\2&0&4&1\\3&0&-1&2\end{vmatrix}$$

$$=-\begin{vmatrix}1&1&2\\2&4&1\\3&-1&2\end{vmatrix}=-\begin{vmatrix}1&0&0\\2&2&-3\\3&-4&-4\end{vmatrix}=20.$$

习　题　1.1

1. 计算下列二阶行列式:

(1) $\begin{vmatrix}5&6\\7&8\end{vmatrix}$;　(2) $\begin{vmatrix}-9&6\\-1&-2\end{vmatrix}$;　(3) $\begin{vmatrix}\cos x&\sin x\\\sin x&\cos x\end{vmatrix}$;

(4) $\begin{vmatrix}x-1&x^3\\1&x^2+x+1\end{vmatrix}$;　(5) $\begin{vmatrix}a^2&ba^2\\b^2&ab^2\end{vmatrix}$;　(6) $\begin{vmatrix}\sin\alpha&-\cos\alpha\\\sin\beta&\cos\beta\end{vmatrix}$.

2. 写出下列行列式中 a_{12},a_{32} 的余子式和代数余子式:

(1) $\begin{vmatrix}1&7&1\\-1&0&2\\-2&3&1\end{vmatrix}$;　(2) $\begin{vmatrix}-1&2&-2&1\\2&3&1&-1\\2&0&0&3\\4&1&0&1\end{vmatrix}$.

3. 计算下列三阶行列式:

(1) $\begin{vmatrix}2&0&1\\1&-4&-1\\-1&8&3\end{vmatrix}$;　(2) $\begin{vmatrix}2&1&3\\3&-2&-1\\1&4&3\end{vmatrix}$;

(3) $\begin{vmatrix}0&1&1\\-1&0&-1\\1&1&0\end{vmatrix}$;　(4) $\begin{vmatrix}0&a&0\\b&0&c\\0&d&0\end{vmatrix}$;

(5) $\begin{vmatrix}x_1&x_2&0\\y_1&y_2&0\\0&0&z\end{vmatrix}$;　(6) $\begin{vmatrix}a&b&c\\b&c&a\\c&a&b\end{vmatrix}$;

(7) $\begin{vmatrix} 1 & 1 & 1 \\ a & b & c \\ a^2 & b^2 & c^2 \end{vmatrix}$.

4. 利用行列式按行 (列) 展开的性质计算下列行列式:

(1) $\begin{vmatrix} 0 & 0 & 1 & 0 \\ 0 & 2 & 0 & 3 \\ 3 & 0 & 5 & 0 \\ 0 & 8 & 0 & 0 \end{vmatrix}$;

(2) $\begin{vmatrix} -1 & 2 & -2 & 1 \\ 2 & 3 & 1 & -1 \\ 2 & 0 & 0 & 3 \\ 4 & 1 & 0 & 1 \end{vmatrix}$;

(3) $\begin{vmatrix} 0 & 0 & 0 & 0 & 1 \\ 0 & 0 & 0 & 2 & 0 \\ 0 & 0 & 3 & 0 & 0 \\ 0 & 4 & 0 & 0 & 0 \\ 5 & 0 & 0 & 0 & 5 \end{vmatrix}$;

(4) $\begin{vmatrix} a & 1 & 0 & 0 \\ -1 & b & 1 & 0 \\ 0 & -1 & c & 1 \\ 0 & 0 & -1 & d \end{vmatrix}$.

5. 设 $D = \begin{vmatrix} 3 & -5 & 2 & 1 \\ 1 & 1 & 0 & -5 \\ -1 & 3 & 1 & 3 \\ 2 & -4 & -1 & -3 \end{vmatrix}$, 求 $A_{11}+A_{12}+A_{13}+A_{14}$ 和 $M_{12}+5M_{22}+3M_{32}+3M_{42}$ 的值, 其中 A_{ij}, M_{ij} 分别为 $a_{ij}(1 \leqslant i, j \leqslant 4)$ 的代数余子式和余子式.

1.2 行列式的计算

直接应用性质 1.1.6 计算行列式, 对高阶行列式而言运算量较大. 所以计算行列式时, 一般可先用行列式的性质 1.1.5 将行列式中的某一行 (列) 化为仅含有一个 (或两个) 非零元素, 再按此行 (列) 展开, 化为低一阶的行列式, 如此继续下去直到化为容易计算的三阶或二阶行列式. 先化简 (化零), 再展开降阶, 这是计算行列式的常用方法.

通常以 r_i 表示行列式的第 i 行, 以 c_i 表示第 i 列. 以 $r_i \leftrightarrow r_j (c_i \leftrightarrow c_j)$ 表示交换 i, j 两行 (列). 以 kr_i (kc_i) 表示第 i 行 (列) 乘以 k. 以 $r_i + kr_j$ ($c_i + kc_j$) 表示在第 i 行 (列) 加上第 j 行 (列) 的 k 倍, 或者说, 把第 j 行 (列) 的 k 倍加到第 i 行 (列).

注 r, c 分别取自英文 row (行)、column (列) 的第一个字母.

例 1.2.1 计算行列式 $D = \begin{vmatrix} 1 & 4 & 1 & 0 \\ 2 & 1 & -1 & -3 \\ 1 & 0 & -3 & -1 \\ 0 & 2 & -6 & 3 \end{vmatrix}$.

解

$$D \xlongequal{r_3-r_1,r_2-2r_1} \begin{vmatrix} 1 & 4 & 1 & 0 \\ 0 & -7 & -3 & -3 \\ 0 & -4 & -4 & -1 \\ 0 & 2 & -6 & 3 \end{vmatrix} = 1\times(-1)^{1+1}\begin{vmatrix} -7 & -3 & -3 \\ -4 & -4 & -1 \\ 2 & -6 & 3 \end{vmatrix}$$

$$\xlongequal{c_1-4c_3,c_2-4c_3} \begin{vmatrix} 5 & 9 & -3 \\ 0 & 0 & -1 \\ -10 & -18 & 3 \end{vmatrix} = -1\times(-1)^{2+3}\begin{vmatrix} 5 & 9 \\ -10 & -18 \end{vmatrix} = 0.$$

例 1.2.2　计算 n 阶上三角形行列式 $D = \begin{vmatrix} a_{11} & a_{12} & \cdots & a_{1n} \\ 0 & a_{22} & \cdots & a_{2n} \\ \vdots & \vdots & & \vdots \\ 0 & 0 & \cdots & a_{nn} \end{vmatrix}$.

解　依次按第一列展开, 得

$$D = (-1)^{1+1}a_{11}\begin{vmatrix} a_{22} & a_{23} & \cdots & a_{2n} \\ 0 & a_{33} & \cdots & a_{3n} \\ \vdots & \vdots & & \vdots \\ 0 & 0 & \cdots & a_{nn} \end{vmatrix}$$

$$= a_{11}a_{22}\begin{vmatrix} a_{33} & \cdots & a_{3n} \\ \vdots & & \vdots \\ 0 & \cdots & a_{nn} \end{vmatrix} = \cdots = a_{11}a_{22}\cdots a_{nn}.$$

这表明上三角形行列式等于主对角线上元素的乘积. 同理可证明 n 阶下三角形行列式

$$D = \begin{vmatrix} a_{11} & 0 & \cdots & 0 \\ a_{21} & a_{22} & \cdots & 0 \\ \vdots & \vdots & & \vdots \\ a_{n1} & a_{n2} & \cdots & a_{nn} \end{vmatrix} = a_{11}a_{22}\cdots a_{nn}.$$

可见, 下三角形行列式也等于主对角线上元素的乘积.

例 1.2.3 证明 n 阶行列式 $D=\begin{vmatrix} 0 & \cdots & 0 & a_1 \\ \vdots & \iddots & a_2 & * \\ 0 & \iddots & \iddots & \vdots \\ a_n & * & \cdots & * \end{vmatrix}=(-1)^{\frac{n(n-1)}{2}}a_1a_2\cdots a_n$

($*$ 表示任意数).

解 依次按第一行展开, 得

$$D=a_1(-1)^{1+n}\begin{vmatrix} 0 & \cdots & 0 & a_2 \\ \vdots & \iddots & \iddots & * \\ 0 & \iddots & \iddots & \vdots \\ a_n & * & \cdots & * \end{vmatrix}_{(n-1)}$$

$$=a_1(-1)^{1+n}a_2(-1)^{1+(n-1)}\begin{vmatrix} 0 & \cdots & 0 & a_3 \\ \vdots & \iddots & \iddots & * \\ 0 & \iddots & \iddots & \vdots \\ a_n & * & \cdots & * \end{vmatrix}_{(n-2)}$$

$$=(-1)^{(1+n)+n+\cdots+3}a_1a_2\cdots a_n=(-1)^{(1+n)+n+\cdots+3+2+1-1}a_1a_2\cdots a_n$$

$$=(-1)^{\frac{(n+1)(n+2)}{2}-1}a_1a_2\cdots a_n=(-1)^{\frac{n^2-n+4n}{2}}a_1a_2\cdots a_n$$

$$=(-1)^{\frac{n(n-1)}{2}}a_1a_2\cdots a_n.$$

把行列式化为上 (下) 三角形行列式, 也是计算行列式的常用方法.

例 1.2.4 计算行列式

$$D=\begin{vmatrix} 3 & 1 & 14 & 4 \\ 2 & 0 & -5 & 1 \\ 1 & -1 & 2 & 1 \\ -2 & 3 & -2 & -3 \end{vmatrix}.$$

解 利用行列式的性质, 把行列式化成上三角形行列式

$$D\xlongequal{r_1\leftrightarrow r_3}-\begin{vmatrix} 1 & -1 & 2 & 1 \\ 2 & 0 & -5 & 1 \\ 3 & 1 & 14 & 4 \\ -2 & 3 & -2 & -3 \end{vmatrix}\xlongequal{r_2-2r_1,r_3-3r_1,r_4+2r_1}-\begin{vmatrix} 1 & -1 & 2 & 1 \\ 0 & 2 & -9 & -1 \\ 0 & 4 & 8 & 1 \\ 0 & 1 & 2 & -1 \end{vmatrix}$$

$$\xlongequal{r_2\leftrightarrow r_4}\begin{vmatrix} 1 & -1 & 2 & 1 \\ 0 & 1 & 2 & -1 \\ 0 & 4 & 8 & 1 \\ 0 & 2 & -9 & -1 \end{vmatrix}\xlongequal{r_3-4r_2,r_4-2r_2}\begin{vmatrix} 1 & -1 & 2 & 1 \\ 0 & 1 & 2 & -1 \\ 0 & 0 & 0 & 5 \\ 0 & 0 & -13 & 1 \end{vmatrix}$$

$$\xlongequal{r_3\leftrightarrow r_4}-\begin{vmatrix} 1 & -1 & 2 & 1 \\ 0 & 1 & 2 & -1 \\ 0 & 0 & -13 & 1 \\ 0 & 0 & 0 & 5 \end{vmatrix}=65.$$

例 1.2.5 计算爪形行列式 $D=\begin{vmatrix} a_0 & a_1 & a_2 & \cdots & a_n \\ b_1 & 1 & & & \\ b_2 & & 2 & & \\ \vdots & & & \ddots & \\ b_n & & & & n \end{vmatrix}$(空白处都是 0).

解 把 a_k 或 b_k $(k=1,2,\cdots,n)$ 化为零, 就得到三角形行列式. 把第 k $(k=1,2,\cdots,n)$ 行的 $-\dfrac{a_k}{k}$ 倍加到第一行,

$$D\xlongequal[k=1,2,\cdots,n]{r_1+(-\frac{a_k}{k})r_k}\begin{vmatrix} a_0-a_1b_1-\dfrac{a_2b_2}{2}-\cdots-\dfrac{a_nb_n}{n} & 0 & 0 & \cdots & 0 \\ b_1 & 1 & & & \\ b_2 & & 2 & & \\ \vdots & & & \ddots & \\ b_n & & & & n \end{vmatrix}$$

$$=n!\left(a_0-a_1b_1-\frac{a_2b_2}{2}-\cdots-\frac{a_nb_n}{n}\right).$$

例 1.2.6 计算 n 阶行列式

$$D=\begin{vmatrix} x & a & \cdots & a \\ a & x & \cdots & a \\ \vdots & \vdots & & \vdots \\ a & a & \cdots & x \end{vmatrix}.$$

解 从第二行起, 将各行的元素对应加到第一行, 得

$$D \xlongequal{r_1+r_i, i=2,3,\cdots,n} \begin{vmatrix} (n-1)a+x & (n-1)a+x & \cdots & (n-1)a+x \\ a & x & \cdots & a \\ \vdots & \vdots & & \vdots \\ a & a & \cdots & x \end{vmatrix}$$

$$= [(n-1)a+x] \begin{vmatrix} 1 & 1 & 1 & 1 \\ a & x & \cdots & a \\ \vdots & \vdots & & \vdots \\ a & a & \cdots & x \end{vmatrix}$$

$$\xlongequal{r_i-ar_1, i=2,3,\cdots,n} [(n-1)a+x] \begin{vmatrix} 1 & 1 & 1 & 1 \\ 0 & x-a & \cdots & 0 \\ \vdots & \vdots & & \vdots \\ 0 & 0 & \cdots & x-a \end{vmatrix}$$

$$= [(n-1)a+x](x-a)^{n-1}.$$

> **想一想：** 如果先化零，接下来怎么计算？

例 1.2.7 计算 $2n$ 阶行列式 $D=\begin{vmatrix} a & & & & & b \\ & \ddots & & & ⋰ & \\ & & a & b & & \\ & & c & d & & \\ & ⋰ & & & \ddots & \\ c & & & & & d \end{vmatrix}$(空白处都是 0).

解 直接化为三角形行列式, 需要讨论 a 等于 0 与不等于 0 两种情况.

当 $a \neq 0$ 时,

$$D=\begin{vmatrix} a & & & & & b \\ & \ddots & & & \iddots & \\ & & a & b & & \\ & & c & d & & \\ & \iddots & & & \ddots & \\ c & & & & & d \end{vmatrix}=\begin{vmatrix} a & & & & & b \\ & \ddots & & & \iddots & \\ & & a & b & & \\ & & 0 & d-\dfrac{bc}{a} & & \\ & \iddots & & & \ddots & \\ 0 & & & & & d-\dfrac{bc}{a} \end{vmatrix}$$

$$=a^n\left(d-\frac{bc}{a}\right)^n=(ad-bc)^n.$$

当 $a=0$ 时, 利用例 1.2.3 结论,

$$D=\begin{vmatrix} & & & & b \\ & & & \iddots & \\ & & b & & \\ & c & d & & \\ \iddots & & & \ddots & \\ c & & & & d \end{vmatrix}=(-1)^{\frac{2n(2n-1)}{2}}b^nc^n=(-1)^nb^nc^n=(0d-bc)^n,$$

想一想：本题也可先按行展开，再递推. 递推关系式是什么？

这个结果可并入 $D=(ad-bc)^n$.

综上, $D=(ad-bc)^n$.

例 1.2.8　证明 n 阶范德蒙德 (Vandermonde) 行列式

$$D=\begin{vmatrix} 1 & 1 & \cdots & 1 \\ x_1 & x_2 & \cdots & x_n \\ x_1^2 & x_2^2 & \cdots & x_n^2 \\ \vdots & \vdots & & \vdots \\ x_1^{n-1} & x_2^{n-1} & \cdots & x_n^{n-1} \end{vmatrix}=\prod_{1\leqslant j<i\leqslant n}(x_i-x_j), \tag{1.2.1}$$

想一想：共有几个乘积因子？

其中 $\prod\limits_{1\leqslant j<i\leqslant n}(x_i-x_j)$ 表示所有可能的 (x_i-x_j) $(1\leqslant j<i\leqslant n)$ 的乘积.

***证明**　用数学归纳法, 当 $n=2$ 时, 式 (1.2.1) 显然成立. 假设对 $n-1$ 阶范

德蒙德行列式, 式 (1.2.1) 成立, 则 D 从最后一行起, 后行减去前行的 x_1 倍

$$D \xlongequal{r_i - x_1 r_{i-1}} \begin{vmatrix} 1 & 1 & 1 & \cdots & 1 \\ 0 & x_2 - x_1 & x_3 - x_1 & \cdots & x_n - x_1 \\ 0 & x_2(x_2 - x_1) & x_3(x_3 - x_1) & \cdots & x_n(x_n - x_1) \\ \vdots & \vdots & \vdots & & \vdots \\ 0 & x_2^{n-2}(x_2 - x_1) & x_3^{n-2}(x_3 - x_1) & \cdots & x_n^{n-2}(x_n - x_1) \end{vmatrix}$$

$$= \begin{vmatrix} x_2 - x_1 & x_3 - x_1 & \cdots & x_n - x_1 \\ x_2(x_2 - x_1) & x_3(x_3 - x_1) & \cdots & x_n(x_n - x_1) \\ \vdots & \vdots & & \vdots \\ x_2^{n-2}(x_2 - x_1) & x_3^{n-2}(x_3 - x_1) & \cdots & x_n^{n-2}(x_n - x_1) \end{vmatrix}$$

$$= (x_2 - x_1)(x_3 - x_1)\cdots(x_n - x_1) \begin{vmatrix} 1 & 1 & \cdots & 1 \\ x_2 & x_3 & \cdots & x_n \\ x_2^2 & x_3^2 & \cdots & x_n^2 \\ \vdots & \vdots & & \vdots \\ x_2^{n-2} & x_3^{n-2} & \cdots & x_n^{n-2} \end{vmatrix}.$$

上式的右端是一个 $n-1$ 阶范德蒙德行列式, 依据假设, 得

$$D = (x_2 - x_1)(x_3 - x_1)\cdots(x_n - x_1) \prod_{2 \leqslant j < i \leqslant n} (x_i - x_j) = \prod_{1 \leqslant j < i \leqslant n} (x_i - x_j).$$

例 1.2.9 计算行列式 $\begin{vmatrix} 1 & 16 & 4 & 64 \\ 1 & 25 & 5 & 125 \\ 1 & 9 & 3 & 27 \\ 1 & 4 & 2 & 8 \end{vmatrix}$.

解 可以化为范德蒙德行列式

$$\begin{vmatrix} 1 & 16 & 4 & 64 \\ 1 & 25 & 5 & 125 \\ 1 & 9 & 3 & 27 \\ 1 & 4 & 2 & 8 \end{vmatrix} = - \begin{vmatrix} 1 & 4 & 4^2 & 4^3 \\ 1 & 5 & 5^2 & 5^3 \\ 1 & 3 & 3^2 & 3^3 \\ 1 & 2 & 2^2 & 2^3 \end{vmatrix}$$

$$= -(2-4)\times(2-5)\times(2-3)\times(3-4)\times(3-5)\times(5-4) = 12.$$

习　题　1.2

1. 利用性质 1.1.4 计算二阶行列式 $\begin{vmatrix} au+cv & as+ct \\ bu+dv & bs+dt \end{vmatrix}$.

2. 计算下列三阶行列式:

(1) $\begin{vmatrix} 2 & 0 & 1 \\ 1 & -4 & -1 \\ -1 & 8 & 3 \end{vmatrix}$;　　(2) $\begin{vmatrix} -ab & ac & ae \\ bd & -cd & de \\ bf & cf & -ef \end{vmatrix}$.

3. 计算下列四阶行列式:

(1) $\begin{vmatrix} 4 & 3 & 2 & 1 \\ 3 & 2 & 1 & 4 \\ 2 & 1 & 4 & 3 \\ 1 & 4 & 3 & 2 \end{vmatrix}$;　　(2) $\begin{vmatrix} a^2 & (a+1)^2 & (a+2)^2 & (a+3)^2 \\ b^2 & (b+1)^2 & (b+2)^2 & (b+3)^2 \\ c^2 & (c+1)^2 & (c+2)^2 & (c+3)^2 \\ d^2 & (d+1)^2 & (d+2)^2 & (d+3)^2 \end{vmatrix}$.

4. 计算下列四阶行列式:

(1) $\begin{vmatrix} a & a & 0 & 0 \\ 0 & b & b & 0 \\ 0 & 0 & c & c \\ d & d & d & d \end{vmatrix}$;　　(2) $\begin{vmatrix} a & b & c & d \\ a^2 & b^2 & c^2 & d^2 \\ a^3 & b^3 & c^3 & d^3 \\ a^4 & b^4 & c^4 & d^4 \end{vmatrix}$.

5. 证明:

(1) $\begin{vmatrix} a^2 & ab & b^2 \\ 2a & a+b & 2b \\ 1 & 1 & 1 \end{vmatrix} = (a-b)^3$;

(2) $\begin{vmatrix} a_1+kb_1 & b_1+c_1 & c_1 \\ a_2+kb_2 & b_2+c_2 & c_2 \\ a_3+kb_3 & b_3+c_3 & c_3 \end{vmatrix} = \begin{vmatrix} a_1 & b_1 & c_1 \\ a_2 & b_2 & c_2 \\ a_3 & b_3 & c_3 \end{vmatrix}$;

(3) $\begin{vmatrix} ax+by & ay+bz & az+bx \\ ay+bz & az+bx & ax+by \\ az+bx & ax+by & ay+bz \end{vmatrix} = (a^3+b^3)\begin{vmatrix} x & y & z \\ y & z & x \\ z & x & y \end{vmatrix}$.

6. 试求下列方程的根:

(1) $\begin{vmatrix} \lambda-6 & 5 & 3 \\ -3 & \lambda+2 & 2 \\ -2 & 2 & \lambda \end{vmatrix} = 0$;　　(2) $\begin{vmatrix} 1 & 1 & 2 & 3 \\ 1 & 2-x^2 & 2 & 3 \\ 2 & 3 & 1 & 5 \\ 2 & 3 & 1 & 9-x^2 \end{vmatrix} = 0$.

7. 计算下列 n 阶行列式:

(1) $\begin{vmatrix} a & & 1 \\ & \ddots & \\ 1 & & a \end{vmatrix}$, 其中对角线上元素都是 a, 未写出的元素都是 0;

(2) $\begin{vmatrix} 1+a_1 & 1 & \cdots & 1 \\ 1 & 1+a_2 & \cdots & 1 \\ \vdots & \vdots & & \vdots \\ 1 & 1 & \cdots & 1+a_n \end{vmatrix}$, 其中 $a_1a_2\cdots a_n \neq 0$.

8. 计算下列 $n+1$ 阶行列式:

(1) $\begin{vmatrix} a & b & 0 & \cdots & 0 & 0 \\ 0 & a & b & \cdots & 0 & 0 \\ \vdots & \vdots & \vdots & & \vdots & \vdots \\ 0 & 0 & 0 & \cdots & a & b \\ b & 0 & 0 & \cdots & 0 & a \end{vmatrix}$; (2) $\begin{vmatrix} -a_1 & a_1 & 0 & \cdots & 0 & 0 \\ 0 & -a_2 & a_2 & \cdots & 0 & 0 \\ \vdots & \vdots & \vdots & & \vdots & \vdots \\ 0 & 0 & 0 & \cdots & -a_n & a_n \\ 1 & 1 & 1 & \cdots & 1 & 1 \end{vmatrix}$.

1.3 克拉默法则

设 n 个方程的 n 元线性方程组的一般形式为

$$\begin{cases} a_{11}x_1 + a_{12}x_2 + \cdots + a_{1n}x_n = b_1, \\ a_{21}x_1 + a_{22}x_2 + \cdots + a_{2n}x_n = b_2, \\ \cdots\cdots \\ a_{n1}x_1 + a_{n2}x_2 + \cdots + a_{nn}x_n = b_n. \end{cases} \tag{1.3.1}$$

各个未知量的系数 $a_{ij}(i,j=1,2,\cdots,n)$ 构成的行列式

$$D = \begin{vmatrix} a_{11} & a_{12} & \cdots & a_{1n} \\ a_{21} & a_{22} & \cdots & a_{2n} \\ \vdots & \vdots & & \vdots \\ a_{n1} & a_{n2} & \cdots & a_{nn} \end{vmatrix}$$

称为方程组 (1.3.1) 的**系数行列式**. 将 D 中第 j 列的元素 $a_{1j}, a_{2j}, \cdots, a_{nj}$ 分别换成常数 $b_1, b_2, \cdots, b_n$ 而得到的行列式记作 D_j.

定理 1.3.1(克拉默法则) 若线性方程组 (1.3.1) 的系数行列式 $D \neq 0$, 则方程组有唯一解

$$x_1 = \frac{D_1}{D}, \quad x_2 = \frac{D_2}{D}, \quad \cdots, \quad x_n = \frac{D_n}{D}. \tag{1.3.2}$$

***证明** 首先证明 (1.3.2) 是线性方程组 (1.3.1) 的解. 由于

$$D_j = \begin{vmatrix} a_{11} & \cdots & b_1 & \cdots & a_{1n} \\ a_{21} & \cdots & b_2 & \cdots & a_{2n} \\ \vdots & & \vdots & & \vdots \\ a_{n1} & \cdots & b_n & \cdots & a_{nn} \end{vmatrix} = \sum_{k=1}^{n} b_k A_{kj}, \quad j = 1, 2, \cdots, n,$$

将 (1.3.2) 代入线性方程组 (1.3.1) 的左边, 得

$$
\begin{aligned}
&a_{i1}x_1+a_{i2}x_2+\cdots+a_{in}x_n\\
=&a_{i1}\frac{D_1}{D}+a_{i2}\frac{D_2}{D}+\cdots+a_{in}\frac{D_n}{D}\\
=&\frac{1}{D}\left(a_{i1}\sum_{k=1}^{n}b_kA_{k1}+a_{i2}\sum_{k=1}^{n}b_kA_{k2}+\cdots+a_{in}\sum_{k=1}^{n}b_kA_{kn}\right)\\
=&\frac{1}{D}\sum_{k=1}^{n}b_k(a_{i1}A_{k1}+a_{i2}A_{k2}+\cdots+a_{in}A_{kn})\\
=&\frac{1}{D}\times b_i\times D=b_i\quad(i=1,2,\cdots,n),
\end{aligned}
$$

其中, 利用了行列式性质

$$
a_{i1}A_{k1}+a_{i2}A_{k2}+\cdots+a_{in}A_{kn}=\begin{cases}D, & i=k,\\ 0, & i\neq k.\end{cases}
$$

这就证明了 (1.3.2) 是线性方程组 (1.3.1) 的解.

其次证明当系数行列式 $D\neq 0$ 时, 线性方程组 (1.3.1) 有唯一解. 设 $A_{1j},A_{2j},\cdots,A_{nj}$ 是系数行列式 D 的第 j 列元素的代数余子式, 用 $A_{1j},A_{2j},\cdots,A_{nj}$ 分别乘以线性方程组 (1.3.1) 的第 1、第 2、$\cdots$、第 n 个方程, 即

$$
\begin{cases}
a_{11}A_{1j}x_1+a_{12}A_{1j}x_2+\cdots+a_{1n}A_{1j}x_n=b_1A_{1j},\\
a_{21}A_{2j}x_1+a_{22}A_{2j}x_2+\cdots+a_{2n}A_{2j}x_n=b_2A_{2j},\\
\qquad\qquad\cdots\cdots\\
a_{n1}A_{nj}x_1+a_{n2}A_{nj}x_2+\cdots+a_{nn}A_{nj}x_n=b_nA_{nj}.
\end{cases}
$$

把上面线性方程组的 n 个方程相加, 并利用

$$
a_{1i}A_{1j}+a_{2i}A_{2j}+\cdots+a_{ni}A_{nj}=\begin{cases}D, & i=j,\\ 0, & i\neq j\end{cases}
$$

得到

$$
Dx_j=D_j\quad(j=1,2,\cdots,n).
$$

已知 $D\neq 0$, 所以线性方程组 (1.3.1) 有唯一解

$$
x_j=\frac{D_j}{D},\quad j=1,2,\cdots,n.
$$

例 1.3.1 利用克拉默法则解线性方程组

$$\begin{cases} x_1 - x_2 + x_3 - 2x_4 = 2, \\ 2x_1 - x_3 + 4x_4 = 4, \\ 3x_1 + 2x_2 + x_3 = -1, \\ -x_1 + 2x_2 - x_3 + 2x_4 = -4. \end{cases}$$

解 方程组的系数行列式

$$D = \begin{vmatrix} 1 & -1 & 1 & -2 \\ 2 & 0 & -1 & 4 \\ 3 & 2 & 1 & 0 \\ -1 & 2 & -1 & 2 \end{vmatrix} = -2 \neq 0,$$

所以方程组可用克拉默法则求解, 即

$$D_1 = \begin{vmatrix} 2 & -1 & 1 & -2 \\ 4 & 0 & -1 & 4 \\ -1 & 2 & 1 & 0 \\ -4 & 2 & -1 & 2 \end{vmatrix} = -2, \quad D_2 = \begin{vmatrix} 1 & 2 & 1 & -2 \\ 2 & 4 & -1 & 4 \\ 3 & -1 & 1 & 0 \\ -1 & -4 & -1 & 2 \end{vmatrix} = 4,$$

$$D_3 = \begin{vmatrix} 1 & -1 & 2 & -2 \\ 2 & 0 & 4 & 4 \\ 3 & 2 & -1 & 0 \\ -1 & 2 & -4 & 2 \end{vmatrix} = 0, \quad D_4 = \begin{vmatrix} 1 & -1 & 1 & 2 \\ 2 & 0 & -1 & 4 \\ 3 & 2 & 1 & -1 \\ -1 & 2 & -1 & -4 \end{vmatrix} = -1.$$

方程组有唯一解

$$x_1 = \frac{D_1}{D} = 1, \quad x_2 = \frac{D_2}{D} = -2, \quad x_3 = \frac{D_3}{D} = 0, \quad x_4 = \frac{D_4}{D} = \frac{1}{2}.$$

如果线性方程组 (1.3.1) 的常数项均为零, 即

$$\begin{cases} a_{11}x_1 + a_{12}x_2 + \cdots + a_{1n}x_n = 0, \\ a_{21}x_1 + a_{22}x_2 + \cdots + a_{2n}x_n = 0, \\ \qquad \cdots\cdots \\ a_{n1}x_1 + a_{n2}x_2 + \cdots + a_{nn}x_n = 0, \end{cases} \tag{1.3.3}$$

称式 (1.3.3) 为 n 元**齐次线性方程组**.

由于行列式 D_j 的第 j 列元素全为零, 所以 $D_j = 0\ (j = 1, 2, \cdots, n)$. 由克拉默法则, 我们有下面的推论.

推论 1.3.1　若齐次性线方程组 (1.3.3) 的系数行列式 $D \neq 0$, 则它只有零解.

推论 1.3.2　齐次线性方程组 (1.3.3) 有非零解的必要条件是系数行列式 $D = 0$.

例 1.3.2　若齐次线性方程组

$$\begin{cases} (\lambda+3)x_1 + 14x_2 + 2x_3 = 0, \\ -2x_1 + (\lambda-8)x_2 - x_3 = 0, \\ -2x_1 - 3x_2 + (\lambda-2)x_3 = 0 \end{cases}$$

有非零解, 试求 λ 的值.

解　由推论 1.3.2 可知, 方程组有非零解的必要条件是其系数行列式等于零. 因为

$$\begin{vmatrix} \lambda+3 & 14 & 2 \\ -2 & \lambda-8 & -1 \\ -2 & -3 & \lambda-2 \end{vmatrix} = \begin{vmatrix} \lambda-1 & 14 & 2 \\ 0 & \lambda-8 & -1 \\ 2-2\lambda & -3 & \lambda-2 \end{vmatrix}$$

$$= \begin{vmatrix} \lambda-1 & 14 & 2 \\ 0 & \lambda-8 & -1 \\ 0 & 25 & \lambda+2 \end{vmatrix}$$

$$= (\lambda-1)\begin{vmatrix} \lambda-8 & -1 \\ 25 & \lambda+2 \end{vmatrix}$$

$$= (\lambda-1)(\lambda-3)^2 = 0,$$

想一想：线性方程组的系数行列式等于零时，解的情况怎样?

所以, 当方程组有非零解时, $\lambda = 1$ 或 $\lambda = 3$.

应用克拉默法则解 n 元线性方程组时有两个前提条件: 一是方程个数与未知量个数相等; 二是方程组的系数行列式不等于零. 求解时需要计算 $n+1$ 个 n 阶行列式, 当 n 较大时计算量很大, 所以实际解线性方程组时一般不用克拉默法则. 但克拉默法则在理论上是相当重要的, 因为它告诉我们当 n 个方程的 n 元线性方程组的系数行列式不等于零时, 方程组有唯一解, 这说明可以直接从原方程组的系数来讨论解的情况, 同时克拉默法则给出当方程组有唯一解时的求解公式, 通过这个公式充分体现出线性方程组的解与它的系数、常数项之间的依赖关系. 在后面的学习中还将看到克拉默法则在理论上的应用.

习　题　1.3

1. 用克拉默法则求解下列方程组:

(1) $\begin{cases} 5x_1 + 2x_2 = 3, \\ 3x_1 + x_2 = 1; \end{cases}$ (2) $\begin{cases} x_1 - 3x_2 = 3, \\ -2x_1 + 5x_2 = 1. \end{cases}$

2. 用克拉默法则求解下列方程组:

(1) $\begin{cases} 5x_1 + 2x_2 + 3x_3 = -2, \\ 2x_1 - 2x_2 + 5x_3 = 0, \\ 3x_1 + 4x_2 + 2x_3 = -10; \end{cases}$ (2) $\begin{cases} x_1 + x_2 + x_3 + x_4 = 5, \\ x_1 + 2x_2 - x_3 + 4x_4 = -2, \\ 2x_1 - 3x_2 - x_3 - 5x_4 = -2, \\ 3x_1 + x_2 + 2x_3 + 11x_4 = 0. \end{cases}$

3. 当 λ 取何值时, 齐次线性方程组 $\begin{cases} (1-\lambda)x_1 - 2x_2 + 4x_3 = 0, \\ 2x_1 + (3-\lambda)x_2 + x_3 = 0, \\ x_1 + x_2 + (1-\lambda)x_3 = 0 \end{cases}$ 有非零解?

4. 问 λ, μ 取何值时, 齐次线性方程组 $\begin{cases} \lambda x_1 + x_2 + x_3 = 0, \\ x_1 + \mu x_2 + x_3 = 0, \\ x_1 + 2\mu x_2 + x_3 = 0 \end{cases}$ 有非零解?

5. 试求一个二次多项式 $f(x)$, 满足 $f(1) = 0, f(-1) = 1, f(2) = -1$.

复习题 1

1. 余子式和代数余子式有何异同? 二者一定相等吗? 一定不相等吗?

2. 设 $A = \begin{vmatrix} a_{11} & a_{12} & \cdots & a_{1n} \\ a_{21} & a_{22} & \cdots & a_{2n} \\ \vdots & \vdots & & \vdots \\ a_{n1} & a_{n2} & \cdots & a_{nn} \end{vmatrix}$, $B = \begin{vmatrix} b_{11} & b_{12} & \cdots & b_{1n} \\ b_{21} & b_{22} & \cdots & b_{2n} \\ \vdots & \vdots & & \vdots \\ b_{n1} & b_{n2} & \cdots & b_{nn} \end{vmatrix}$ 都是 n 阶行列式, 且满足如下关系: $a_{ij} \leqslant b_{ij}$, $1 \leqslant i, j \leqslant n$. 问是否一定有关系 $A \leqslant B$ 成立? 若一定成立请给出证明, 否则举出反例.

3. 计算三阶行列式 $\begin{vmatrix} a & b & a+b \\ b & a+b & a \\ a+b & a & b \end{vmatrix}$.

4. 设 $D = \begin{vmatrix} 1 & 2 & 1 & 7 \\ -2 & 0 & 1 & 2 \\ 3 & -1 & 1 & 4 \\ -4 & 2 & 1 & 3 \end{vmatrix}$, 求 $A_{12} + A_{22} + A_{32} + A_{42}$ 的值, 其中 A_{ij} 为 a_{ij} $(1 \leqslant i, j \leqslant 4)$ 的代数余子式.

5. 计算五阶行列式 $\begin{vmatrix} 1 & 1 & 1 & 1 & 1 \\ -1 & 2 & 3 & -2 & -3 \\ 1 & 4 & 9 & 4 & 9 \\ -1 & 8 & 27 & -8 & -27 \\ 1 & 16 & 81 & 16 & 81 \end{vmatrix}$.

6. 计算 $2n$ 阶行列式 $\begin{vmatrix} a_n & & & & & b_n \\ & \ddots & & & \iddots & \\ & & a_1 & b_1 & & \\ & & c_1 & d_1 & & \\ & \iddots & & & \ddots & \\ c_n & & & & & d_n \end{vmatrix}$ (空白处全为零).

7. 计算 n 阶三对角线行列式 $\begin{vmatrix} 2 & 1 & & & \\ 1 & 2 & 1 & & \\ & \ddots & \ddots & \ddots & \\ & & 1 & 2 & 1 \\ & & & 1 & 2 \end{vmatrix}$ (提示: 可化为三角形行列式; 或展开递推).

8. 计算爪形行列式 $\begin{vmatrix} a_0 & b_1 & b_2 & \cdots & b_n \\ c_1 & a_1 & 0 & \cdots & 0 \\ c_2 & 0 & a_2 & \cdots & 0 \\ \vdots & \vdots & \vdots & & \vdots \\ c_n & 0 & 0 & \cdots & a_n \end{vmatrix}$ $(a_i \neq 0, i = 1, 2, \cdots, n)$.

9. 证明 $\begin{vmatrix} a_1+b & a_2 & a_3 & \cdots & a_n \\ a_1 & a_2+b & a_3 & \cdots & a_n \\ a_1 & a_2 & a_3+b & \cdots & a_n \\ \vdots & \vdots & \vdots & & \vdots \\ a_1 & a_2 & a_3 & \cdots & a_n+b \end{vmatrix} = b^{n-1}\left(\sum_{i=1}^{n} a_i + b\right)$.

10. 求解下列方程的根:

(1) $\begin{vmatrix} 1 & 4 & 3 & 2 \\ 2 & x+4 & 6 & 4 \\ 3 & -2 & x & 1 \\ -3 & 2 & 5 & -1 \end{vmatrix} = 0$; (2) $\begin{vmatrix} \lambda-6 & 5 & 2 \\ -3 & \lambda+2 & 2 \\ -2 & 2 & \lambda \end{vmatrix} = 0$.

11. 计算行列式 $\begin{vmatrix} 1 & -1 & 1 & x-1 \\ 1 & -1 & x+1 & -1 \\ 1 & x-1 & 1 & -1 \\ x+1 & -1 & 1 & -1 \end{vmatrix}$.

12. 计算 n 阶行列式 $\begin{vmatrix} 1-a & 2 & \cdots & n \\ 1 & 2-a & \cdots & n \\ \vdots & \vdots & & \vdots \\ 1 & 2 & \cdots & n-a \end{vmatrix}$.

13. 计算 n 阶行列式 $\begin{vmatrix} a & a & \cdots & a & x \\ a & a & \cdots & x & a \\ \vdots & \vdots & & \vdots & \vdots \\ a & x & \cdots & a & a \\ x & a & \cdots & a & a \end{vmatrix}$.

14. 设四阶行列式 $D = \begin{vmatrix} a & b & c & d \\ d & b & a & c \\ c & b & d & a \\ d & b & c & a \end{vmatrix}$, A_{ij} 表示 D 的 (i,j) 元对应的代数余子式, 求 $A_{13}+A_{23}+A_{33}+A_{43}$.

15. 计算 n 阶行列式 $\begin{vmatrix} 1 & 2 & 3 & 4 & \cdots & n \\ 2 & 1 & 2 & 3 & \cdots & n-1 \\ 3 & 2 & 1 & 2 & \cdots & n-2 \\ \vdots & \vdots & \vdots & \vdots & & \vdots \\ n & n-1 & n-2 & n-3 & \cdots & 1 \end{vmatrix}$.

16. 设 n 阶行列式 $D = \begin{vmatrix} 1 & 1 & \cdots & 1 & 1 \\ a & 1 & \cdots & a & a \\ \vdots & \vdots & & \vdots & \vdots \\ a & a & \cdots & 1 & a \\ a & a & \cdots & a & 1 \end{vmatrix}$. A_{ij} 表示 D 的 (i,j) 元对应的代数余子式, 求 $A_{11}+aA_{12}+\cdots+aA_{1n}$.

17. 设 n 阶行列式 $D=|a_{ij}|$, A_{ij} 表示 D 的 (i,j) 元对应的代数余子式, 证明: 如果 D 的某一行的元素都是 1, 那么 $D=\sum\limits_{i=1}^{n}\sum\limits_{j=1}^{n}A_{ij}$.

18. 计算 n 阶行列式 $\begin{vmatrix} 1 & 2 & 2 & \cdots & 2 \\ 2 & 2 & 2 & \cdots & 2 \\ 2 & 2 & 3 & \cdots & 2 \\ \vdots & \vdots & \vdots & & \vdots \\ 2 & 2 & 2 & \cdots & n \end{vmatrix}$.

19. 已知 $2n$ 阶行列式 D 的某一列元素及其余子式都等于 a, 求 D.

20. 设 n 阶行列式 $D=|a_{ij}|$, 若元素满足 $a_{ij}=-a_{ji}\ (i,j=1,2,\cdots,n)$, 则称为反对称行列式. 证明:

(1) 反对称行列式的主对角线上的元素全为零;

(2) 奇数阶反对称行列式的值必为零.

第 2 章 矩　　阵

矩阵是线性代数的主要研究对象和最重要的工具, 贯穿于线性代数的整个内容. 从总体上来说, 线性代数是用矩阵的手段和方法解决问题的. 矩阵作为工具, 在数学的其他分支以及自然科学、经济学、管理学和工程技术领域等方面具有广泛的应用. 计算机的普及也进一步促进了矩阵理论的发展. 在本课程中, 矩阵是研究线性方程组求解、向量的线性相关性及特征值问题等的重要工具, 在线性代数中具有重要地位. 本章主要介绍矩阵的运算和基础知识.

2.1　矩阵的基本概念

2.1.1　矩阵的概念

先来看几个例子.

例 2.1.1　设线性方程组

$$\begin{cases} 2x_1 - x_2 + 3x_3 = 4, \\ 3x_1 + x_2 - x_3 = 5, \\ 4x_1 - 2x_2 + x_3 = 7, \end{cases}$$

将该方程组的各未知量系数和右端的常数项按原位置可排为

$$\begin{bmatrix} 2 & -1 & 3 & 4 \\ 3 & 1 & -1 & 5 \\ 4 & -2 & 1 & 7 \end{bmatrix},$$

从而, 对线性方程组的研究可转化为对这张矩形的数表的研究.

例 2.1.2　某煤炭企业有 m 个产地 $A_1, A_2, \cdots, A_m$ 和 n 个销售地 $B_1, B_2, \cdots, B_n$, 那么从产地到销售地的调运方案就可以用如下数表表示:

$$\begin{bmatrix} a_{11} & a_{12} & \cdots & a_{1n} \\ a_{21} & a_{22} & \cdots & a_{2n} \\ \vdots & \vdots & & \vdots \\ a_{m1} & a_{m2} & \cdots & a_{mn} \end{bmatrix},$$

其中, a_{ij} 表示从产地 A_i 运往销售地 B_j 的煤炭量.

例 2.1.3 二值图是指: 每个像素点均为黑色或者白色的图像. 每张二值图像就可以用只含有数字 "0" 和 "1" 的数表来表示, 其中 "0" 表示黑色, "1" 表示白色. 图 2.1.1 是含有 150×150 个像素点的二值图, 图 2.1.2 为其左上角 30×30 个像素点的值.

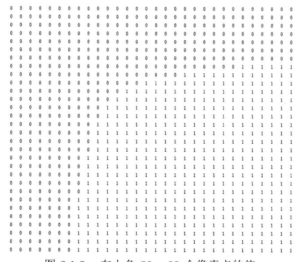

图 2.1.1 二值图

0	0	0	0	0	0	0	0	0	0	0	0	0	0	0	0	0	0	0	0	0	0	0	0	0	0	0	0	0	0
0	0	0	0	0	0	0	0	0	0	0	0	0	0	0	0	0	0	0	0	0	0	0	0	0	0	0	0	0	0
0	0	0	0	0	0	0	0	0	0	0	0	0	0	0	0	0	0	0	0	0	0	0	0	0	0	0	0	0	0
0	0	0	0	0	0	0	0	0	0	0	0	0	0	0	0	0	0	0	0	0	0	0	0	0	0	0	0	0	0
0	0	0	0	0	0	0	0	0	0	0	0	0	0	0	0	0	0	0	0	0	0	0	0	0	0	0	0	0	0
0	0	0	0	0	0	0	0	0	0	0	0	0	0	0	0	0	0	0	0	0	0	0	0	0	0	0	0	0	0
0	0	0	0	0	0	0	0	0	0	0	0	0	0	0	0	0	0	0	0	0	0	0	0	0	0	0	0	0	0
0	0	0	0	0	0	0	0	0	0	0	0	0	0	0	0	0	0	0	0	0	0	0	0	1	1	1	1	1	1
0	0	0	0	0	0	0	0	0	0	0	0	0	0	0	0	0	0	1	1	1	1	1	1	1	1	1	1	1	1
0	0	0	0	0	0	0	0	0	0	0	0	0	0	1	1	1	1	1	1	1	1	1	1	1	1	1	1	1	1
0	0	0	0	0	0	0	0	0	0	0	0	1	1	1	1	1	1	1	1	1	1	1	1	1	1	1	1	1	1
0	0	0	0	0	0	0	0	0	0	0	1	1	1	1	1	1	1	1	1	1	1	1	1	1	1	1	1	1	1
0	0	0	0	0	0	0	0	0	0	1	1	1	1	1	1	1	1	1	1	1	1	1	1	1	1	1	1	1	1
0	0	0	0	0	0	0	0	0	0	1	1	1	1	1	1	1	1	1	1	1	1	1	1	1	1	1	1	1	1
0	0	0	0	0	0	0	0	0	1	1	1	1	1	1	1	1	1	1	1	1	1	1	1	1	1	1	1	1	1
0	0	0	0	0	0	0	0	0	1	1	1	1	1	1	1	1	1	1	1	1	1	1	1	1	1	1	1	1	1
0	0	0	0	0	0	0	0	0	1	1	1	1	1	1	1	1	1	1	1	1	1	1	1	1	1	1	1	1	1
0	0	0	0	0	0	0	0	0	1	1	1	1	1	1	1	1	1	1	1	1	1	1	1	1	1	1	1	1	1
0	0	0	0	0	0	0	0	1	1	1	1	1	1	1	1	1	1	1	1	1	1	1	1	1	1	1	1	1	1
0	0	0	0	0	0	0	0	1	1	1	1	1	1	1	1	1	1	1	1	1	1	1	1	1	1	1	1	1	1
0	0	0	0	0	0	0	0	1	1	1	1	1	1	1	1	1	1	1	1	1	1	1	1	1	1	1	1	1	1
0	0	0	0	0	0	0	0	1	1	1	1	1	1	1	1	1	1	1	1	1	1	1	1	1	1	1	1	1	1
0	0	0	0	0	0	0	0	1	1	1	1	1	1	1	1	1	1	1	1	1	1	1	1	1	1	1	1	1	1
0	0	0	0	0	0	0	1	1	1	1	1	1	1	1	1	1	1	1	1	1	1	1	1	1	1	1	1	1	1
0	0	0	0	0	0	0	1	1	1	1	1	1	1	1	1	1	1	1	1	1	1	1	1	1	1	1	1	1	1
0	0	0	0	0	0	0	1	1	1	1	1	1	1	1	1	1	1	1	1	1	1	1	1	1	1	1	1	1	1
0	0	0	0	0	0	0	1	1	1	1	1	1	1	1	1	1	1	1	1	1	1	1	1	1	1	1	1	1	1
0	0	0	0	0	0	0	1	1	1	1	1	1	1	1	1	1	1	1	1	1	1	1	1	1	1	1	1	1	1
0	0	0	0	0	0	0	1	1	1	1	1	1	1	1	1	1	1	1	1	1	1	1	1	1	1	1	1	1	1
0	0	0	0	0	0	0	1	1	1	1	1	1	1	1	1	1	1	1	1	1	1	1	1	1	1	1	1	1	1

图 2.1.2 左上角 30×30 个像素点的值

从以上例子可以看出, 在科学研究、经济管理等领域, 常常需要对数表或数的阵列进行研究. 下面就给出矩阵的定义.

定义 2.1.1 设 $m \times n$ 个数 a_{ij} $(i = 1, 2, \cdots, m;\ j = 1, 2, \cdots, n)$ 排成 m 行 n 列的数表

$$\begin{matrix} a_{11} & a_{12} & \cdots & a_{1n} \\ a_{21} & a_{22} & \cdots & a_{2n} \\ \vdots & \vdots & & \vdots \\ a_{m1} & a_{m2} & \cdots & a_{mn} \end{matrix}$$

用括号将其括起来, 称为 $m \times n$ **矩阵**, 并用大写字母表示, 即

$$\boldsymbol{A}=\begin{bmatrix} a_{11} & a_{12} & \cdots & a_{1n} \\ a_{21} & a_{22} & \cdots & a_{2n} \\ \vdots & \vdots & & \vdots \\ a_{m1} & a_{m2} & \cdots & a_{mn} \end{bmatrix}. \tag{2.1.1}$$

这 $m \times n$ 个数称为矩阵 $\boldsymbol{A}$ 的**元素**, a_{ij} 称为矩阵 $\boldsymbol{A}$ 的第 i 行第 j 列元素. 一个 $m \times n$ 矩阵 $\boldsymbol{A}$ 也可简记为

$$\boldsymbol{A}=\boldsymbol{A}_{m\times n}=[a_{ij}]_{m\times n} \quad 或 \quad \boldsymbol{A}=[a_{ij}].$$

元素是实数的矩阵称为**实矩阵**, 元素是复数的矩阵称为**复矩阵**, 本书中的矩阵都指实矩阵 (除非有特殊说明).

所有 $m \times n$ 个元素都为零的矩阵称为**零矩阵**, 记为 $\boldsymbol{O}_{m\times n}$, 或简记为 $\boldsymbol{O}$.

只有一行的矩阵 $\boldsymbol{A}=[a_1, a_2, \cdots, a_n]$, 称为**行矩阵** (或**行向量**).

只有一列的矩阵 $\boldsymbol{B}=\begin{bmatrix} a_1 \\ a_2 \\ \vdots \\ a_m \end{bmatrix}$, 称为**列矩阵** (或**列向量**). 特别地, $\begin{bmatrix} 0 \\ 0 \\ \vdots \\ 0 \end{bmatrix}$ 称为**零向量**, 记作 $\mathbf{0}$.

行数与列数都等于 n 的矩阵 $\boldsymbol{A}$, 称为 n 阶**方阵**, 简记为 $\boldsymbol{A}_n$. 此时, 元素 $a_{11}, a_{22}, \cdots, a_{nn}$ 称为 $\boldsymbol{A}_n$ 的**对角元**, 所在的对角线称为方阵 $\boldsymbol{A}_n$ 的**主对角线**, 而元素 $a_{1n}, a_{2,n-1}, \cdots, a_{n,1}$ 所在的对角线称为方阵 $\boldsymbol{A}_n$ 的**副对角线**.

一阶方阵 $[a]=a$, 它是一个数.

2.1.2 几种常见的特殊方阵

下面介绍几种常见的特殊方阵.

1. 上 (下) 三角形矩阵

当一个 n 阶方阵 $\boldsymbol{A}$ 的主对角线下方的元素全为零时, 称 $\boldsymbol{A}$ 为 n 阶**上三角形矩阵**, 即

$$\boldsymbol{A}=\begin{bmatrix} a_{11} & a_{12} & \cdots & a_{1n} \\ 0 & a_{22} & \ddots & \vdots \\ \vdots & \ddots & \ddots & a_{n-1,n} \\ 0 & \cdots & 0 & a_{nn} \end{bmatrix}.$$

当一个 n 阶方阵 $\boldsymbol{B}$ 的主对角线上方的元素全为零时, 称 $\boldsymbol{B}$ 为 n 阶**下三角形矩阵**, 即

$$\boldsymbol{B}=\begin{bmatrix} b_{11} & 0 & \cdots & 0 \\ b_{21} & b_{22} & \ddots & \vdots \\ \vdots & \ddots & \ddots & 0 \\ b_{n1} & \cdots & b_{n,n-1} & b_{nn} \end{bmatrix}.$$

2. 对角矩阵

当一个 n 阶方阵 $\boldsymbol{A}$ 除主对角线外, 其他元素全为零时, 称 $\boldsymbol{A}$ 为 n 阶**对角矩阵**, 即

$$\boldsymbol{A}=\begin{bmatrix} \lambda_1 & 0 & \cdots & 0 \\ 0 & \lambda_2 & \ddots & \vdots \\ \vdots & \ddots & \ddots & 0 \\ 0 & \cdots & 0 & \lambda_n \end{bmatrix},$$

记作 $\boldsymbol{A}=\operatorname{diag}(\lambda_1,\lambda_2,\cdots,\lambda_n)$.

3. 数量矩阵

当一个 n 阶对角矩阵 $\boldsymbol{A}$ 的对角元全部相等且等于某一数 a 时, 称 $\boldsymbol{A}$ 为 n 阶**数量矩阵**, 即

$$\boldsymbol{A}=\begin{bmatrix} a & 0 & \cdots & 0 \\ 0 & a & \cdots & 0 \\ \vdots & \vdots & & \vdots \\ 0 & 0 & \cdots & a \end{bmatrix}.$$

4. 单位矩阵

当一个 n 阶对角矩阵 $\boldsymbol{A}$ 的对角元都为 1 时, 称 $\boldsymbol{A}$ 为 n 阶**单位矩阵**, 记作 $\boldsymbol{E}$ 或 $\boldsymbol{E}_n$, 即

$$\boldsymbol{E}=\begin{bmatrix} 1 & 0 & \cdots & 0 \\ 0 & 1 & \ddots & \vdots \\ \vdots & \ddots & \ddots & 0 \\ 0 & \cdots & 0 & 1 \end{bmatrix}.$$

习 题 2.1

1. 某公司负责从两个矿区向三个城市送煤: 从甲矿区向城市 A, B, C 送煤的量分别是 200 万吨、160 万吨、240 万吨; 从乙矿区向城市 A, B, C 送煤的量分别是 400 万吨、360 万吨、820 万吨. 请用矩阵表示从两个矿区向三个城市送煤的量.

2. 已知 $\begin{bmatrix} 0 & 0 & a \\ 0 & 2 & b \end{bmatrix}$ 是一个正三角形的三个顶点坐标所组成的矩阵, 求 a, b.

3. 有 6 名选手参加乒乓球比赛, 成绩如下: 选手 1 胜选手 2, 4, 5, 6, 负于 3; 选手 2 胜 4, 5, 6, 负于 1, 3; 选手 3 胜 1, 2, 4, 负于 5, 6; 选手 4 胜 5, 6, 负于 1, 2, 3; 选手 5 胜 3, 6, 负于 1, 2, 4; 若胜一场得 1 分, 负一场扣 1 分, 试用矩阵表示输赢状况.

2.2 矩阵的运算

矩阵是从大量的实际问题中抽象出来的重要数学概念. 实际问题中提出的矩阵相互之间存在着密切联系, 引入矩阵的目的就是为了探讨它们之间的相互关系, 其中最主要的是在矩阵之间可以进行运算, 从而得到实际存在的客观事物相互关系的一种数学抽象, 使矩阵成为进行理论研究或解决实际问题的有力工具. 本节将介绍矩阵的一些基本运算: 加法、减法、数乘、乘法、转置等. 这些运算的特征有些与数的运算相似, 有些则有很大的不同, 读者务必注意区别.

2.2.1 矩阵的加法

定义 2.2.1 若矩阵 $\boldsymbol{A}=[a_{ij}]_{m\times n}$ 和 $\boldsymbol{B}=[b_{ij}]_{m\times n}$ 的行数相等, 列数也相等, 则称这两个矩阵为**同型矩阵**. 若同型矩阵 $\boldsymbol{A}$ 和 $\boldsymbol{B}$ 所有对应的元素都相等, 即 $a_{ij}=b_{ij}\ (i=1,2,\cdots,m\,; j=1,2,\cdots,n)$, 则称矩阵 $\boldsymbol{A}$ 和 $\boldsymbol{B}$ **相等**, 记作 $\boldsymbol{A}=\boldsymbol{B}$.

定义 2.2.2 设有两个 $m\times n$ 同型矩阵 $\boldsymbol{A}=[a_{ij}]$ 和 $\boldsymbol{B}=[b_{ij}]$, 矩阵 $\boldsymbol{A}$ 和 $\boldsymbol{B}$ 的和记作 $\boldsymbol{A}+\boldsymbol{B}$, 规定为

$$\boldsymbol{A}+\boldsymbol{B}=[a_{ij}+b_{ij}]_{m\times n}=\begin{bmatrix} a_{11}+b_{11} & a_{12}+b_{12} & \cdots & a_{1n}+b_{1n} \\ a_{21}+b_{21} & a_{22}+b_{22} & \cdots & a_{2n}+b_{2n} \\ \vdots & \vdots & & \vdots \\ a_{m1}+b_{m1} & a_{m2}+b_{m2} & \cdots & a_{mn}+b_{mn} \end{bmatrix}. \tag{2.2.1}$$

注意, 只有两个矩阵是同型矩阵时, 才能进行矩阵的加法运算. 两个同型矩阵的和, 即为两个矩阵对应位置元素相加得到的矩阵.

例 2.2.1 某工厂有两个车间, 生产甲、乙、丙三种产品, 矩阵 $\boldsymbol{A}$ 和矩阵 $\boldsymbol{B}$ 分别表示第一年和第二年中各车间生产各种产品的数量 (单位: 吨),

$$\boldsymbol{A}=\begin{bmatrix} 3 & 7 & 2 \\ 2 & 4 & 3 \end{bmatrix},\quad \boldsymbol{B}=\begin{bmatrix} 1 & 3 & 2 \\ 6 & 4 & 0 \end{bmatrix},$$

则该厂这两年的总产量为

$$A+B=\begin{bmatrix}3&7&2\\2&4&3\end{bmatrix}+\begin{bmatrix}1&3&2\\6&4&0\end{bmatrix}=\begin{bmatrix}3+1&7+3&2+2\\2+6&4+4&3+0\end{bmatrix}=\begin{bmatrix}4&10&4\\8&8&3\end{bmatrix}.$$

设矩阵 $\boldsymbol{A}=[a_{ij}]$, 记 $-\boldsymbol{A}=[-a_{ij}]$, 称 $-\boldsymbol{A}$ 为矩阵 $\boldsymbol{A}$ 的**负矩阵**, 即只需把 $\boldsymbol{A}$ 的每个元素改变符号即可. 由矩阵的加法及负矩阵, 可以定义矩阵的**减法**为

$$\boldsymbol{A}-\boldsymbol{B}=\boldsymbol{A}+(-\boldsymbol{B}),$$

也就是

$$\boldsymbol{A}-\boldsymbol{B}=[a_{ij}-b_{ij}]_{m\times n}=\begin{bmatrix}a_{11}-b_{11}&a_{12}-b_{12}&\cdots&a_{1n}-b_{1n}\\a_{21}-b_{21}&a_{22}-b_{22}&\cdots&a_{2n}-b_{2n}\\\vdots&\vdots&&\vdots\\a_{m1}-b_{m1}&a_{m2}-b_{m2}&\cdots&a_{mn}-b_{mn}\end{bmatrix}. \tag{2.2.2}$$

矩阵的加法满足下列运算律 (设 $\boldsymbol{A},\boldsymbol{B},\boldsymbol{C},\boldsymbol{O}$ 都是 $m\times n$ 矩阵):

(1) $\boldsymbol{A}+\boldsymbol{B}=\boldsymbol{B}+\boldsymbol{A}$;　　加法交换律

(2) $(\boldsymbol{A}+\boldsymbol{B})+\boldsymbol{C}=\boldsymbol{A}+(\boldsymbol{B}+\boldsymbol{C})$;　　加法结合律

(3) $\boldsymbol{A}+\boldsymbol{O}=\boldsymbol{A}$;

(4) $\boldsymbol{A}+(-\boldsymbol{A})=\boldsymbol{O}$.

2.2.2 数与矩阵的乘法

定义 2.2.3 设有 $m\times n$ 矩阵 $\boldsymbol{A}=[a_{ij}]$, 数 k 与矩阵 $\boldsymbol{A}$ 的乘积记作 $k\boldsymbol{A}$, 规定为

$$k\boldsymbol{A}=[ka_{ij}]_{m\times n}=\begin{bmatrix}ka_{11}&ka_{12}&\cdots&ka_{1n}\\ka_{21}&ka_{22}&\cdots&ka_{2n}\\\vdots&\vdots&&\vdots\\ka_{m1}&ka_{m2}&\cdots&ka_{mn}\end{bmatrix}, \tag{2.2.3}$$

简称为数 k 与矩阵 $\boldsymbol{A}$ 的**数乘**.

于是, 数量矩阵 $\begin{bmatrix}k&0&\cdots&0\\0&k&\cdots&0\\\vdots&\vdots&&\vdots\\0&0&\cdots&k\end{bmatrix}$ 可写成 $k\boldsymbol{E}$.

例 2.2.2　设某企业的 2 个产地到 3 个销售地之间的距离 (单位: 千米) 为矩阵 $\boldsymbol{A}$,

$$\boldsymbol{A}=\begin{bmatrix}50 & 90 & 120\\ 200 & 100 & 80\end{bmatrix},$$

已知货物每吨每千米的运费为 12 元, 则各产地到各销售地, 每吨货物的运费为

$$\begin{aligned}12\boldsymbol{A}&=12\begin{bmatrix}50 & 90 & 120\\ 200 & 100 & 80\end{bmatrix}=\begin{bmatrix}12\times 50 & 12\times 90 & 12\times 120\\ 12\times 200 & 12\times 100 & 12\times 80\end{bmatrix}\\ &=\begin{bmatrix}600 & 1080 & 1440\\ 2400 & 1200 & 960\end{bmatrix}.\end{aligned}$$

矩阵的数乘运算满足下列运算律 (设 $\boldsymbol{A},\boldsymbol{B}$ 都是 $m\times n$ 矩阵, k,l 是常数):

(1) $1\boldsymbol{A}=\boldsymbol{A}$;

(2) $k(l\boldsymbol{A})=(kl\boldsymbol{A})$;　　数乘结合律

(3) $(k+l)\boldsymbol{A}=k\boldsymbol{A}+l\boldsymbol{A}$;　　数乘分配律

(4) $k(\boldsymbol{A}+\boldsymbol{B})=k\boldsymbol{A}+k\boldsymbol{B}$.　　数乘分配律

矩阵的加法和矩阵的数乘运算, 统称为矩阵的**线性运算**.

例 2.2.3　设矩阵 $\boldsymbol{A}=\begin{bmatrix}1 & -2 & 0\\ 4 & 3 & 5\end{bmatrix}$, $\boldsymbol{B}=\begin{bmatrix}8 & 2 & 6\\ 5 & 3 & 4\end{bmatrix}$, 满足 $2\boldsymbol{A}+\boldsymbol{X}=\boldsymbol{B}-2\boldsymbol{X}$, 求矩阵 $\boldsymbol{X}$.

解　$3\boldsymbol{X}=\boldsymbol{B}-2\boldsymbol{A}$, 所以

$$\boldsymbol{X}=\frac{1}{3}(\boldsymbol{B}-2\boldsymbol{A})=\frac{1}{3}\begin{bmatrix}6 & 6 & 6\\ -3 & -3 & -6\end{bmatrix}=\begin{bmatrix}2 & 2 & 2\\ -1 & -1 & -2\end{bmatrix}.$$

2.2.3　矩阵与矩阵的乘法

先来看一个实例.

例 2.2.4　某地区有两家工厂 I, II 生产甲、乙、丙三种产品, 矩阵 $\boldsymbol{A}$ 表示一年中各工厂生产各种产品的数量, 矩阵 $\boldsymbol{B}$ 表示各种产品的单位价格 (单位: 元) 及单位利润 (单位: 元),

$$\boldsymbol{A}=\begin{bmatrix}100 & 50 & 120\\ 200 & 100 & 50\end{bmatrix}\begin{matrix}\text{I}\\ \text{II}\end{matrix}\quad(\text{列: 甲, 乙, 丙}),\qquad \boldsymbol{B}=\begin{bmatrix}3 & 2\\ 2 & 1\\ 4 & 3\end{bmatrix}\begin{matrix}\text{甲}\\ \text{乙}\\ \text{丙}\end{matrix}\quad(\text{列: 单位价格, 单位利润}),$$

矩阵 $\boldsymbol{C}$ 表示各工厂的总收入及总利润, 容易求得

$$\boldsymbol{C}=\begin{bmatrix}100\times3+50\times2+120\times4 & 100\times2+50\times1+120\times3\\ 200\times3+100\times2+50\times4 & 200\times2+100\times1+50\times3\end{bmatrix}\begin{matrix}\text{I}\\ \text{II}\end{matrix},$$

总收入　　　　总利润

其中, 矩阵 $\boldsymbol{C}$ 中第 i 行第 j 列的元素, 等于矩阵 $\boldsymbol{A}$ 的第 i 行的元素与矩阵 $\boldsymbol{B}$ 的第 j 列对应元素的乘积的总和.

我们将上面例题中矩阵 $\boldsymbol{A},\boldsymbol{B},\boldsymbol{C}$ 之间的这种关系定义为矩阵的乘法.

定义 2.2.4 设有 m 行 s 列的矩阵 $\boldsymbol{A}=[a_{ij}]_{m\times s}$ 和 s 行 n 列的矩阵 $\boldsymbol{B}=[b_{ij}]_{s\times n}$,

$$\boldsymbol{A}=\begin{bmatrix}a_{11} & a_{12} & \cdots & a_{1j} & \cdots & a_{1s}\\ a_{21} & a_{22} & \cdots & a_{2j} & \cdots & a_{2s}\\ \vdots & \vdots & & \vdots & & \vdots\\ a_{i1} & a_{i2} & \cdots & a_{ij} & \cdots & a_{is}\\ \vdots & \vdots & & \vdots & & \vdots\\ a_{m1} & a_{m2} & \cdots & a_{mj} & \cdots & a_{ms}\end{bmatrix},\quad \boldsymbol{B}=\begin{bmatrix}b_{11} & b_{12} & \cdots & b_{1j} & \cdots & b_{1n}\\ b_{21} & b_{22} & \cdots & b_{2j} & \cdots & b_{2n}\\ \vdots & \vdots & & \vdots & & \vdots\\ b_{i1} & b_{i2} & \cdots & b_{ij} & \cdots & b_{in}\\ \vdots & \vdots & & \vdots & & \vdots\\ b_{s1} & b_{s2} & \cdots & b_{sj} & \cdots & b_{sn}\end{bmatrix},$$

规定矩阵 $\boldsymbol{A}$ 与矩阵 $\boldsymbol{B}$ 的乘积为一个 m 行 n 列的矩阵 $\boldsymbol{C}=[c_{ij}]_{m\times n}$, 记作 $\boldsymbol{C}=\boldsymbol{A}\boldsymbol{B}$,

$$\boldsymbol{C}=\begin{bmatrix}c_{11} & c_{12} & \cdots & c_{1j} & \cdots & c_{1n}\\ c_{21} & c_{22} & \cdots & c_{2j} & \cdots & c_{2n}\\ \vdots & \vdots & & \vdots & & \vdots\\ c_{i1} & c_{i2} & \cdots & \boxed{c_{ij}} & \cdots & c_{in}\\ \vdots & \vdots & & \vdots & & \vdots\\ c_{m1} & c_{m2} & \cdots & c_{mj} & \cdots & c_{mn}\end{bmatrix},$$

其中, 矩阵 $\boldsymbol{C}$ 第 i 行第 j 列的元素为

$$c_{ij}=a_{i1}b_{1j}+a_{i2}b_{2j}+\cdots+a_{is}b_{sj}=\sum_{k=1}^{s}a_{ik}b_{kj}\quad(i=1,2,\cdots,m;j=1,2,\cdots,n).\tag{2.2.4}$$

可见, 乘积矩阵 $\boldsymbol{C}=[c_{ij}]_{m\times n}$ 的第 i 行第 j 列的元素 c_{ij} 等于矩阵 $\boldsymbol{A}$ 的第 i 行每一个元素与矩阵 $\boldsymbol{B}$ 第 j 列对应位置元素的乘积之和. 矩阵 $\boldsymbol{C}$ 的行数等于矩阵 $\boldsymbol{A}$ 的行数, 列数等于矩阵 $\boldsymbol{B}$ 的列数.

记号 $\boldsymbol{AB}$ 常读作 $\boldsymbol{A}$ **左乘** $\boldsymbol{B}$ 或 $\boldsymbol{B}$ **右乘** $\boldsymbol{A}$.

计算 $\boldsymbol{AB}$ 时, 一般先确定它的行数和列数, 再确定各位置的元素.

想一想: 乘积$\boldsymbol{AB}$有意义的条件是什么? 可乘时, 阶数如何确定?

例 2.2.5　设 $\boldsymbol{A}=\begin{bmatrix}2&3\\1&-2\\3&1\end{bmatrix}, \boldsymbol{B}=\begin{bmatrix}1&-2\\2&-1\end{bmatrix}$, 求 $\boldsymbol{AB}$.

解

$$\boldsymbol{AB}=\begin{bmatrix}2&3\\1&-2\\3&1\end{bmatrix}\begin{bmatrix}1&-2\\2&-1\end{bmatrix}=\begin{bmatrix}2\times1+3\times2 & 2\times(-2)+3\times(-1)\\1\times1+(-2)\times2 & 1\times(-2)+(-2)\times(-1)\\3\times1+1\times2 & 3\times(-2)+1\times(-1)\end{bmatrix}$$

$$=\begin{bmatrix}8&-7\\-3&0\\5&-7\end{bmatrix}.$$

注意, 只有当左边矩阵的列数等于右边矩阵的行数时, 两个矩阵才能进行乘法运算. 在例 2.2.5 中, 矩阵 $\boldsymbol{A}$ 的列数与矩阵 $\boldsymbol{B}$ 的行数相同, 故 $\boldsymbol{AB}$ 有意义. 而矩阵 $\boldsymbol{B}$ 的列数与矩阵 $\boldsymbol{A}$ 的行数不同, 因而 $\boldsymbol{BA}$ 没有意义, 不能进行乘法运算.

例 2.2.6　设 $\boldsymbol{A}=[1,0,4]$,　$\boldsymbol{B}=\begin{bmatrix}1\\2\\0\end{bmatrix}$, 求 $\boldsymbol{AB}$ 和 $\boldsymbol{BA}$.

解　$\boldsymbol{AB}=[1,0,4]\begin{bmatrix}1\\2\\0\end{bmatrix}=1\times1+0\times2+4\times0=1$,

$$\boldsymbol{BA}=\begin{bmatrix}1\\2\\0\end{bmatrix}[1,0,4]=\begin{bmatrix}1\times1&1\times0&1\times4\\2\times1&2\times0&2\times4\\0\times1&0\times0&0\times4\end{bmatrix}=\begin{bmatrix}1&0&4\\2&0&8\\0&0&0\end{bmatrix}.$$

在例 2.2.6 中, $\boldsymbol{A}$ 是一个 1×3 矩阵, $\boldsymbol{B}$ 是 3×1 矩阵, 因此 $\boldsymbol{AB}$ 有意义, $\boldsymbol{BA}$ 也有意义, 但 $\boldsymbol{AB}\neq\boldsymbol{BA}$.

从上述两个例子, 可以看到**矩阵乘法不满足交换律**. 事实上, 当 $\boldsymbol{AB}$ 有意义时, $\boldsymbol{BA}$ 不一定有意义; 即使 $\boldsymbol{AB}$, $\boldsymbol{BA}$ 都有意义, $\boldsymbol{AB}$ 与 $\boldsymbol{BA}$ 也不一定相等. $\boldsymbol{A}$ 左乘 $\boldsymbol{B}$ 与 $\boldsymbol{A}$ 右乘 $\boldsymbol{B}$ 的结果一般不同, 所以要注意区分 "左乘" 还是 "右乘".

矩阵乘法虽然不满足交换律, 但 $\boldsymbol{AB}=\boldsymbol{BA}$ 的情况仍可能存在.

定义 2.2.5 如果两矩阵 $\boldsymbol{A}$ 和 $\boldsymbol{B}$ 相乘, 有 $\boldsymbol{AB}=\boldsymbol{BA}$, 则称矩阵 $\boldsymbol{A}$ 和矩阵 $\boldsymbol{B}$ **可交换**.

根据矩阵乘法的定义, 若矩阵 $\boldsymbol{A}$ 和矩阵 $\boldsymbol{B}$ 可交换, 则矩阵 $\boldsymbol{A}$ 和矩阵 $\boldsymbol{B}$ 一定是同阶的方阵.

对于 n 阶方阵 $\boldsymbol{A}$、n 阶单位矩阵 $\boldsymbol{E}$, 容易证明 $\boldsymbol{EA}=\boldsymbol{AE}=\boldsymbol{A}$, 因此它们是可交换的. 可见单位矩阵 $\boldsymbol{E}$ 在矩阵的乘法中的作用类似于数 1.

进一步地, 数量矩阵 $\lambda\boldsymbol{E}$ 与任意同阶方阵都可交换.

例 2.2.7 $\boldsymbol{A}=\begin{bmatrix}1&2\\0&3\end{bmatrix}, \boldsymbol{B}=\begin{bmatrix}1&0\\0&4\end{bmatrix}, \boldsymbol{C}=\begin{bmatrix}1&1\\0&0\end{bmatrix}$, 求 $\boldsymbol{AC}$ 和 $\boldsymbol{BC}$.

解

$$\boldsymbol{AC}=\begin{bmatrix}1&2\\0&3\end{bmatrix}\begin{bmatrix}1&1\\0&0\end{bmatrix}=\begin{bmatrix}1&1\\0&0\end{bmatrix},$$

$$\boldsymbol{BC}=\begin{bmatrix}1&0\\0&4\end{bmatrix}\begin{bmatrix}1&1\\0&0\end{bmatrix}=\begin{bmatrix}1&1\\0&0\end{bmatrix}.$$

观察例 2.2.7, 发现 $\boldsymbol{AC}=\boldsymbol{BC}$, 但 $\boldsymbol{A}\neq\boldsymbol{B}$. 可见, **矩阵乘法不满足消去律**, 即不能从 $\boldsymbol{AC}=\boldsymbol{BC}$ 推出 $\boldsymbol{A}=\boldsymbol{B}$.

矩阵的乘法虽然不满足交换律和消去律, 但仍然满足下列**结合律**和**分配律** (假定运算都是可行的):

(1) $(\boldsymbol{AB})\boldsymbol{C}=\boldsymbol{A}(\boldsymbol{BC})$;

(2) $(\boldsymbol{A}+\boldsymbol{B})\boldsymbol{C}=\boldsymbol{AC}+\boldsymbol{BC}$;

(3) $\boldsymbol{C}(\boldsymbol{A}+\boldsymbol{B})=\boldsymbol{CA}+\boldsymbol{CB}$;

(4) $k(\boldsymbol{AB})=(k\boldsymbol{A})\boldsymbol{B}=\boldsymbol{A}(k\boldsymbol{B})$.

矩阵乘法的引入, 使得矩阵理论变得精彩, 体现了科学工作者孜孜以求的探索精神. 有了矩阵的乘法, 数学中的许多关系表示起来就很简洁.

比如, 线性方程组

$$\begin{cases}a_{11}x_1+a_{12}x_2+\cdots+a_{1n}x_n=b_1,\\a_{21}x_1+a_{22}x_2+\cdots+a_{2n}x_n=b_2,\\\qquad\cdots\cdots\\a_{m1}x_1+a_{m2}x_2+\cdots+a_{mn}x_n=b_m,\end{cases}\tag{2.2.5}$$

若记

$$A=\begin{bmatrix} a_{11} & a_{12} & \cdots & a_{1n} \\ a_{21} & a_{22} & \cdots & a_{2n} \\ \vdots & \vdots & & \vdots \\ a_{m1} & a_{m2} & \cdots & a_{mn} \end{bmatrix},\quad x=\begin{bmatrix} x_1 \\ x_2 \\ \vdots \\ x_n \end{bmatrix},\quad b=\begin{bmatrix} b_1 \\ b_2 \\ \vdots \\ b_m \end{bmatrix},$$

则利用矩阵的乘法, 线性方程组 (2.2.5) 可表示为矩阵形式:

$$Ax=b, \tag{2.2.6}$$

其中矩阵 A 称为线性方程组 (2.2.5) 的**系数矩阵**, 矩阵 x 称为**未知量矩阵**, 矩阵 b 称为**常数项矩阵**.

将线性方程组写成矩阵方程的形式, 不仅书写方便, 而且可以把线性方程组的理论与矩阵理论联系起来, 这给线性方程组的讨论带来很大的便利.

2.2.4 方阵的幂

定义 2.2.6 设方阵 $A=(a_{ij})_{n\times n}$, 规定

$$A^0=E,\quad A^k=\overbrace{A\,A\cdots A}^{k个}\quad (k为自然数),$$

A^k 称为 A 的 k 次幂.

方阵的幂满足以下运算规律 (假设运算都是可行的):

(1) $A^mA^n=A^{m+n}\quad (m,n为非负整数)$;

(2) $(A^m)^n=A^{mn}$.

一般地, $(AB)^m\neq A^mB^m$(m 为自然数). 当 $AB=BA$, 即 A 与 B 可交换时, 有 $(AB)^m=A^mB^m$.

例 2.2.8 举例说明下列命题是错误的 (其中 A,B,O 为矩阵, E 为单位矩阵).

(1) 若 $AB=O$, 则 $A=O$ 或 $B=O$;

(2) 若 $AB=A$, 则 $A=O$ 或 $B=E$;

(3) 若 $A^k=O$ $(k=2,3,\cdots)$, 则 $A=O$;

(4) 若 $A^2=E$, 则 $A=E$ 或 $A=-E$.

解 (1) $A=\begin{bmatrix} 1 & 1 \\ -1 & -1 \end{bmatrix}, B=\begin{bmatrix} 1 & -1 \\ -1 & 1 \end{bmatrix}$, 则 $AB=O$, 但 $A\neq O$, $B\neq O$;

(2) $\boldsymbol{A}=\begin{bmatrix}-1&&\\&-1&\\&&0\end{bmatrix}$, $\boldsymbol{B}=\begin{bmatrix}1&&\\&1&\\&&0\end{bmatrix}$, 则 $\boldsymbol{AB}=\boldsymbol{A}$, 但 $\boldsymbol{A}\neq\boldsymbol{O},\boldsymbol{B}\neq\boldsymbol{E}$;

(3) $\boldsymbol{A}=\begin{bmatrix}0&1\\0&0\end{bmatrix}\neq\boldsymbol{O}$, 但 $\boldsymbol{A}^2=\boldsymbol{A}^3=\cdots=\boldsymbol{O}$;

(4) $\boldsymbol{A}=\begin{bmatrix}1&0\\0&-1\end{bmatrix}\neq\pm\boldsymbol{E}$, 但 $\boldsymbol{A}^2=\boldsymbol{E}$.

可见, 在数的乘法中常用的一些结论, 对于矩阵乘法是不再适用的, 读者要特别注意, 不要误用.

想一想: 你能说出矩阵的乘法与数的乘法在运算规律上有哪些不同吗?

例 2.2.9 设 $\boldsymbol{A}=\begin{bmatrix}1&1\\0&1\end{bmatrix}$, 求 $\boldsymbol{A}^3$.

解 $\boldsymbol{A}^3=\begin{bmatrix}1&1\\0&1\end{bmatrix}^2\begin{bmatrix}1&1\\0&1\end{bmatrix}=\begin{bmatrix}1&2\\0&1\end{bmatrix}\begin{bmatrix}1&1\\0&1\end{bmatrix}=\begin{bmatrix}1&3\\0&1\end{bmatrix}$.

一般地, 利用数学归纳法可得 $\boldsymbol{A}^n=\begin{bmatrix}1&n\\0&1\end{bmatrix}$.

2.2.5 矩阵的转置

定义 2.2.7 把 $m\times n$ 矩阵 $\boldsymbol{A}$ 的行与列对应互换, 得到的 $n\times m$ 矩阵, 称为 $\boldsymbol{A}$ 的**转置矩阵**, 记作 $\boldsymbol{A}^{\mathrm{T}}$(或 $\boldsymbol{A}'$), 即若

$$\boldsymbol{A}=\begin{bmatrix}a_{11}&a_{12}&\cdots&a_{1n}\\a_{21}&a_{22}&\cdots&a_{2n}\\\vdots&\vdots&&\vdots\\a_{m1}&a_{m2}&\cdots&a_{mn}\end{bmatrix}_{m\times n},$$

则

$$\boldsymbol{A}^{\mathrm{T}}=\begin{bmatrix}a_{11}&a_{21}&\cdots&a_{m1}\\a_{12}&a_{22}&\cdots&a_{m2}\\\vdots&\vdots&&\vdots\\a_{1n}&a_{2n}&\cdots&a_{mn}\end{bmatrix}_{n\times m}. \tag{2.2.7}$$

例如,

$$设\ \boldsymbol{A}=\begin{bmatrix}1 & 2 & -1 & 0\\ 0 & 3 & 2 & 4\\ 2 & -5 & -3 & 0\end{bmatrix},\ 则\ \boldsymbol{A}^{\mathrm{T}}=\begin{bmatrix}1 & 0 & 2\\ 2 & 3 & -5\\ -1 & 2 & -3\\ 0 & 4 & 0\end{bmatrix};$$

$$设\ \boldsymbol{B}=[1,2,4,-1],\ 则\ \boldsymbol{B}^{\mathrm{T}}=\begin{bmatrix}1\\ 2\\ 4\\ -1\end{bmatrix}.$$

矩阵的转置满足以下运算规律 (假设运算都是可行的):

(1) $(\boldsymbol{A}^{\mathrm{T}})^{\mathrm{T}}=\boldsymbol{A}$;

(2) $(\boldsymbol{A}+\boldsymbol{B})^{\mathrm{T}}=\boldsymbol{A}^{\mathrm{T}}+\boldsymbol{B}^{\mathrm{T}}$;

(3) $(k\boldsymbol{A})^{\mathrm{T}}=k\boldsymbol{A}^{\mathrm{T}}$;

(4) $(\boldsymbol{A}\boldsymbol{B})^{\mathrm{T}}=\boldsymbol{B}^{\mathrm{T}}\boldsymbol{A}^{\mathrm{T}}$.

这里仅证明性质 (4). 设矩阵 $\boldsymbol{A}=[a_{ij}]_{m\times s}$ 和矩阵 $\boldsymbol{B}=[b_{ij}]_{s\times n}$, 记 $\boldsymbol{A}\boldsymbol{B}=\boldsymbol{C}=[c_{ij}]_{m\times n}$, $\boldsymbol{B}^{\mathrm{T}}\boldsymbol{A}^{\mathrm{T}}=\boldsymbol{D}=[d_{ij}]_{n\times m}$.

根据公式 (2.2.4), 有

$$c_{ji}=\sum_{k=1}^{s}a_{jk}b_{ki},$$

而 $\boldsymbol{B}^{\mathrm{T}}$ 的第 i 行为 $[b_{1i},b_{2i},\cdots,b_{si}]$, $\boldsymbol{A}^{\mathrm{T}}$ 的第 j 列为 $[a_{j1},a_{j2},\cdots,a_{js}]^{\mathrm{T}}$, 因此

$$d_{ij}=\sum_{k=1}^{s}b_{ki}a_{jk}=\sum_{k=1}^{s}a_{jk}b_{ki},$$

所以, $d_{ij}=c_{ji}\,(i=1,2,\cdots,n;\,j=1,2,\cdots,m)$, 即 $\boldsymbol{D}=\boldsymbol{C}^{\mathrm{T}}$, 也就是 $(\boldsymbol{A}\boldsymbol{B})^{\mathrm{T}}=\boldsymbol{B}^{\mathrm{T}}\boldsymbol{A}^{\mathrm{T}}$.

利用数学归纳法, 还可以得到 $(\boldsymbol{A}_1\boldsymbol{A}_2\cdots\boldsymbol{A}_k)^{\mathrm{T}}=\boldsymbol{A}_k^{\mathrm{T}}\cdots\boldsymbol{A}_2^{\mathrm{T}}\boldsymbol{A}_1^{\mathrm{T}}$, 其中 k 为正整数.

注意 $(\boldsymbol{A}\boldsymbol{B})^{\mathrm{T}}\neq\boldsymbol{A}^{\mathrm{T}}\boldsymbol{B}^{\mathrm{T}}$.

例 2.2.10　已知 $\boldsymbol{A}=\begin{bmatrix}2 & 0 & -1\\ 1 & 3 & 2\end{bmatrix}$, $\boldsymbol{B}=\begin{bmatrix}1 & 7 & -1\\ 4 & 2 & 3\\ 2 & 0 & 1\end{bmatrix}$, 求 $(\boldsymbol{A}\boldsymbol{B})^{\mathrm{T}}$.

解法 1 先求乘积, 再转置. 因为

$$\boldsymbol{AB}=\begin{bmatrix}2&0&-1\\1&3&2\end{bmatrix}\begin{bmatrix}1&7&-1\\4&2&3\\2&0&1\end{bmatrix}=\begin{bmatrix}0&14&-3\\17&13&10\end{bmatrix},$$

所以 $(\boldsymbol{AB})^{\mathrm{T}}=\begin{bmatrix}0&17\\14&13\\-3&10\end{bmatrix}$.

解法 2 先利用转置性质, 再乘积,

$$(\boldsymbol{AB})^{\mathrm{T}}=\boldsymbol{B}^{\mathrm{T}}\boldsymbol{A}^{\mathrm{T}}=\begin{bmatrix}1&4&2\\7&2&0\\-1&3&1\end{bmatrix}\begin{bmatrix}2&1\\0&3\\-1&2\end{bmatrix}=\begin{bmatrix}0&17\\14&13\\-3&10\end{bmatrix}.$$

例 2.2.11 设 $\boldsymbol{\alpha}=[1,2,3]^{\mathrm{T}},\boldsymbol{\beta}=\left[1,\dfrac{1}{2},\dfrac{1}{3}\right]^{\mathrm{T}}$, 求 $(\boldsymbol{\alpha\beta}^{\mathrm{T}})^{10}$.

解 作矩阵乘法时, 经常需要灵活运用结合律.

$$(\boldsymbol{\alpha\beta}^{\mathrm{T}})^{10}=\overbrace{(\boldsymbol{\alpha\beta}^{\mathrm{T}})(\boldsymbol{\alpha\beta}^{\mathrm{T}})\cdots(\boldsymbol{\alpha\beta}^{\mathrm{T}})}^{10}=\boldsymbol{\alpha}\overbrace{(\boldsymbol{\beta}^{\mathrm{T}}\boldsymbol{\alpha})(\boldsymbol{\beta}^{\mathrm{T}}\boldsymbol{\alpha})\cdots(\boldsymbol{\beta}^{\mathrm{T}}\boldsymbol{\alpha})}^{9}\boldsymbol{\beta}^{\mathrm{T}},$$

其中 $\boldsymbol{\beta}^{\mathrm{T}}\boldsymbol{\alpha}=\left[1,\dfrac{1}{2},\dfrac{1}{3}\right]\begin{bmatrix}1\\2\\3\end{bmatrix}=3$ 是一个数. 所以

$$(\boldsymbol{\alpha\beta}^{\mathrm{T}})^{10}=3^9\boldsymbol{\alpha\beta}^{\mathrm{T}}=3^9\begin{bmatrix}1\\2\\3\end{bmatrix}\left[1,\frac{1}{2},\frac{1}{3}\right]=3^9\begin{bmatrix}1&\frac{1}{2}&\frac{1}{3}\\2&1&\frac{2}{3}\\3&\frac{3}{2}&1\end{bmatrix}.$$

接下来介绍两类常见的特殊矩阵.

定义 2.2.8 设 $\boldsymbol{A}$ 为 n 阶方阵, 如果 $\boldsymbol{A}^{\mathrm{T}}=\boldsymbol{A}$, 即

$$a_{ij}=a_{ji}\quad(i,j=1,2,\cdots,n),$$

则称 $\boldsymbol{A}$ 为**对称矩阵**. 如果 $\boldsymbol{A}^{\mathrm{T}}=-\boldsymbol{A}$, 即

$$a_{ij}=-a_{ji}\quad(i,j=1,2,\cdots,n),$$

则称 $\boldsymbol{A}$ 为**反对称矩阵**.

例如, $\begin{bmatrix}0&-1\\-1&0\end{bmatrix}$, $\begin{bmatrix}8&6&1\\6&9&0\\1&0&5\end{bmatrix}$ 均为对称矩阵. 对称矩阵 $\boldsymbol{A}$ 的元素关于主对角线对称.

$\begin{bmatrix}0&6&1\\-6&0&-3\\-1&3&0\end{bmatrix}$, $\begin{bmatrix}0&1&-8\\-1&0&5\\8&-5&0\end{bmatrix}$ 均为反对称矩阵.

根据反对称矩阵的定义, 主对角线上的元素满足 $a_{ii}=-a_{ii}(i=1,2,\cdots,n)$, 因此, $a_{ii}=0$, 即反对称矩阵主对角线上的元素全为零.

例 2.2.12 设列矩阵 $\boldsymbol{X}=[x_1,x_2,\cdots,x_n]^{\mathrm{T}}$ 满足 $\boldsymbol{X}^{\mathrm{T}}\boldsymbol{X}=1$, $\boldsymbol{E}$ 为 n 阶单位矩阵, $\boldsymbol{H}=\boldsymbol{E}-2\boldsymbol{X}\boldsymbol{X}^{\mathrm{T}}$, 证明 $\boldsymbol{H}$ 是对称矩阵, 且 $\boldsymbol{H}\boldsymbol{H}^{\mathrm{T}}=\boldsymbol{E}$.

解　根据矩阵转置的运算性质, 容易得到

$$\boldsymbol{H}^{\mathrm{T}}=\boldsymbol{E}^{\mathrm{T}}-2(\boldsymbol{X}\boldsymbol{X}^{\mathrm{T}})^{\mathrm{T}}=\boldsymbol{E}-2(\boldsymbol{X}^{\mathrm{T}})^{\mathrm{T}}\boldsymbol{X}^{\mathrm{T}}=\boldsymbol{E}-2\boldsymbol{X}\boldsymbol{X}^{\mathrm{T}}=\boldsymbol{H},$$

所以 $\boldsymbol{H}$ 是对称矩阵. 注意到 $\boldsymbol{X}^{\mathrm{T}}\boldsymbol{X}=1$, 进一步, 可计算得到

$$\begin{aligned}\boldsymbol{H}\boldsymbol{H}^{\mathrm{T}}&=(\boldsymbol{E}-2\boldsymbol{X}\boldsymbol{X}^{\mathrm{T}})(\boldsymbol{E}-2\boldsymbol{X}\boldsymbol{X}^{\mathrm{T}})\\&=\boldsymbol{E}-2\boldsymbol{X}\boldsymbol{X}^{\mathrm{T}}-2\boldsymbol{X}\boldsymbol{X}^{\mathrm{T}}+4\boldsymbol{X}(\boldsymbol{X}^{\mathrm{T}}\boldsymbol{X})\boldsymbol{X}^{\mathrm{T}}\\&=\boldsymbol{E}-4\boldsymbol{X}\boldsymbol{X}^{\mathrm{T}}+4\boldsymbol{X}\boldsymbol{X}^{\mathrm{T}}=\boldsymbol{E}.\end{aligned}$$

2.2.6　方阵的行列式

定义 2.2.9　由 n 阶方阵 $\boldsymbol{A}$ 的元素所构成的行列式 (各元素的位置不变), 称为**方阵 $\boldsymbol{A}$ 的行列式**, 记作 $|\boldsymbol{A}|$ 或 $\det\boldsymbol{A}$.

值得注意的是, 方阵与行列式是两个不同的概念, 符号相似容易混淆. n 阶方阵是 n^2 个数按一定方式排成的数表, 而 n 阶行列式则是这些数按一定的运算法则所确定的一个数值.

例如, $\boldsymbol{A}=\begin{bmatrix}1&0&-1\\2&1&0\\3&2&-1\end{bmatrix}$, 则 $|\boldsymbol{A}|=\det\boldsymbol{A}=\begin{vmatrix}1&0&-1\\2&1&0\\3&2&-1\end{vmatrix}=-2.$

方阵的行列式满足以下运算规律 (设 $\boldsymbol{A},\boldsymbol{B}$ 为 n 阶方阵, k 为常数):

(1) $|\boldsymbol{A}^{\mathrm{T}}| = |\boldsymbol{A}|$;

(2) $|k\boldsymbol{A}| = k^n|\boldsymbol{A}|$, 特别地, $|-\boldsymbol{A}| = (-1)^n\,|\boldsymbol{A}|$;

(3) $|\boldsymbol{AB}| = |\boldsymbol{A}||\boldsymbol{B}|$.

想一想: 矩阵与行列式关于加法、数乘、乘积、转置等运算有何区别?

由第 1 章行列式的性质容易得到性质 (1) 和 (2), 而性质 (3) 将在 2.4 节分块矩阵中予以证明.

一般来说, $\boldsymbol{AB} \neq \boldsymbol{BA}$, 但从性质 (3), 总有 $|\boldsymbol{AB}| = |\boldsymbol{BA}| = |\boldsymbol{A}|\,|\boldsymbol{B}|$. 此外, $|\boldsymbol{A}+\boldsymbol{B}| \neq |\boldsymbol{A}| + |\boldsymbol{B}|$.

历史上, 数学工作者曾规定了矩阵的 Hadamard(阿达马) 积, 并作出进一步的研究. 所谓 Hadamard 积是指两个同阶矩阵的元素对应相乘, 即若 $\boldsymbol{A} = [a_{ij}]_{m\times n}$, $\boldsymbol{B} = [b_{ij}]_{m\times n}$, 则 Hadamard 积为

$$\boldsymbol{A} \circ \boldsymbol{B} = [a_{ij} \cdot b_{ij}]_{m\times n}.$$

为什么教材中矩阵的乘法不按照这种容易理解的方式定义呢? 请读者课外思考.

习　题　2.2

1. 计算:

(1) $\begin{bmatrix} 1 & 6 & 4 \\ -4 & 2 & 8 \end{bmatrix} + 2\begin{bmatrix} -1 & 1 & 3 \\ 0 & 2 & 5 \end{bmatrix}$;　　(2) $\begin{bmatrix} 1 & 2 \\ 0 & 1 \end{bmatrix} - \begin{bmatrix} 2 & -2 \\ 3 & 0 \end{bmatrix}$.

2. 设矩阵 $\boldsymbol{A} = \begin{bmatrix} 1 & 2 & 1 \\ 2 & 1 & 2 \end{bmatrix}, \boldsymbol{B} = \begin{bmatrix} 4 & 3 & 2 \\ -2 & 1 & -2 \end{bmatrix}$.

(1) 求 $3\boldsymbol{A} - \boldsymbol{B}$;

(2) 若矩阵 $\boldsymbol{X}$ 满足 $2\boldsymbol{A} - \boldsymbol{X} = \boldsymbol{B} + 2\boldsymbol{X}$, 求 $\boldsymbol{X}$.

3. 设 $\boldsymbol{A}, \boldsymbol{B}$ 为 n 阶方阵, 试问下列等式是否必成立? 若否, 在什么条件下成立?

(1) $(\boldsymbol{A}+\boldsymbol{B})^2 = \boldsymbol{A}^2 + 2\boldsymbol{AB} + \boldsymbol{B}^2$;

(2) $(\boldsymbol{A}-\boldsymbol{B})^2 = \boldsymbol{A}^2 - 2\boldsymbol{AB} + \boldsymbol{B}^2$;

(3) $(\boldsymbol{A}+\boldsymbol{B})(\boldsymbol{A}-\boldsymbol{B}) = \boldsymbol{A}^2 - \boldsymbol{B}^2$.

4. 计算:

(1) $\begin{bmatrix} 3 & 2 & 1 \end{bmatrix}\begin{bmatrix} 1 \\ 2 \\ 3 \end{bmatrix}$;　　(2) $\begin{bmatrix} 1 \\ 2 \\ 3 \end{bmatrix}\begin{bmatrix} 3 & 2 & 1 \end{bmatrix}$;

(3) $\begin{bmatrix} 4 & 3 & 1 \\ 1 & -2 & 3 \\ 5 & 7 & 0 \end{bmatrix}\begin{bmatrix} 7 \\ 2 \\ 1 \end{bmatrix}$;　　(4) $\begin{bmatrix} x_1 & x_2 & x_3 \end{bmatrix}\begin{bmatrix} a_{11} & a_{12} & a_{13} \\ a_{21} & a_{22} & a_{23} \\ a_{31} & a_{32} & a_{33} \end{bmatrix}\begin{bmatrix} x_1 \\ x_2 \\ x_3 \end{bmatrix}$.

5. 设矩阵 $\boldsymbol{A} = \begin{bmatrix} 1 & 1 & 1 \\ 1 & 1 & -1 \\ 1 & -1 & 1 \end{bmatrix}, \boldsymbol{B} = \begin{bmatrix} 1 & 2 & 3 \\ -1 & -2 & 4 \\ 0 & 5 & 1 \end{bmatrix}$, 求 $3\boldsymbol{AB} - 2\boldsymbol{A}$ 及 $\boldsymbol{A}^{\mathrm{T}}\boldsymbol{B}$.

6. 设 $\boldsymbol{A}=\begin{bmatrix}1 & 0\\ \lambda & 1\end{bmatrix}$, 求 $\boldsymbol{A}^2,\boldsymbol{A}^3,\cdots,\boldsymbol{A}^k$.

7. 设 $\boldsymbol{A},\boldsymbol{B}$ 都是 n 阶对称矩阵, 举例说明乘积 $\boldsymbol{AB}$ 不一定也是对称矩阵, 并证明 $\boldsymbol{AB}$ 也是对称矩阵当且仅当 $\boldsymbol{A}$ 与 $\boldsymbol{B}$ 可交换.

8. $\boldsymbol{A}$ 为三阶方阵且 $|\boldsymbol{A}|=m$, 求 $|-2\boldsymbol{A}|$.

9. $\boldsymbol{A},\boldsymbol{B}$ 是三阶方阵且 $|\boldsymbol{A}|=-2$, $|\boldsymbol{B}|=3$, 求 $\left|2\boldsymbol{B}^{\mathrm{T}}\boldsymbol{A}\right|$ 的值.

10. 设 n 阶方阵 $\boldsymbol{A},\boldsymbol{B}$ 满足 $\boldsymbol{A}=\dfrac{1}{2}(\boldsymbol{B}+\boldsymbol{E})$, 证明: $\boldsymbol{A}^2=\boldsymbol{A}$ 的充分必要条件是 $\boldsymbol{B}^2=\boldsymbol{E}$.

11. 设非零矩阵 $\boldsymbol{A}=\begin{bmatrix}a & a\\ b & b\end{bmatrix}$, 若 $\boldsymbol{A}^n=k\boldsymbol{A}$, 求 k 与 a,b,n 的关系式.

2.3 可逆矩阵

在数的运算中, 对于数 $a\neq 0$, 总存在唯一一个数 a^{-1}, 使得

$$a\cdot a^{-1}=a^{-1}\cdot a=1.$$

数的逆在解方程中起着重要作用, 例如, 解一元一次方程

$$ax=b,$$

当 $a\neq 0$ 时, 其解为

$$x=a^{-1}b.$$

对一个矩阵 $\boldsymbol{A}$, 是否也存在类似的运算? 为了回答这个问题, 我们要先引入可逆矩阵与逆矩阵的概念. 逆矩阵在矩阵理论和应用中扮演着重要角色.

2.3.1 可逆矩阵的概念

定义 2.3.1 对于 n 阶方阵 $\boldsymbol{A}$, 如果存在一个 n 阶矩阵 $\boldsymbol{B}$, 使得

$$\boldsymbol{AB}=\boldsymbol{BA}=\boldsymbol{E},\tag{2.3.1}$$

则称矩阵 $\boldsymbol{A}$ 为**可逆矩阵**, 而矩阵 $\boldsymbol{B}$ 称为 $\boldsymbol{A}$ 的**逆矩阵**, 记作 $\boldsymbol{A}^{-1}=\boldsymbol{B}$.

例如, $\boldsymbol{A}=\begin{bmatrix}2 & 1\\ -1 & 0\end{bmatrix}$, $\boldsymbol{B}=\begin{bmatrix}0 & -1\\ 1 & 2\end{bmatrix}$, 容易验证 $\boldsymbol{AB}=\boldsymbol{BA}=\boldsymbol{E}$, 因此 $\boldsymbol{B}$ 是 $\boldsymbol{A}$ 的逆矩阵, 记作 $\boldsymbol{A}^{-1}=\boldsymbol{B}$.

若方阵 $\boldsymbol{A}$ 是可逆的, 则 $\boldsymbol{A}$ 的逆矩阵是唯一的. 事实上, 设 $\boldsymbol{B}$ 与 $\boldsymbol{C}$ 都是 $\boldsymbol{A}$ 的逆矩阵, 由逆矩阵的定义有

$$\boldsymbol{AB}=\boldsymbol{BA}=\boldsymbol{E},\quad \boldsymbol{AC}=\boldsymbol{CA}=\boldsymbol{E},$$

从而, $\boldsymbol{B}=\boldsymbol{BE}=\boldsymbol{B}(\boldsymbol{AC})=(\boldsymbol{BA})\boldsymbol{C}=\boldsymbol{EC}=\boldsymbol{C}$, 因此 $\boldsymbol{A}$ 的逆矩阵是唯一的.

2.3.2 可逆矩阵的判定与求法

为了进一步研究可逆矩阵的判定与求法, 我们先引入伴随矩阵的概念.

定义 2.3.2 n 阶方阵 $\boldsymbol{A}=[a_{ij}]$ $(i,j=1,2,\cdots,n)$ 的行列式 $|\boldsymbol{A}|$ 的各个元素 a_{ij} 的代数余子式 A_{ij} 所构成的如下矩阵:

$$\boldsymbol{A}^*=\begin{bmatrix} A_{11} & A_{21} & \cdots & A_{n1} \\ A_{12} & A_{22} & \cdots & A_{n2} \\ \vdots & \vdots & & \vdots \\ A_{1n} & A_{2n} & \cdots & A_{nn} \end{bmatrix}, \tag{2.3.2}$$

称为矩阵 $\boldsymbol{A}$ 的**伴随矩阵**.

想一想: A_{ij}在$\boldsymbol{A}^*$的第几行第几列? 符号怎样?

例 2.3.1 设矩阵 $\boldsymbol{A}=\begin{bmatrix} 1 & 0 & 1 \\ 2 & 1 & 0 \\ -3 & 2 & -5 \end{bmatrix}$, 求矩阵 $\boldsymbol{A}$ 的伴随矩阵 $\boldsymbol{A}^*$.

解 $\boldsymbol{A}$ 的行列式 $|\boldsymbol{A}|=\begin{vmatrix} 1 & 0 & 1 \\ 2 & 1 & 0 \\ -3 & 2 & -5 \end{vmatrix}$, 依次求出各元素的代数余子式,

$$A_{11}=\begin{vmatrix} 1 & 0 \\ 2 & -5 \end{vmatrix}=-5,\quad A_{12}=-\begin{vmatrix} 2 & 0 \\ -3 & -5 \end{vmatrix}=10,\quad A_{13}=\begin{vmatrix} 2 & 1 \\ -3 & 2 \end{vmatrix}=7,$$

$$A_{21}=-\begin{vmatrix} 0 & 1 \\ 2 & -5 \end{vmatrix}=2,\quad A_{22}=\begin{vmatrix} 1 & 1 \\ -3 & -5 \end{vmatrix}=-2,\quad A_{23}=-\begin{vmatrix} 1 & 0 \\ -3 & 2 \end{vmatrix}=-2,$$

$$A_{31}=\begin{vmatrix} 0 & 1 \\ 1 & 0 \end{vmatrix}=-1,\quad A_{32}=-\begin{vmatrix} 1 & 1 \\ 2 & 0 \end{vmatrix}=2,\quad A_{33}=\begin{vmatrix} 1 & 0 \\ 2 & 1 \end{vmatrix}=1,$$

则矩阵 $\boldsymbol{A}$ 的伴随矩阵 $\boldsymbol{A}^*=\begin{bmatrix} -5 & 2 & -1 \\ 10 & -2 & 2 \\ 7 & -2 & 1 \end{bmatrix}$.

矩阵和它的伴随矩阵, 有如下重要的结论.

定理 2.3.1 设 n 阶矩阵 $\boldsymbol{A}$ 为 n $(n\geqslant 2)$ 阶方阵, 则有

$$\boldsymbol{A}\boldsymbol{A}^*=\boldsymbol{A}^*\boldsymbol{A}=|\boldsymbol{A}|\,\boldsymbol{E}, \tag{2.3.3}$$

其中 $\boldsymbol{A}^*$ 为 $\boldsymbol{A}$ 的伴随矩阵.

证明 注意到伴随矩阵 $\boldsymbol{A}^*$ 的第 i 列元素恰好是行列式 $|\boldsymbol{A}|$ 的第 i 行元素对应的代数余子式. 根据行列式的性质,

$$a_{i1}A_{j1}+a_{i2}A_{j2}+\cdots+a_{in}A_{jn}=\begin{cases}|\boldsymbol{A}|, & i=j,\\ 0, & i\neq j,\end{cases}$$

从而

$$\boldsymbol{AA}^*=\begin{bmatrix}a_{11}&a_{12}&\cdots&a_{1n}\\a_{21}&a_{22}&\cdots&a_{2n}\\\vdots&\vdots&&\vdots\\a_{n1}&a_{n2}&\cdots&a_{nn}\end{bmatrix}\begin{bmatrix}A_{11}&A_{21}&\cdots&A_{n1}\\A_{12}&A_{22}&\cdots&A_{n2}\\\vdots&\vdots&&\vdots\\A_{1n}&A_{2n}&\cdots&A_{nn}\end{bmatrix}$$

$$=\begin{bmatrix}|\boldsymbol{A}|&0&\cdots&0\\0&|\boldsymbol{A}|&\cdots&0\\\vdots&\vdots&&\vdots\\0&0&\cdots&|\boldsymbol{A}|\end{bmatrix}=|\boldsymbol{A}|\,\boldsymbol{E}.$$

类似地, 可以验证 $\boldsymbol{A}^*\boldsymbol{A}=|\boldsymbol{A}|\,\boldsymbol{E}$.

定理 2.3.2 n 阶矩阵 $\boldsymbol{A}$ 可逆的充分必要条件是其行列式 $|\boldsymbol{A}|\neq 0$, 且当 $\boldsymbol{A}$ 可逆时, 有

$$\boldsymbol{A}^{-1}=\frac{1}{|\boldsymbol{A}|}\boldsymbol{A}^*, \tag{2.3.4}$$

其中 $\boldsymbol{A}^*$ 为 $\boldsymbol{A}$ 的伴随矩阵.

证明 (必要性) 若矩阵 $\boldsymbol{A}$ 可逆, 即有 $\boldsymbol{A}^{-1}$ 使得 $\boldsymbol{AA}^{-1}=\boldsymbol{E}$, 故 $|\boldsymbol{A}|\cdot\left|\boldsymbol{A}^{-1}\right|=|\boldsymbol{E}|=1$, 所以 $|\boldsymbol{A}|\neq 0$.

(充分性) 根据定理 2.3.1 有 $\boldsymbol{AA}^*=\boldsymbol{A}^*\boldsymbol{A}=|\boldsymbol{A}|\,\boldsymbol{E}$, 当 $|\boldsymbol{A}|\neq 0$ 时, 上式两边同时除以 $|\boldsymbol{A}|$, 那么

$$\boldsymbol{A}\left(\frac{1}{|\boldsymbol{A}|}\boldsymbol{A}^*\right)=\left(\frac{1}{|\boldsymbol{A}|}\boldsymbol{A}^*\right)\boldsymbol{A}=\boldsymbol{E}.$$

根据可逆矩阵的定义可知, 矩阵 $\boldsymbol{A}$ 可逆, 且 $\boldsymbol{A}^{-1}=\dfrac{1}{|\boldsymbol{A}|}\boldsymbol{A}^*$.

定义 2.3.3 如果 n 阶矩阵 $\boldsymbol{A}$ 的行列式 $|\boldsymbol{A}|\neq 0$, 则称 $\boldsymbol{A}$ 为**非奇异矩阵**, 否则称为**奇异矩阵**.

由定理 2.3.2 及定义 2.3.3 可知, 可逆矩阵就是非奇异矩阵. 定理 2.3.2 不但给出了一个矩阵可逆的条件, 同时也给出了求逆矩阵的公式 (2.3.4).

例 2.3.2 判断下列矩阵 $\boldsymbol{A}, \boldsymbol{B}$ 是否可逆, 若可逆, 求出其逆矩阵.

(1) $\boldsymbol{A}=\begin{bmatrix}2&0&0\\0&-1&-1\\0&1&2\end{bmatrix}$; (2) $\boldsymbol{B}=\begin{bmatrix}2&3&-1\\-1&3&5\\1&5&3\end{bmatrix}$.

解 (1) 由于 $|\boldsymbol{A}|=2\begin{vmatrix}-1&-1\\1&2\end{vmatrix}=-2\neq 0$, 所以矩阵 $\boldsymbol{A}$ 可逆.

容易计算得, 矩阵 $\boldsymbol{A}$ 的伴随矩阵

$$\boldsymbol{A}^*=\begin{bmatrix}A_{11}&A_{21}&A_{31}\\A_{12}&A_{22}&A_{32}\\A_{13}&A_{23}&A_{33}\end{bmatrix}=\begin{bmatrix}-1&0&0\\0&4&2\\0&-2&-2\end{bmatrix},$$

$$\boldsymbol{A}^{-1}=\frac{1}{|\boldsymbol{A}|}\boldsymbol{A}^*=-\frac{1}{2}\begin{bmatrix}-1&0&0\\0&4&2\\0&-2&-2\end{bmatrix}=\begin{bmatrix}0.5&0&0\\0&-2&-1\\0&1&1\end{bmatrix}.$$

(2) 由于 $|\boldsymbol{B}|=\begin{vmatrix}2&3&-1\\-1&3&5\\1&5&3\end{vmatrix}=0$, 所以矩阵 $\boldsymbol{B}$ 不可逆.

> **想一想:** 如何验证所求逆矩阵是否正确?

推论 2.3.1 若 $\boldsymbol{AB}=\boldsymbol{E}$ (或 $\boldsymbol{BA}=\boldsymbol{E}$), 则 $\boldsymbol{B}=\boldsymbol{A}^{-1}$.

证明 $\boldsymbol{AB}=\boldsymbol{E}$, 故 $|\boldsymbol{A}|\cdot|\boldsymbol{B}|=1$, $|\boldsymbol{A}|\neq 0$, 因此矩阵 $\boldsymbol{A}$ 的逆矩阵 $\boldsymbol{A}^{-1}$ 存在, 于是

$$\boldsymbol{A}^{-1}=\boldsymbol{A}^{-1}\boldsymbol{E}=\boldsymbol{A}^{-1}(\boldsymbol{AB})=(\boldsymbol{A}^{-1}\boldsymbol{A})\boldsymbol{B}=\boldsymbol{EB}=\boldsymbol{B}.$$

$\boldsymbol{BA}=\boldsymbol{E}$ 情形的证明类似.

根据推论 2.3.1, 如果要验证矩阵 $\boldsymbol{B}$ 是矩阵 $\boldsymbol{A}$ 的逆矩阵, 无须按定义证明 $\boldsymbol{AB}=\boldsymbol{BA}=\boldsymbol{E}$, 只需证明 $\boldsymbol{AB}=\boldsymbol{E}$ 或 $\boldsymbol{BA}=\boldsymbol{E}$, 大大简化了计算.

例 2.3.3 设方阵 $\boldsymbol{A}$ 满足方程 $\boldsymbol{A}^2-2\boldsymbol{A}-3\boldsymbol{E}=\boldsymbol{O}$, 证明 $\boldsymbol{A}$, $\boldsymbol{A}-\boldsymbol{E}$ 都可逆, 并求它们的逆矩阵.

证明 因为 $\boldsymbol{A}^2-2\boldsymbol{A}-3\boldsymbol{E}=\boldsymbol{O}$, 所以 $\boldsymbol{A}(\boldsymbol{A}-2\boldsymbol{E})=3\boldsymbol{E}$, 即 $\boldsymbol{A}\left(\dfrac{\boldsymbol{A}-2\boldsymbol{E}}{3}\right)=\boldsymbol{E}$, 由推论 2.3.1 得 $\boldsymbol{A}$ 可逆, 且 $\boldsymbol{A}^{-1}=\dfrac{\boldsymbol{A}-2\boldsymbol{E}}{3}$.

因为 $\boldsymbol{A}^2-2\boldsymbol{A}-3\boldsymbol{E}=\boldsymbol{O}$, 所以 $(\boldsymbol{A}-\boldsymbol{E})(\boldsymbol{A}-\boldsymbol{E})-4\boldsymbol{E}=\boldsymbol{O}$, 整理得 $(\boldsymbol{A}-\boldsymbol{E})\left(\dfrac{\boldsymbol{A}-\boldsymbol{E}}{4}\right)=\boldsymbol{E}$, 由推论 2.3.1 得 $\boldsymbol{A}-\boldsymbol{E}$ 可逆, 且 $(\boldsymbol{A}-\boldsymbol{E})^{-1}=\dfrac{\boldsymbol{A}-\boldsymbol{E}}{4}$.

2.3.3　可逆矩阵的性质

性质 2.3.1　方阵的逆满足下列运算性质:

(1) 若矩阵 $\boldsymbol{A}$ 可逆, 则 $\boldsymbol{A}^{-1}$ 也可逆, 且 $(\boldsymbol{A}^{-1})^{-1}=\boldsymbol{A}$.

(2) 若矩阵 $\boldsymbol{A}$ 可逆, 数 $k\neq 0$, 则 $k\boldsymbol{A}$ 也可逆, 且 $(k\boldsymbol{A})^{-1}=\dfrac{1}{k}\boldsymbol{A}^{-1}$.

(3) 两个同阶可逆矩阵 $\boldsymbol{A},\boldsymbol{B}$ 的乘积是可逆矩阵, 且 $(\boldsymbol{AB})^{-1}=\boldsymbol{B}^{-1}\boldsymbol{A}^{-1}$.

这个性质可以推广到有限个可逆矩阵乘积的情形, 设 m 个同阶矩阵 $\boldsymbol{A}_1,\boldsymbol{A}_2,\cdots,\boldsymbol{A}_m$ 皆可逆, 则 $(\boldsymbol{A}_1\boldsymbol{A}_2\cdots\boldsymbol{A}_m)^{-1}=\boldsymbol{A}_m^{-1}\cdots\boldsymbol{A}_2^{-1}\boldsymbol{A}_1^{-1}$.

(4) 若矩阵 $\boldsymbol{A}$ 可逆, 则 $\boldsymbol{A}^{\mathrm{T}}$ 也可逆, 且有 $(\boldsymbol{A}^{\mathrm{T}})^{-1}=(\boldsymbol{A}^{-1})^{\mathrm{T}}$.

(5) 若矩阵 $\boldsymbol{A}$ 可逆, 则 $|\boldsymbol{A}^{-1}|=|\boldsymbol{A}|^{-1}$.

(6) 若矩阵 $\boldsymbol{A}$ 可逆, 则 $\boldsymbol{A}^*=|\boldsymbol{A}|\boldsymbol{A}^{-1}$.

证明　下面仅证明性质 (3), (4), (5), 性质 (1), (2), (6) 请读者自行验证.

(3) 因为矩阵 $\boldsymbol{A},\boldsymbol{B}$ 可逆, 则

$$(\boldsymbol{AB})(\boldsymbol{B}^{-1}\boldsymbol{A}^{-1})=\boldsymbol{A}(\boldsymbol{BB}^{-1})\boldsymbol{A}^{-1}=\boldsymbol{AEA}^{-1}=\boldsymbol{AA}^{-1}=\boldsymbol{E},$$

由推论 2.3.1 得 $\boldsymbol{AB}$ 可逆, 且 $(\boldsymbol{AB})^{-1}=\boldsymbol{B}^{-1}\boldsymbol{A}^{-1}$.

(4) 因为矩阵 $\boldsymbol{A}$ 可逆, 所以由转置的运算性质, 有

$$\boldsymbol{A}^{\mathrm{T}}(\boldsymbol{A}^{-1})^{\mathrm{T}}=(\boldsymbol{A}^{-1}\boldsymbol{A})^{\mathrm{T}}=\boldsymbol{E}^{\mathrm{T}}=\boldsymbol{E},$$

由推论 2.3.1 得 $\boldsymbol{A}^{\mathrm{T}}$ 可逆, 且 $(\boldsymbol{A}^{\mathrm{T}})^{-1}=(\boldsymbol{A}^{-1})^{\mathrm{T}}$.

(5) 因为矩阵 $\boldsymbol{A}$ 可逆, 所以 $\boldsymbol{AA}^{-1}=\boldsymbol{E}$, 从而 $|\boldsymbol{A}|\cdot\left|\boldsymbol{A}^{-1}\right|=|\boldsymbol{E}|=1$, 即 $|\boldsymbol{A}^{-1}|=|\boldsymbol{A}|^{-1}$.

例 2.3.4　设三阶方阵 $\boldsymbol{A}$, 且 $|\boldsymbol{A}|=3$, 求 $\left|(2\boldsymbol{A})^{-1}+\boldsymbol{A}^*\right|$.

解　$|\boldsymbol{A}|=3\neq 0$, 所以方阵 $\boldsymbol{A}$ 可逆, 根据可逆矩阵的性质, 有

$$\left|(2\boldsymbol{A})^{-1}+\boldsymbol{A}^*\right|=\left|\frac{1}{2}\boldsymbol{A}^{-1}+3\boldsymbol{A}^{-1}\right|=\left|\frac{7}{2}\boldsymbol{A}^{-1}\right|=\left(\frac{7}{2}\right)^3\cdot\frac{1}{|\boldsymbol{A}|}=\left(\frac{7}{2}\right)^3\cdot\frac{1}{3}=\frac{343}{24}.$$

***例 2.3.5**　设 $\boldsymbol{A}=\begin{bmatrix}1&1&0\\0&1&1\\1&1&1\end{bmatrix},\boldsymbol{B}=\begin{bmatrix}1&2&3\\4&5&6\\7&8&9\end{bmatrix}$, 且 $\boldsymbol{C}=\boldsymbol{A}[(\boldsymbol{A}^{-1})^2+\boldsymbol{A}^*\boldsymbol{BA}^{-1}]\boldsymbol{A}$, 求 $|\boldsymbol{C}|$.

分析: 显然, 直接计算的运算量很大, 应该先对矩阵 $\boldsymbol{C}$ 的表达式进行化简. 化简时应注意矩阵乘法的运算不满足交换律.

解　$\boldsymbol{C}=\boldsymbol{AA}^{-1}\boldsymbol{A}^{-1}\boldsymbol{A}+\boldsymbol{AA}^*\boldsymbol{BA}^{-1}\boldsymbol{A}$

$$= \boldsymbol{E}^2 + |\boldsymbol{A}|\boldsymbol{EBE} = \boldsymbol{E} + |\boldsymbol{A}|\boldsymbol{B} = \boldsymbol{E} + \boldsymbol{B},$$

从而 $|\boldsymbol{C}| = |\boldsymbol{E}+\boldsymbol{B}| = \begin{vmatrix} 2 & 2 & 3 \\ 4 & 6 & 6 \\ 7 & 8 & 10 \end{vmatrix} = -2.$

2.3.4 矩阵方程的求解

对于矩阵方程

$$\boldsymbol{AX} = \boldsymbol{B}, \tag{2.3.5}$$

若矩阵 $\boldsymbol{A}$ 可逆, 则用 $\boldsymbol{A}^{-1}$ 左乘上式, 有

$$\boldsymbol{A}^{-1}\boldsymbol{AX} = \boldsymbol{A}^{-1}\boldsymbol{B},$$

即

$$\boldsymbol{X} = \boldsymbol{A}^{-1}\boldsymbol{B}.$$

对于矩阵方程

$$\boldsymbol{XA} = \boldsymbol{B}, \tag{2.3.6}$$

若矩阵 $\boldsymbol{A}$ 可逆, 则用 $\boldsymbol{A}^{-1}$ 右乘上式, 有

$$\boldsymbol{XAA}^{-1} = \boldsymbol{BA}^{-1},$$

想一想：如何确定是左乘还是右乘?

即

$$\boldsymbol{X} = \boldsymbol{BA}^{-1}.$$

例 2.3.6 解矩阵方程 $\boldsymbol{AXB} = \boldsymbol{C}$, 其中

$$\boldsymbol{A} = \begin{bmatrix} 1 & 1 & 0 \\ 0 & 1 & 1 \\ 0 & 0 & 1 \end{bmatrix}, \quad \boldsymbol{B} = \begin{bmatrix} 2 & 1 \\ 5 & 3 \end{bmatrix}, \quad \boldsymbol{C} = \begin{bmatrix} 1 & 3 \\ 2 & 0 \\ 3 & 1 \end{bmatrix}.$$

解 $|\boldsymbol{A}| = |\boldsymbol{B}| = 1 \neq 0$, 故矩阵 $\boldsymbol{A}, \boldsymbol{B}$ 可逆. 计算得

$$\boldsymbol{A}^{-1} = \begin{bmatrix} 1 & -1 & 1 \\ 0 & 1 & -1 \\ 0 & 0 & 1 \end{bmatrix}, \quad \boldsymbol{B}^{-1} = \begin{bmatrix} 3 & -1 \\ -5 & 2 \end{bmatrix},$$

则

$$\boldsymbol{X} = \boldsymbol{A}^{-1}\boldsymbol{CB}^{-1} = \begin{bmatrix} 1 & -1 & 1 \\ 0 & 1 & -1 \\ 0 & 0 & 1 \end{bmatrix} \begin{bmatrix} 1 & 3 \\ 2 & 0 \\ 3 & 1 \end{bmatrix} \begin{bmatrix} 3 & -1 \\ -5 & 2 \end{bmatrix} = \begin{bmatrix} -14 & 6 \\ 2 & -1 \\ 4 & -1 \end{bmatrix}.$$

对于其他形式的矩阵方程, 一般可通过矩阵的有关运算性质转化为标准矩阵方程后进行求解.

例 2.3.7 设矩阵 $\boldsymbol{A}=\begin{bmatrix}0&1&0\\-1&1&1\\-1&0&-1\end{bmatrix}$, $\boldsymbol{B}=\begin{bmatrix}1&-1\\2&0\\5&-3\end{bmatrix}$, 且矩阵 $\boldsymbol{X}$ 满足矩阵方程 $\boldsymbol{X}=\boldsymbol{AX}+\boldsymbol{B}$, 求矩阵 $\boldsymbol{X}$.

解 由 $\boldsymbol{X}=\boldsymbol{AX}+\boldsymbol{B}$ 得 $\boldsymbol{X}-\boldsymbol{AX}=\boldsymbol{B}$, 即

> **想一想**: $\boldsymbol{X}(\boldsymbol{E}-\boldsymbol{A})=\boldsymbol{B}$成立吗?

$$(\boldsymbol{E}-\boldsymbol{A})\boldsymbol{X}=\boldsymbol{B}, \tag{2.3.7}$$

而 $\boldsymbol{E}-\boldsymbol{A}=\begin{bmatrix}1&0&0\\0&1&0\\0&0&1\end{bmatrix}-\begin{bmatrix}0&1&0\\-1&1&1\\-1&0&-1\end{bmatrix}=\begin{bmatrix}1&-1&0\\1&0&-1\\1&0&2\end{bmatrix}$.

$|\boldsymbol{E}-\boldsymbol{A}|=3\neq 0$, 所以 $\boldsymbol{E}-\boldsymbol{A}$ 可逆, 且容易计算得

$$(\boldsymbol{E}-\boldsymbol{A})^{-1}=\frac{1}{3}\begin{bmatrix}0&2&1\\-3&2&1\\0&-1&1\end{bmatrix}.$$

用 $(\boldsymbol{E}-\boldsymbol{A})^{-1}$ 左乘等式 (2.3.7), 得 $(\boldsymbol{E}-\boldsymbol{A})^{-1}(\boldsymbol{E}-\boldsymbol{A})\boldsymbol{X}=(\boldsymbol{E}-\boldsymbol{A})^{-1}\boldsymbol{B}$, 从而

$$\boldsymbol{X}=(\boldsymbol{E}-\boldsymbol{A})^{-1}\boldsymbol{B}=\frac{1}{3}\begin{bmatrix}0&2&1\\-3&2&1\\0&-1&1\end{bmatrix}\begin{bmatrix}1&-1\\2&0\\5&-3\end{bmatrix}=\begin{bmatrix}3&-1\\2&0\\1&-1\end{bmatrix}.$$

习 题 2.3

1. 判断下列矩阵是否可逆. 若可逆, 试求出其逆矩阵.

(1) $\begin{bmatrix}a&b\\c&d\end{bmatrix}$(其中 $ad\neq bc$);

(2) $\begin{bmatrix}2&-1&3\\4&7&1\\3&3&2\end{bmatrix}$;

(3) $\begin{bmatrix}\cos\theta&-\sin\theta\\\sin\theta&\cos\theta\end{bmatrix}$;

(4) $\begin{bmatrix}1&2&-1\\3&4&-2\\5&-4&1\end{bmatrix}$;

(5) $\begin{bmatrix}5&2&0&0\\2&1&0&0\\0&0&8&3\\0&0&5&2\end{bmatrix}$.

2. 设 $\boldsymbol{A}$ 和 $\boldsymbol{E}-\boldsymbol{AB}$ 都是 n 阶可逆方阵, 证明 $\boldsymbol{E}-\boldsymbol{BA}$ 也可逆.

3. 设方阵 $\boldsymbol{A}$ 满足 $\boldsymbol{A}^2-\boldsymbol{A}-2\boldsymbol{E}=\boldsymbol{O}$, 证明 $\boldsymbol{A}$ 及 $\boldsymbol{A}+2\boldsymbol{E}$ 都可逆, 并求 $\boldsymbol{A}^{-1}$ 及 $(\boldsymbol{A}+2\boldsymbol{E})^{-1}$.

4. 设 n 阶方阵 $\boldsymbol{A}$ 的伴随矩阵为 $\boldsymbol{A}^*$, 证明:

(1) 若 $|\boldsymbol{A}|=0$, 则 $|\boldsymbol{A}^*|=0$;

(2) $|\boldsymbol{A}^*|=|\boldsymbol{A}|^{n-1}$.

5. 设 $\boldsymbol{A}$ 为三阶方阵, $|\boldsymbol{A}|=\dfrac{1}{3}$, 求 $|(2\boldsymbol{A})^{-1}+3\boldsymbol{A}^*|$ 的值.

6. 已知 $\boldsymbol{A}=\begin{bmatrix}1&5&4\\0&2&4\\1&3&1\end{bmatrix}$, 求 $(\boldsymbol{A}^*)^{-1}$.

7. 设矩阵 $\boldsymbol{X},\boldsymbol{Y}$ 均为 $n\times 1$ 的矩阵, 且 $\boldsymbol{X}^{\mathrm{T}}\boldsymbol{Y}=2$, 证明 $\boldsymbol{A}=\boldsymbol{E}+\boldsymbol{XY}^{\mathrm{T}}$ 可逆, 并求 $\boldsymbol{A}^{-1}$.

8. 求满足下列矩阵方程的矩阵 $\boldsymbol{X}$.

(1) $\begin{bmatrix}1&-5\\-1&4\end{bmatrix}\boldsymbol{X}=\begin{bmatrix}3&2\\1&4\end{bmatrix}$;

(2) $\boldsymbol{X}\begin{bmatrix}2&1&-1\\2&1&0\\1&-1&1\end{bmatrix}=\begin{bmatrix}1&-1&3\\4&3&2\end{bmatrix}$;

(3) $\begin{bmatrix}0&1&0\\1&0&0\\0&0&1\end{bmatrix}\boldsymbol{X}\begin{bmatrix}1&0&0\\0&0&1\\0&1&0\end{bmatrix}=\begin{bmatrix}1&-4&3\\2&0&-1\\1&-2&0\end{bmatrix}$.

9. 求解矩阵方程 $\boldsymbol{AX}=\boldsymbol{A}+2\boldsymbol{X}$, 其中 $\boldsymbol{A}=\begin{bmatrix}4&2&3\\1&1&0\\-1&2&3\end{bmatrix}$.

10. 已知 $\boldsymbol{A}=\begin{bmatrix}1&1&-1\\0&1&1\\0&0&-1\end{bmatrix}$, 且 $\boldsymbol{A}^2-\boldsymbol{AB}=\boldsymbol{E}$, $\boldsymbol{E}$ 是单位矩阵, 求矩阵 $\boldsymbol{B}$.

11. 设三阶矩阵 $\boldsymbol{A},\boldsymbol{B}$ 满足关系: $\boldsymbol{A}^{-1}\boldsymbol{BA}=6\boldsymbol{A}+\boldsymbol{BA}$, 且

$$\boldsymbol{A}=\begin{bmatrix}\frac{1}{2}&0&0\\0&\frac{1}{4}&0\\0&0&\frac{1}{7}\end{bmatrix},$$

求 $\boldsymbol{B}$.

12. 设矩阵 $\boldsymbol{A},\boldsymbol{B}$ 满足 $\boldsymbol{A}^*\boldsymbol{BA}=2\boldsymbol{BA}-8\boldsymbol{E}$, 其中 $\boldsymbol{A}=\begin{bmatrix}1&0&0\\0&-2&0\\0&0&1\end{bmatrix}$, 求 $\boldsymbol{B}$.

13. 设 $\boldsymbol{A}$ 为三阶矩阵, $\boldsymbol{A}^*$ 为 $\boldsymbol{A}$ 的伴随矩阵, 且 $|\boldsymbol{A}|=\dfrac{1}{2}$, 求 $\left|(2\boldsymbol{A})^{-1}-5\boldsymbol{A}^*\right|$.

14. 若 $\boldsymbol{A},\boldsymbol{B}$ 为同阶矩阵, 且 $|\boldsymbol{A}|=3,|\boldsymbol{B}|=2,\left|\boldsymbol{A}^{-1}+\boldsymbol{B}\right|=4$, 求 $\left|\boldsymbol{A}+\boldsymbol{B}^{-1}\right|$.

2.4 分块矩阵

对于行数和列数较高的矩阵, 为了简化运算, 经常采用分块法, 使大矩阵的运算化成若干小矩阵间的运算. 矩阵的分块为解决矩阵的复杂计算提供了简洁、高效的途径, 同时也使原矩阵的结构显得简单明了. 应用计算机处理大规模矩阵时, 常常采用矩阵分块的方法来克服内存的不足.

2.4.1 分块矩阵的概念

将大矩阵用若干条纵线和横线分成多个小矩阵. 每个小矩阵称为 $\boldsymbol{A}$ 的**子块**, 以子块为元素的形式上的矩阵称为**分块矩阵**.

矩阵的分块有多种方式, 可根据具体需要而定, 例如可将 4×4 矩阵

$$\boldsymbol{A}=[a_{ij}]=\begin{bmatrix} a & 1 & 1 & 0\\ 0 & a & 0 & 1\\ 0 & 0 & b & 1\\ 0 & 0 & 1 & b \end{bmatrix}$$

分割成如下分块矩阵:

$$\boldsymbol{A}=\left[\begin{array}{cc:cc} a & 1 & 1 & 0\\ 0 & a & 0 & 1\\ \hdashline 0 & 0 & b & 1\\ 0 & 0 & 1 & b \end{array}\right]=\begin{bmatrix} \boldsymbol{A}_{11} & \boldsymbol{E}\\ \boldsymbol{O} & \boldsymbol{A}_{22} \end{bmatrix},\quad \boldsymbol{A}=\left[\begin{array}{cccc} a & 1 & 1 & 0\\ \hdashline 0 & a & 0 & 1\\ 0 & 0 & b & 1\\ \hdashline 0 & 0 & 1 & b \end{array}\right]=\begin{bmatrix} \boldsymbol{B}_1\\ \boldsymbol{B}_2\\ \boldsymbol{B}_3 \end{bmatrix}.$$

按行、按列对矩阵进行分块是最常见的一种分块方法.

$$\boldsymbol{A}=\left[\begin{array}{cccc} a & 1 & 1 & 0\\ \hdashline 0 & a & 0 & 1\\ \hdashline 0 & 0 & b & 1\\ \hdashline 0 & 0 & 1 & b \end{array}\right]=\begin{bmatrix} \boldsymbol{\alpha}_1\\ \boldsymbol{\alpha}_2\\ \boldsymbol{\alpha}_3\\ \boldsymbol{\alpha}_4 \end{bmatrix},\quad \boldsymbol{A}=\left[\begin{array}{c:c:c:c} a & 1 & 1 & 0\\ 0 & a & 0 & 1\\ 0 & 0 & b & 1\\ 0 & 0 & 1 & b \end{array}\right]=[\boldsymbol{\beta}_1,\boldsymbol{\beta}_2,\boldsymbol{\beta}_3,\boldsymbol{\beta}_4],$$

其中 $\boldsymbol{\alpha}_i=[a_{i1},a_{i2},a_{i3},a_{i4}]\,(i=1,2,3,4)$ 称为 $\boldsymbol{A}$ 的行向量, $\boldsymbol{\beta}_i=\begin{bmatrix} a_{1j}\\ a_{2j}\\ a_{3j}\\ a_{4j} \end{bmatrix}(j=1,2,3,4)$ 称为 $\boldsymbol{A}$ 的列向量.

分块矩阵同行上的子矩阵具有相同的 “行数”, 同列上的子矩阵具有相同的 “列数”. 特别地, 一个矩阵也可看作以 $m\times n$ 个元素为 1 个子块的分块矩阵.

2.4.2 分块矩阵的运算

分块矩阵的运算与普通矩阵的运算规则相似. 分块时要注意, 运算的两矩阵按块能运算, 并且参与运算的子块也能运算, 即内外都能运算. 简言之, 分块后涉及的运算都必须可行.

1. 加法

设矩阵 $\boldsymbol{A}$ 与 $\boldsymbol{B}$ 的行数相同、列数相同, 采用相同的分块方式, 若

$$\boldsymbol{A}=\begin{bmatrix}\boldsymbol{A}_{11} & \cdots & \boldsymbol{A}_{1t}\\ \vdots & & \vdots\\ \boldsymbol{A}_{s1} & \cdots & \boldsymbol{A}_{st}\end{bmatrix},\quad \boldsymbol{B}=\begin{bmatrix}\boldsymbol{B}_{11} & \cdots & \boldsymbol{B}_{1t}\\ \vdots & & \vdots\\ \boldsymbol{B}_{s1} & \cdots & \boldsymbol{B}_{st}\end{bmatrix},$$

其中 $\boldsymbol{A}_{ij}$ 与 $\boldsymbol{B}_{ij}$ 的行数相同、列数相同, 则

$$\boldsymbol{A}+\boldsymbol{B}=\begin{bmatrix}\boldsymbol{A}_{11}+\boldsymbol{B}_{11} & \cdots & \boldsymbol{A}_{1t}+\boldsymbol{B}_{1t}\\ \vdots & & \vdots\\ \boldsymbol{A}_{s1}+\boldsymbol{B}_{s1} & \cdots & \boldsymbol{A}_{st}+\boldsymbol{B}_{st}\end{bmatrix}.$$

2. 数乘

设 $\boldsymbol{A}=\begin{bmatrix}\boldsymbol{A}_{11} & \cdots & \boldsymbol{A}_{1t}\\ \vdots & & \vdots\\ \boldsymbol{A}_{s1} & \cdots & \boldsymbol{A}_{st}\end{bmatrix}$, k 为常数, 则 $k\boldsymbol{A}=\begin{bmatrix}k\boldsymbol{A}_{11} & \cdots & k\boldsymbol{A}_{1t}\\ \vdots & & \vdots\\ k\boldsymbol{A}_{s1} & \cdots & k\boldsymbol{A}_{st}\end{bmatrix}$.

3. 乘法

设 $\boldsymbol{A}$ 为 $m\times l$ 矩阵, $\boldsymbol{B}$ 为 $l\times n$ 矩阵, 分块成

$$\boldsymbol{A}=\begin{bmatrix}\boldsymbol{A}_{11} & \cdots & \boldsymbol{A}_{1t}\\ \vdots & & \vdots\\ \boldsymbol{A}_{s1} & \cdots & \boldsymbol{A}_{st}\end{bmatrix},\quad \boldsymbol{B}=\begin{bmatrix}\boldsymbol{B}_{11} & \cdots & \boldsymbol{B}_{1r}\\ \vdots & & \vdots\\ \boldsymbol{B}_{t1} & \cdots & \boldsymbol{B}_{tr}\end{bmatrix},$$

其中 $\boldsymbol{A}_{p1},\boldsymbol{A}_{p2},\cdots,\boldsymbol{A}_{pt}$ 的列数分别等于 $\boldsymbol{B}_{1q},\boldsymbol{B}_{2q},\cdots,\boldsymbol{B}_{tq}$ 的行数, 即 $\boldsymbol{A}$ 的列的划分要与 $\boldsymbol{B}$ 的行的划分方式相同, 则

$$\boldsymbol{AB}=\begin{bmatrix}\boldsymbol{C}_{11} & \cdots & \boldsymbol{C}_{1r}\\ \vdots & & \vdots\\ \boldsymbol{C}_{s1} & \cdots & \boldsymbol{C}_{sr}\end{bmatrix},$$

想一想: $\boldsymbol{A}_{pk}\boldsymbol{B}_{kq}$需要区分左乘或右乘吗?

其中 $\boldsymbol{C}_{pq}=\sum\limits_{k=1}^{t}\boldsymbol{A}_{pk}\boldsymbol{B}_{kq}(p=1,2,\cdots,s;q=1,2,\cdots,r)$.

例 2.4.1　设矩阵 $\boldsymbol{A}=\begin{bmatrix}1&0&1&2\\0&1&3&4\\0&0&-1&0\\0&0&0&-1\end{bmatrix}$, $\boldsymbol{B}=\begin{bmatrix}1&0&0&0\\2&1&0&0\\-1&2&1&0\\0&-1&0&1\end{bmatrix}$, 利用分块矩阵计算 $k\boldsymbol{A},\boldsymbol{A}+\boldsymbol{B},\boldsymbol{AB}$.

解　对 $\boldsymbol{A},\boldsymbol{B}$ 作如下分块:

$$\boldsymbol{A}=\left[\begin{array}{cc:cc}1&0&1&2\\0&1&3&4\\\hdashline 0&0&-1&0\\0&0&0&-1\end{array}\right],\quad \boldsymbol{B}=\left[\begin{array}{cc:cc}1&0&0&0\\2&1&0&0\\\hdashline -1&2&1&0\\0&-1&0&1\end{array}\right],$$

记为

$$\boldsymbol{A}=\begin{bmatrix}\boldsymbol{E}&\boldsymbol{A}_{12}\\\boldsymbol{O}&-\boldsymbol{E}\end{bmatrix},\quad \boldsymbol{B}=\begin{bmatrix}\boldsymbol{B}_{11}&\boldsymbol{O}\\\boldsymbol{B}_{21}&\boldsymbol{E}\end{bmatrix},$$

于是

$$k\boldsymbol{A}=\begin{bmatrix}k\boldsymbol{E}&k\boldsymbol{A}_{12}\\\boldsymbol{O}&-k\boldsymbol{E}\end{bmatrix}=\begin{bmatrix}k&0&k&2k\\0&k&3k&4k\\0&0&-k&0\\0&0&0&-k\end{bmatrix},$$

$$\boldsymbol{A}+\boldsymbol{B}=\begin{bmatrix}\boldsymbol{E}+\boldsymbol{B}_{11}&\boldsymbol{A}_{12}\\\boldsymbol{B}_{21}&\boldsymbol{O}\end{bmatrix}=\begin{bmatrix}2&0&1&2\\2&2&3&4\\-1&2&0&0\\0&-1&0&0\end{bmatrix}.$$

$$\boldsymbol{AB}=\begin{bmatrix}\boldsymbol{E}&\boldsymbol{A}_{12}\\\boldsymbol{O}&-\boldsymbol{E}\end{bmatrix}\begin{bmatrix}\boldsymbol{B}_{11}&\boldsymbol{O}\\\boldsymbol{B}_{21}&\boldsymbol{E}\end{bmatrix}=\begin{bmatrix}\boldsymbol{B}_{11}+\boldsymbol{A}_{12}\boldsymbol{B}_{21}&\boldsymbol{A}_{12}\\-\boldsymbol{B}_{21}&-\boldsymbol{E}\end{bmatrix},$$

其中 $\boldsymbol{B}_{11}+\boldsymbol{A}_{12}\boldsymbol{B}_{21}=\begin{bmatrix}1&0\\2&1\end{bmatrix}+\begin{bmatrix}1&2\\3&4\end{bmatrix}\begin{bmatrix}-1&2\\0&-1\end{bmatrix}=\begin{bmatrix}0&0\\-1&3\end{bmatrix}$, 所以

$$\boldsymbol{AB}=\begin{bmatrix}0&0&1&2\\-1&3&3&4\\1&-2&-1&0\\0&1&0&-1\end{bmatrix}.$$

4. 分块矩阵的转置

设 $\boldsymbol{A}=\begin{bmatrix}\boldsymbol{A}_{11}&\cdots&\boldsymbol{A}_{1t}\\\vdots&&\vdots\\\boldsymbol{A}_{s1}&\cdots&\boldsymbol{A}_{st}\end{bmatrix}$, 则 $\boldsymbol{A}^{\mathrm{T}}=\begin{bmatrix}\boldsymbol{A}_{11}^{\mathrm{T}}&\cdots&\boldsymbol{A}_{s1}^{\mathrm{T}}\\\vdots&&\vdots\\\boldsymbol{A}_{1t}^{\mathrm{T}}&\cdots&\boldsymbol{A}_{st}^{\mathrm{T}}\end{bmatrix}$.

5. 分块对角矩阵

设 $\boldsymbol{A}$ 为 n 阶矩阵, 若 $\boldsymbol{A}$ 的分块矩阵只有在对角线上有非零子块, 其余子块都为零矩阵, 且在对角线上的子块都是方阵, 即

$$\boldsymbol{A}=\begin{bmatrix}\boldsymbol{A}_1&&&\\&\boldsymbol{A}_2&&\\&&\ddots&\\&&&\boldsymbol{A}_s\end{bmatrix},$$

其中 $\boldsymbol{A}_i(i=1,2,\cdots,s)$ 都是方阵, 则称 $\boldsymbol{A}$ 为**分块对角矩阵**.

分块对角阵可逆的充分必要条件是 $\boldsymbol{A}_i(i=1,2,\cdots,s)$ 均可逆, 此时显然有

$$\boldsymbol{A}^{-1}=\begin{bmatrix}\boldsymbol{A}_1^{-1}&&&\\&\boldsymbol{A}_2^{-1}&&\\&&\ddots&\\&&&\boldsymbol{A}_s^{-1}\end{bmatrix}.$$

例 2.4.2 设 $\boldsymbol{A}=\begin{bmatrix}1&1&0&0&0\\-1&1&0&0&0\\0&0&1&0&0\\0&0&1&1&0\\0&0&0&0&2\end{bmatrix}$, 求 $\boldsymbol{A}^2$, $\boldsymbol{A}^{-1}$.

解　对 $\boldsymbol{A}$ 作如下分块:

$$\boldsymbol{A}=\left[\begin{array}{cc:cc:c} 1 & 1 & 0 & 0 & 0 \\ -1 & 1 & 0 & 0 & 0 \\ \hdashline 0 & 0 & 1 & 0 & 0 \\ 0 & 0 & 1 & 1 & 0 \\ \hdashline 0 & 0 & 0 & 0 & 2 \end{array}\right]=\begin{bmatrix} \boldsymbol{A}_1 & & \\ & \boldsymbol{A}_2 & \\ & & \boldsymbol{A}_3 \end{bmatrix},$$

则有

$$\boldsymbol{A}^2=\begin{bmatrix} \boldsymbol{A}_1^2 & & \\ & \boldsymbol{A}_2^2 & \\ & & \boldsymbol{A}_3^2 \end{bmatrix}=\begin{bmatrix} 0 & 2 & 0 & 0 & 0 \\ -2 & 0 & 0 & 0 & 0 \\ 0 & 0 & 1 & 0 & 0 \\ 0 & 0 & 2 & 1 & 0 \\ 0 & 0 & 0 & 0 & 4 \end{bmatrix},$$

$$\boldsymbol{A}^{-1}=\begin{bmatrix} \boldsymbol{A}_1^{-1} & & \\ & \boldsymbol{A}_2^{-1} & \\ & & \boldsymbol{A}_3^{-1} \end{bmatrix}=\begin{bmatrix} 0.5 & -0.5 & 0 & 0 & 0 \\ 0.5 & 0.5 & 0 & 0 & 0 \\ 0 & 0 & 1 & 0 & 0 \\ 0 & 0 & -1 & 1 & 0 \\ 0 & 0 & 0 & 0 & 0.5 \end{bmatrix}.$$

把矩阵分成四个分块或按列分块, 是常见的两种分块方法, 常用于一些理论推导, 需要重点掌握. 比如

$$\boldsymbol{AB}=\boldsymbol{A}[\boldsymbol{B}_1,\boldsymbol{B}_2,\cdots,\boldsymbol{B}_s]=[\boldsymbol{AB}_1,\boldsymbol{AB}_2,\cdots,\boldsymbol{AB}_s].$$

例 2.4.3　设 $\boldsymbol{A},\boldsymbol{B}$ 分别为 n 阶、m 阶可逆矩阵, 证明分块矩阵 $\boldsymbol{D}=\begin{bmatrix} \boldsymbol{A} & \boldsymbol{O} \\ \boldsymbol{C} & \boldsymbol{B} \end{bmatrix}$ 可逆, 并求 $\boldsymbol{D}^{-1}$.

证明　只要确定出矩阵 $\boldsymbol{X}_i(i=1,2,3,4)$ 满足以下关系式:

$$\begin{bmatrix} \boldsymbol{A} & \boldsymbol{O} \\ \boldsymbol{C} & \boldsymbol{B} \end{bmatrix}\begin{bmatrix} \boldsymbol{X}_1 & \boldsymbol{X}_2 \\ \boldsymbol{X}_3 & \boldsymbol{X}_4 \end{bmatrix}=\begin{bmatrix} \boldsymbol{E}_n & \boldsymbol{O} \\ \boldsymbol{O} & \boldsymbol{E}_m \end{bmatrix},$$

即

$$\begin{bmatrix} \boldsymbol{AX}_1 & \boldsymbol{AX}_2 \\ \boldsymbol{CX}_1+\boldsymbol{BX}_3 & \boldsymbol{CX}_2+\boldsymbol{BX}_4 \end{bmatrix}=\begin{bmatrix} \boldsymbol{E}_n & \boldsymbol{O} \\ \boldsymbol{O} & \boldsymbol{E}_m \end{bmatrix}.$$

比较两边矩阵, 可得

$$\begin{cases} \boldsymbol{A}\boldsymbol{X}_1 = \boldsymbol{E}, \\ \boldsymbol{A}\boldsymbol{X}_2 = \boldsymbol{O}, \\ \boldsymbol{C}\boldsymbol{X}_1 + \boldsymbol{B}\boldsymbol{X}_3 = \boldsymbol{O}, \\ \boldsymbol{C}\boldsymbol{X}_2 + \boldsymbol{B}\boldsymbol{X}_4 = \boldsymbol{E}, \end{cases}$$

依次解矩阵方程, 得

特别要区分左乘还是右乘!

$$\boldsymbol{X}_1 = \boldsymbol{A}^{-1}, \quad \boldsymbol{X}_2 = \boldsymbol{O}, \quad \boldsymbol{X}_3 = -\boldsymbol{B}^{-1}\boldsymbol{C}\boldsymbol{A}^{-1}, \quad \boldsymbol{X}_4 = \boldsymbol{B}^{-1}.$$

可见

$$\begin{bmatrix} \boldsymbol{A} & \boldsymbol{O} \\ \boldsymbol{C} & \boldsymbol{B} \end{bmatrix} \begin{bmatrix} \boldsymbol{A}^{-1} & \boldsymbol{O} \\ -\boldsymbol{B}^{-1}\boldsymbol{C}\boldsymbol{A}^{-1} & \boldsymbol{B}^{-1} \end{bmatrix} = \begin{bmatrix} \boldsymbol{E}_n & \boldsymbol{O} \\ \boldsymbol{O} & \boldsymbol{E}_m \end{bmatrix},$$

所以 $\boldsymbol{D} = \begin{bmatrix} \boldsymbol{A} & \boldsymbol{O} \\ \boldsymbol{C} & \boldsymbol{B} \end{bmatrix}$ 可逆, 且 $\begin{bmatrix} \boldsymbol{A} & \boldsymbol{O} \\ \boldsymbol{C} & \boldsymbol{B} \end{bmatrix}^{-1} = \begin{bmatrix} \boldsymbol{A}^{-1} & \boldsymbol{O} \\ -\boldsymbol{B}^{-1}\boldsymbol{C}\boldsymbol{A}^{-1} & \boldsymbol{B}^{-1} \end{bmatrix}$.

特别地, $\begin{bmatrix} \boldsymbol{A} & \boldsymbol{O} \\ \boldsymbol{O} & \boldsymbol{B} \end{bmatrix}^{-1} = \begin{bmatrix} \boldsymbol{A}^{-1} & \boldsymbol{O} \\ \boldsymbol{O} & \boldsymbol{B}^{-1} \end{bmatrix}$.

例 2.4.4 设 $\boldsymbol{A}, \boldsymbol{B}$ 为 n 阶方阵, 证明 $|\boldsymbol{A}\boldsymbol{B}| = |\boldsymbol{A}||\boldsymbol{B}|$.

***证明** 设 n 阶方阵 $\boldsymbol{A} = [a_{ij}]$, $\boldsymbol{B} = [b_{ij}]$. 记 $2n$ 阶矩阵

$$\boldsymbol{C} = \begin{bmatrix} a_{11} & \cdots & a_{1n} & 0 & \cdots & 0 \\ \vdots & & \vdots & \vdots & & \vdots \\ a_{n1} & \cdots & a_{nn} & 0 & \cdots & 0 \\ -1 & & & b_{11} & \cdots & b_{1n} \\ & \ddots & & \vdots & & \vdots \\ & & -1 & b_{n1} & \cdots & b_{nn} \end{bmatrix} = \begin{bmatrix} \boldsymbol{A} & \boldsymbol{O} \\ -\boldsymbol{E} & \boldsymbol{B} \end{bmatrix}.$$

首先, 对行列式 $|\boldsymbol{A}|$ 作行运算 $r_i + kr_j$, 把行列式 $|\boldsymbol{A}|$ 化为下三角形行列式, 则

$$|\boldsymbol{A}| = \begin{vmatrix} u_{11} & & \\ \vdots & \ddots & \\ u_{n1} & \cdots & u_{nn} \end{vmatrix} = u_{11}u_{22}\cdots u_{nn},$$

对行列式 $|\boldsymbol{B}|$ 作列运算 $c_i + kc_j$, 把行列式 $|\boldsymbol{B}|$ 化为下三角形行列式, 则

$$|\boldsymbol{B}| = \begin{vmatrix} v_{11} & & \\ \vdots & \ddots & \\ v_{n1} & \cdots & v_{nn} \end{vmatrix} = v_{11}v_{22}\cdots v_{nn}.$$

于是, 对行列式 $|\boldsymbol{C}|$ 的前 n 行作行运算 $r_i + kr_j$, 后 n 列作列运算 $c_i + kc_j$, 可以把行列式 $|\boldsymbol{C}|$ 化为下三角形行列式,

$$|\boldsymbol{C}| = \begin{vmatrix} u_{11} & & & & & \\ \vdots & \ddots & & & & \\ u_{n1} & \cdots & u_{nn} & & & \\ -1 & & & v_{11} & & \\ & \ddots & & \vdots & \ddots & \\ & & -1 & v_{n1} & \cdots & v_{nn} \end{vmatrix},$$

故

$$|\boldsymbol{C}| = u_{11}u_{22}\cdots u_{nn} \cdot v_{11}v_{22}\cdots v_{nn} = |\boldsymbol{A}|\,|\boldsymbol{B}|.$$

其次, 在行列式 $|\boldsymbol{C}|$ 中把第 $n+j$ 列 $(j = 1, 2, \cdots, n)$ 依次加上第 1 列的 b_{1j} 倍、第 2 列的 b_{2j} 倍、$\cdots$、第 n 列的 b_{nj} 倍, 把子块 $\boldsymbol{B}$ 的元素都化为 0, 有

$$|\boldsymbol{C}| = \begin{vmatrix} \boldsymbol{A} & \boldsymbol{D} \\ -\boldsymbol{E} & \boldsymbol{O} \end{vmatrix},$$

其中, $\boldsymbol{D} = [d_{ij}]$, $d_{ij} = a_{i1}b_{1j} + a_{i2}b_{2j} + \cdots + a_{in}b_{nj}$, 即 $\boldsymbol{D} = \boldsymbol{AB}$.

依次交换行列式 $\begin{vmatrix} \boldsymbol{A} & \boldsymbol{D} \\ -\boldsymbol{E} & \boldsymbol{O} \end{vmatrix}$ 的两行 r_i 与 $r_{n+i} (i = 1, 2, \cdots, n)$, 有

$$|\boldsymbol{C}| = (-1)^n \begin{vmatrix} -\boldsymbol{E} & \boldsymbol{O} \\ \boldsymbol{A} & \boldsymbol{D} \end{vmatrix}.$$

利用第一步证明的结果, 故 $\begin{vmatrix} -\boldsymbol{E} & \boldsymbol{O} \\ \boldsymbol{A} & \boldsymbol{D} \end{vmatrix} = |-\boldsymbol{E}|\,|\boldsymbol{D}|$, 从而

$$|\boldsymbol{C}| = (-1)^n\,|-\boldsymbol{E}|\,|\boldsymbol{D}| = (-1)^n\,(-1)^n\,|\boldsymbol{AB}| = |\boldsymbol{AB}|.$$

综上所述, $|\boldsymbol{C}| = |\boldsymbol{AB}| = |\boldsymbol{A}|\,|\boldsymbol{B}|$.

类似可证, 当 $\boldsymbol{A}, \boldsymbol{B}$ 都是方阵时, $\begin{vmatrix} \boldsymbol{A} & \boldsymbol{O} \\ \boldsymbol{C} & \boldsymbol{B} \end{vmatrix} = \begin{vmatrix} \boldsymbol{A} & \boldsymbol{C} \\ \boldsymbol{O} & \boldsymbol{B} \end{vmatrix} = |\boldsymbol{A}| \cdot |\boldsymbol{B}|$.

想一想: $\begin{vmatrix} \boldsymbol{A} & \boldsymbol{B} \\ \boldsymbol{C} & \boldsymbol{D} \end{vmatrix} = |\boldsymbol{A}||\boldsymbol{D}| - |\boldsymbol{B}||\boldsymbol{C}|$?

习 题 2.4

1. 设 $\boldsymbol{A}$ 是三阶矩阵, 且 $|\boldsymbol{A}| = -2$, 若将 $\boldsymbol{A}$ 按列分块为 $\boldsymbol{A} = [\boldsymbol{A}_1, \boldsymbol{A}_2, \boldsymbol{A}_3]$, 其中 $\boldsymbol{A}_i$ 为 $\boldsymbol{A}$ 的第 i 列 $(i = 1, 2, 3)$, 求下列行列式:

(1) $|\boldsymbol{A}_1, 2\boldsymbol{A}_2, 3\boldsymbol{A}_3|$;

(2) $|\boldsymbol{A}_3 - 2\boldsymbol{A}_1, 3\boldsymbol{A}_2, \boldsymbol{A}_1|$.

2. 设 $\boldsymbol{A} = \begin{bmatrix} a & 1 & 0 & 0 \\ 0 & a & 0 & 0 \\ 0 & 0 & b & 1 \\ 0 & 0 & 1 & b \end{bmatrix}, \boldsymbol{B} = \begin{bmatrix} a & 0 & 0 & 0 \\ 1 & a & 0 & 0 \\ 0 & 0 & b & 0 \\ 0 & 0 & 1 & b \end{bmatrix}$, 利用分块矩阵计算 $\boldsymbol{A} - 2\boldsymbol{B}, \boldsymbol{ABA}$.

3. 设 $\boldsymbol{A} = \begin{bmatrix} 5 & 0 & 0 \\ 0 & 3 & 1 \\ 0 & 2 & 1 \end{bmatrix}$, 利用分块矩阵求 $\boldsymbol{A}^{-1}$.

4. 分块方阵 $\boldsymbol{D} = \begin{bmatrix} \boldsymbol{A} & \boldsymbol{C} \\ \boldsymbol{O} & \boldsymbol{B} \end{bmatrix}$, 其中 $\boldsymbol{A}, \boldsymbol{B}$ 均为可逆方阵, 证明 $\boldsymbol{D}$ 可逆, 并求 $\boldsymbol{D}^{-1}$.

5. 设 $\boldsymbol{A}, \boldsymbol{B}$ 均为可逆方阵, 分块方阵 $\boldsymbol{D} = \begin{bmatrix} \boldsymbol{O} & \boldsymbol{A} \\ \boldsymbol{B} & \boldsymbol{O} \end{bmatrix}$, 证明 $\boldsymbol{D}$ 可逆, 并求 $\boldsymbol{D}^{-1}$.

6. 设 $\boldsymbol{A}, \boldsymbol{B}$ 都是 n 阶可逆矩阵, 求 $\begin{bmatrix} 2\boldsymbol{A} & \boldsymbol{O} \\ \boldsymbol{O} & \boldsymbol{AB} \end{bmatrix}^{-1}$.

7. 设 $\boldsymbol{A} = \begin{bmatrix} 3 & 4 & 0 & 0 \\ 4 & -3 & 0 & 0 \\ 0 & 0 & 2 & 0 \\ 0 & 0 & 2 & 2 \end{bmatrix}$, 求 $|\boldsymbol{A}^8|$.

8. 设 $\boldsymbol{A} = \begin{bmatrix} 3 & 4 & 0 & 0 \\ 4 & -3 & 0 & 0 \\ 1 & 1 & 2 & 0 \\ 0 & -1 & 2 & 2 \end{bmatrix}$, 求 $\left|\boldsymbol{A}\boldsymbol{A}^{\mathrm{T}}\right|$.

9. 设三阶矩阵 $\boldsymbol{A} = [\boldsymbol{\alpha}, \boldsymbol{\gamma}_1, \boldsymbol{\gamma}_2], \boldsymbol{B} = [\boldsymbol{\beta}, \boldsymbol{\gamma}_1, \boldsymbol{\gamma}_2]$, 且 $|\boldsymbol{A}| = 2, |\boldsymbol{B}| = 3$, 求 $|2\boldsymbol{A}|, |\boldsymbol{A} + \boldsymbol{B}|$, $|\boldsymbol{A} - \boldsymbol{B}|$.

2.5 矩阵的初等变换与初等矩阵

矩阵的初等变换是矩阵的一种十分重要的运算, 成为矩阵解决问题最常用的方法, 它可以用于简化矩阵的形式, 把复杂的形式转化为较为简单的形式来处理. 矩阵的初等变换在求解线性方程组及矩阵理论等探讨中都起着重要的作用.

2.5.1 矩阵的初等变换

首先引入矩阵的初等变换的概念.

定义 2.5.1 矩阵的下列三种变换称为矩阵的**初等行变换**:

(1) 交换矩阵的两行 (交换 i,j 两行, 记作 $r_i \leftrightarrow r_j$);

(2) 以一个非零的数 k 乘矩阵的某一行 (第 i 行乘数 k, 记作 $r_i \times k$);

(3) 把矩阵的某一行加上另一行的 k 倍 (第 i 行加上第 j 行的 k 倍, 相当于第 j 行的 k 倍加到第 i 行, 记为 $r_i + kr_j$).

把定义中的“行”换成“列”, 即得矩阵的初等列变换的定义 (相应记号中把 r 换成 c).

定义 2.5.2 矩阵的下列三种变换称为矩阵的**初等列变换**:

(1) 交换矩阵的两列 (交换 i,j 两列, 记作 $c_i \leftrightarrow c_j$);

(2) 以一个非零的数 k 乘矩阵的某一列 (第 i 列乘数 k, 记作 $c_i \times k$);

(3) 把矩阵的某一列加上另一列的 k 倍 (第 i 列加上第 j 列的 k 倍, 相当于第 j 列的 k 倍加到第 i 列, 记为 $c_i + kc_j$).

初等行变换与初等列变换统称为**初等变换**.

初等变换的逆变换仍是初等变换, 且变换类型相同.

例如, 变换 $r_i \leftrightarrow r_j$ 的逆变换即为其本身; 变换 $r_i \times k$ 的逆变换为 $r_i \times \dfrac{1}{k}$; 变换 $r_i + kr_j$ 的逆变换为 $r_i + (-k)r_j$ 或 $r_i - kr_j$.

对矩阵作初等变换的过程常用记号“$\rightarrow$”表示, 切记不能用等号 (为什么?).

往往需要通过初等变换把矩阵化为**行阶梯形矩阵**, 其特点是: ① 可以画出一条阶梯线, 阶梯线的下方元素全为零; ② 每个台阶只有一行, 台阶数即是非零行的行数, 阶梯线的竖线后面的第一个元素为非零元, 即非零行的第一个非零元, 比如

$$\begin{bmatrix} 2 & 1 & 2 & 3 \\ 0 & -1 & -1 & -1 \\ 0 & 0 & 1 & 1 \end{bmatrix}, \quad \begin{bmatrix} 1 & 0 & 0 & -2 \\ 0 & 1 & 0 & 0 \\ 0 & 0 & 1 & 2 \end{bmatrix}.$$

第二个行阶梯形矩阵还称为**行最简形矩阵**, 其特点是: 非零行的第一个非零元为 “1”, 且其所在列的其他元素都为 “0”.

下面的定理给出了把任意一个矩阵化为行阶梯形矩阵的方法.

定理 2.5.1 任意一个 $m \times n$ 矩阵 $\boldsymbol{A}$, 总可以经过有限次初等行变换化为行阶梯形矩阵和行最简形矩阵.

***证明** 设矩阵 $\boldsymbol{A}=\begin{bmatrix} a_{11} & a_{12} & \cdots & a_{1n} \\ a_{21} & a_{22} & \cdots & a_{2n} \\ \vdots & \vdots & & \vdots \\ a_{m1} & a_{m2} & \cdots & a_{mn} \end{bmatrix}$, 首先来化行阶梯形矩阵.

若第一列元素全为零, 则从第二列开始处理. 若第一列元素不全为零, 不妨设 $a_{11} \neq 0$, 否则可通过初等行变换, 把 a_{11} 下方的某个非零元所在行交换到第一行. 作矩阵的初等行变换 $r_j-\dfrac{a_{j1}}{a_{11}}r_1(j=2,3,\cdots,m)$, 则矩阵 $\boldsymbol{A}$ 可化为

$$\boldsymbol{A} \to \begin{bmatrix} a_{11} & a_{12} & \cdots & a_{1n} \\ 0 & b_{22} & \cdots & b_{2n} \\ \vdots & \vdots & & \vdots \\ 0 & b_{m2} & \cdots & b_{mn} \end{bmatrix}=\boldsymbol{B}.$$

若 $b_{i2}(i=2,\cdots,m)$ 全为零, 则跳过第二列去处理第三列. 不妨设 $b_{22} \neq 0$, 否则可通过初等行变换, 把 b_{22} 下方的某个非零元所在行交换到第二行. 作矩阵的初等行变换 $r_j-\dfrac{b_{j2}}{b_{22}}r_2(j=3,4,\cdots,m)$, 则矩阵 $\boldsymbol{B}$ 可化为

$$\boldsymbol{B} \to \begin{bmatrix} a_{11} & a_{12} & a_{13} & \cdots & a_{1n} \\ 0 & b_{22} & b_{23} & \cdots & b_{2n} \\ 0 & 0 & c_{33} & \cdots & c_{3n} \\ \vdots & \vdots & \vdots & & \vdots \\ 0 & 0 & c_{m3} & \cdots & c_{mn} \end{bmatrix}=\boldsymbol{C}.$$

按照这个方法继续下去, 最终矩阵 $\boldsymbol{A}$ 可化为行阶梯形矩阵.

进一步, 把第一行乘以 $\dfrac{1}{a_{11}}$, 则第一个非零行的首个非零元化为 “1”. 再把第二行乘以 $\dfrac{1}{b_{22}}$, 则第二个非零行的首个非零元化为 “1”, 将第一行减去此时第二行的 a_{12} 倍, 则 “1” 所在的列其余元素皆为 “0”. 按照这个方法继续下去, 最终矩阵 $\boldsymbol{A}$ 进一步化为行最简形矩阵.

例 2.5.1　利用初等行变换将下列矩阵变为行阶梯形矩阵和行最简形矩阵.

$$A=\begin{bmatrix}1&3&-1&-2\\2&-1&2&3\\3&2&1&1\\1&-4&3&5\end{bmatrix}.$$

解　$$A\xrightarrow[r_4-r_1]{\substack{r_2-2r_1\\r_3-3r_1}}\begin{bmatrix}1&3&-1&-2\\0&-7&4&7\\0&-7&4&7\\0&-7&4&7\end{bmatrix}\xrightarrow[r_4-r_2]{r_3-r_2}\begin{bmatrix}1&3&-1&-2\\0&-7&4&7\\0&0&0&0\\0&0&0&0\end{bmatrix}$$

$$\xrightarrow{r_2\times(-\frac{1}{7})}\begin{bmatrix}1&3&-1&-2\\0&1&-\dfrac{4}{7}&-1\\0&0&0&0\\0&0&0&0\end{bmatrix}\xrightarrow{r_1-3r_2}\begin{bmatrix}\boxed{1}&0&\dfrac{5}{7}&1\\0&\boxed{1}&-\dfrac{4}{7}&-1\\0&0&0&0\\0&0&0&0\end{bmatrix}.$$

注　把一个矩阵, 通过初等行变换化为行阶梯形矩阵和行最简形矩阵, 方法不是唯一的. 但观察发现, 变换过程中得到的行阶梯形矩阵和行最简形矩阵的非零行的行数, 却是固定不变的, 这是为什么呢? 这个问题我们下一节再来解答.

行最简形矩阵再经过初等列变换, 可化成**标准形**. 标准形 F 具有如下特点: F 的左上角是一个单位矩阵, 其余元素全为 0.

例如, 施以初等列变换, 例 2.5.1 中矩阵 A 可进一步变换为

$$\begin{bmatrix}1&0&\dfrac{5}{7}&1\\0&1&-\dfrac{4}{7}&-1\\0&0&0&0\\0&0&0&0\end{bmatrix}\xrightarrow{\substack{c_3-\frac{5}{7}c_1+\frac{4}{7}c_2\\c_4-c_1+c_2}}\left[\begin{array}{cc:cc}1&0&0&0\\0&1&0&0\\\hdashline 0&0&0&0\\0&0&0&0\end{array}\right].$$

容易证明如下定理成立.

定理 2.5.2　任意一个 $m\times n$ 矩阵 A, 总可以经过有限次初等变换化为标准形矩阵

$$F=\begin{bmatrix}E_r&O\\O&O\end{bmatrix}_{m\times n},\tag{2.5.1}$$

其中 $\boldsymbol{E}_r$ 为 r 阶单位矩阵, $\boldsymbol{O}$ 为零矩阵.

定义 2.5.3 若矩阵 $\boldsymbol{A}$ 经过有限次初等行变换变成矩阵 $\boldsymbol{B}$, 则称矩阵 $\boldsymbol{A}$ 与 $\boldsymbol{B}$ **行等价**, 记为 $\boldsymbol{A}\overset{r}{\cong}\boldsymbol{B}$. 若矩阵 $\boldsymbol{A}$ 经过有限次初等列变换变成矩阵 $\boldsymbol{B}$, 则称矩阵 $\boldsymbol{A}$ 与 $\boldsymbol{B}$ **列等价**, 记为 $\boldsymbol{A}\overset{c}{\cong}\boldsymbol{B}$. 若矩阵 $\boldsymbol{A}$ 经过有限次初等变换变成矩阵 $\boldsymbol{B}$, 则称矩阵 $\boldsymbol{A}$ 与 $\boldsymbol{B}$ **等价**, 记为 $\boldsymbol{A}\cong\boldsymbol{B}$.

所有与矩阵 $\boldsymbol{A}$ 等价的矩阵组成的一个集合, 称为一个**等价类**, 标准形 $\boldsymbol{F}$ 是这个等价类中最简单的矩阵.

2.5.2 初等矩阵

定义 2.5.4 对单位矩阵 $\boldsymbol{E}$ 施以一次初等变换, 得到矩阵称为**初等矩阵**.

三种初等变换分别对应着三种初等矩阵.

(1) $\boldsymbol{E}$ 的第 i,j 行 (列) 互换得到的矩阵:

$$\boldsymbol{P}(i,j)=\begin{bmatrix} 1 &&&&&&&&& \\ &\ddots&&&&&&&& \\ &&1&&&&&&& \\ &&&0&&\cdots&&1&& \\ &&&&1&&&&& \\ &&&\vdots&&\ddots&&\vdots&& \\ &&&&&&1&&& \\ &&&1&&\cdots&&0&& \\ &&&&&&&&1& \\ &&&&&&&&&\ddots \\ &&&&&&&&&&1 \end{bmatrix}\begin{matrix} \\ \\ \\ \text{第 } i \text{ 行} \\ \\ \\ \\ \text{第 } j \text{ 行} \\ \\ \\ \\ \end{matrix};\quad(2.5.2)$$

第 i 列　　第 j 列

(2) $\boldsymbol{E}$ 的第 i 行 (列) 乘以非零数 k 得到的矩阵:

$$\boldsymbol{P}(i(k))=\begin{bmatrix} 1 &&&& \\ &\ddots&&& \\ &&k&& \\ &&&\ddots& \\ &&&&1 \end{bmatrix}\text{第 } i \text{ 行};\quad(2.5.3)$$

第 i 列

(3) $\boldsymbol{E}$ 的第 i 行加上第 j 行的 k 倍, 或 $\boldsymbol{E}$ 的第 j 列加上第 i 列的 k 倍得到的矩阵:

$$\boldsymbol{P}(i,j(k))=\begin{bmatrix}1&&&&&&\\&\ddots&&&&&\\&&1&\cdots&k&&\\&&&\ddots&\vdots&&\\&&&&1&&\\&&&&&\ddots&\\&&&&&&1\end{bmatrix}\begin{matrix}\\\\\text{第 } i \text{ 行}\\\\\text{第 } j \text{ 行}\\\\\\\end{matrix}. \tag{2.5.4}$$

第 i 列 第 j 列

例如, 交换三阶单位阵 $\boldsymbol{E}_3$ 的第二、第三行 (列), 得到初等矩阵 $\boldsymbol{P}(2,3)=\begin{bmatrix}1&0&0\\0&0&1\\0&1&0\end{bmatrix}$; 将 $\boldsymbol{E}_3$ 的第三行 (列) 乘以 2, 得到初等矩阵 $\boldsymbol{P}(3(2))=\begin{bmatrix}1&0&0\\0&1&0\\0&0&2\end{bmatrix}$; 将 $\boldsymbol{E}_3$ 的第一行加上第三行的 2 倍 (或将第三列加上第一列的 2 倍), 得到初等矩阵 $\boldsymbol{P}(1,3(2))=\begin{bmatrix}1&0&2\\0&1&0\\0&0&1\end{bmatrix}$.

容易验证以下性质.

性质 2.5.1 初等矩阵具有下列性质:

(1) 行列式 $|\boldsymbol{P}(i,j)|=-1$; $|\boldsymbol{P}(i(k))|=k$; $|\boldsymbol{P}(i,j(k))|=1$.

(2) 初等矩阵都可逆, 且初等矩阵的逆矩阵为同类型的初等矩阵, 其中

$$\boldsymbol{P}(i,j)^{-1}=\boldsymbol{P}(i,j);\quad \boldsymbol{P}(i(k))^{-1}=\boldsymbol{P}(i(k^{-1}));$$
$$\boldsymbol{P}(i,j(k))^{-1}=\boldsymbol{P}(i,j(-k)).$$

初等矩阵与矩阵的初等变换有着密切的关系.

定理 2.5.3 设 $\boldsymbol{A}$ 是一个 $m\times n$ 矩阵, 对 $\boldsymbol{A}$ 施行一次某种初等行 (列) 变换, 相当于用同种的 m (n) 阶初等矩阵左 (右) 乘 $\boldsymbol{A}$.

证明 现在证明交换矩阵 $\boldsymbol{A}$ 的第 i,j 行, 相当于用 m 阶初等矩阵 $\boldsymbol{P}(i,j)$ 左乘 $\boldsymbol{A}$.

将 $\boldsymbol{A}_{m\times n}=[a_{ij}]_{m\times n}$ 和 $\boldsymbol{E}_m$ 写成如下分块矩阵的形式:

$$\boldsymbol{A}_{m\times n}=\begin{bmatrix}\boldsymbol{A}_1\\ \boldsymbol{A}_2\\ \vdots\\ \boldsymbol{A}_i\\ \vdots\\ \boldsymbol{A}_j\\ \vdots\\ \boldsymbol{A}_m\end{bmatrix},\quad \boldsymbol{E}_m=\begin{bmatrix}\boldsymbol{\varepsilon}_1\\ \boldsymbol{\varepsilon}_2\\ \vdots\\ \boldsymbol{\varepsilon}_i\\ \vdots\\ \boldsymbol{\varepsilon}_j\\ \vdots\\ \boldsymbol{\varepsilon}_m\end{bmatrix},$$

其中, $\boldsymbol{A}_k=[a_{k1},a_{k2},\cdots,a_{kn}]\,(k=1,2,\cdots,m)$, 而 $\boldsymbol{\varepsilon}_k=[0,0,\cdots,1,\cdots,0]$, 即 $\boldsymbol{\varepsilon}_k$ 除了第 k 个元素为 1, 其余都为 0.

根据初等矩阵 $\boldsymbol{P}(i,j)$ 的定义及分块矩阵的运算规则,

$$\boldsymbol{P}(i,j)\boldsymbol{A}=\begin{bmatrix}\boldsymbol{\varepsilon}_1\\ \boldsymbol{\varepsilon}_2\\ \vdots\\ \boldsymbol{\varepsilon}_j\\ \vdots\\ \boldsymbol{\varepsilon}_i\\ \vdots\\ \boldsymbol{\varepsilon}_m\end{bmatrix}\boldsymbol{A}=\begin{bmatrix}\boldsymbol{\varepsilon}_1\boldsymbol{A}\\ \boldsymbol{\varepsilon}_2\boldsymbol{A}\\ \vdots\\ \boldsymbol{\varepsilon}_j\boldsymbol{A}\\ \vdots\\ \boldsymbol{\varepsilon}_i\boldsymbol{A}\\ \vdots\\ \boldsymbol{\varepsilon}_m\boldsymbol{A}\end{bmatrix}=\begin{bmatrix}\boldsymbol{A}_1\\ \boldsymbol{A}_2\\ \vdots\\ \boldsymbol{A}_j\\ \vdots\\ \boldsymbol{A}_i\\ \vdots\\ \boldsymbol{A}_m\end{bmatrix},$$

由此可见, m 阶初等矩阵 $\boldsymbol{P}(i,j)$ 左乘 $\boldsymbol{A}$ 恰好等于交换矩阵 $\boldsymbol{A}$ 的第 i,j 行得到的矩阵.

用类似的方法, 可证明其他变换的情况.

> **想一想**: $\boldsymbol{P}(i,j(k))\boldsymbol{A}$相当于对矩阵$\boldsymbol{A}$作怎样的初等变换? $\boldsymbol{A}\boldsymbol{P}(i,j(k))$呢?

例 2.5.2 设

$$\boldsymbol{A}=\begin{bmatrix}1 & 2 & -3\\ 0 & 4 & 1\end{bmatrix}.$$

(1) 将 $\boldsymbol{A}$ 的第一、二行互换; (2) 将 $\boldsymbol{A}$ 的第一行加上第二行的 -3 倍; (3) 将 $\boldsymbol{A}$ 的

第一列加上第二列的 -3 倍. 分别求出对应的初等矩阵, 并用矩阵乘法将这三种变换表示出来.

解 (1) 交换 $\boldsymbol{A}$ 的第一、二行, 即用二阶初等矩阵

$$\boldsymbol{P}(1,2)=\begin{bmatrix}0&1\\1&0\end{bmatrix}$$

左乘 $\boldsymbol{A}$,

$$\boldsymbol{P}(1,2)\boldsymbol{A}=\begin{bmatrix}0&1\\1&0\end{bmatrix}\begin{bmatrix}1&2&-3\\0&4&1\end{bmatrix}=\begin{bmatrix}0&4&1\\1&2&-3\end{bmatrix}.$$

(2) 将 $\boldsymbol{A}$ 的第一行加上第二行的 -3 倍, 即用二阶初等矩阵

$$\boldsymbol{P}(1,2(-3))=\begin{bmatrix}1&-3\\0&1\end{bmatrix}$$

左乘 $\boldsymbol{A}$,

$$\boldsymbol{P}(1,2(-3))\boldsymbol{A}=\begin{bmatrix}1&-3\\0&1\end{bmatrix}\begin{bmatrix}1&2&-3\\0&4&1\end{bmatrix}=\begin{bmatrix}1&-10&-6\\0&4&1\end{bmatrix}.$$

(3) 将 $\boldsymbol{A}$ 的第一列加上第二列的 -3 倍, 即用三阶初等矩阵

$$\boldsymbol{P}(2,1(-3))=\begin{bmatrix}1&0&0\\-3&1&0\\0&0&1\end{bmatrix}$$

右乘 $\boldsymbol{A}$,

$$\boldsymbol{A}\boldsymbol{P}(2,1(-3))=\begin{bmatrix}1&2&-3\\0&4&1\end{bmatrix}\begin{bmatrix}1&0&0\\-3&1&0\\0&0&1\end{bmatrix}=\begin{bmatrix}-5&2&-3\\-12&4&1\end{bmatrix}.$$

想一想: 为什么左乘 $\boldsymbol{A}$、右乘 $\boldsymbol{A}$ 的初等矩阵不一样?

2.5.3 求逆矩阵的初等变换法

在 2.3 节中, 给出了矩阵 $\boldsymbol{A}$ 可逆的充分必要条件的同时, 也给出了利用伴随矩阵求逆矩阵 $\boldsymbol{A}^{-1}$ 的一种方法, 即

$$\boldsymbol{A}^{-1}=\frac{1}{|\boldsymbol{A}|}\boldsymbol{A}^*.$$

但对于较高阶的矩阵, 用伴随矩阵求逆矩阵计算量太大, 下面介绍一种较为简便的方法——**初等变换法**.

由定理 2.5.2、定理 2.5.3, 可以得到如下推论.

推论 2.5.1 设 $\boldsymbol{A}$ 是一个 $m\times n$ 矩阵, 则存在 m 阶初等矩阵 $\boldsymbol{P}_1,\boldsymbol{P}_2,\cdots,\boldsymbol{P}_s$ 和 n 阶初等矩阵 $\boldsymbol{Q}_1,\boldsymbol{Q}_2,\cdots,\boldsymbol{Q}_t$, 使得

$$\boldsymbol{P}_1\boldsymbol{P}_2\cdots\boldsymbol{P}_s\boldsymbol{A}\boldsymbol{Q}_1\boldsymbol{Q}_2\cdots\boldsymbol{Q}_t=\boldsymbol{F},$$

其中标准形矩阵 $\boldsymbol{F}=\begin{bmatrix}\boldsymbol{E}_r & \boldsymbol{O}\\ \boldsymbol{O} & \boldsymbol{O}\end{bmatrix}_{m\times n}$.

若令 $\boldsymbol{P}=\boldsymbol{P}_1\boldsymbol{P}_2\cdots\boldsymbol{P}_s$, $\boldsymbol{Q}=\boldsymbol{Q}_1\boldsymbol{Q}_2\cdots\boldsymbol{Q}_t$, 由于初等矩阵皆可逆, 且可逆矩阵的乘积仍是可逆矩阵, 因此 $\boldsymbol{P},\boldsymbol{Q}$ 为可逆矩阵, 从而有如下推论.

推论 2.5.2 设 $\boldsymbol{A}$ 是一个 $m\times n$ 矩阵, 则存在 m 阶可逆矩阵 $\boldsymbol{P}$ 和 n 阶可逆矩阵 $\boldsymbol{Q}$, 使得

$$\boldsymbol{PAQ}=\begin{bmatrix}\boldsymbol{E}_r & \boldsymbol{O}\\ \boldsymbol{O} & \boldsymbol{O}\end{bmatrix}_{m\times n}.$$

利用本推论可以比较便捷地处理矩阵的分解问题, 读者可自行研究.

由定理 2.3.2 可知, n 阶方阵 $\boldsymbol{A}$ 可逆的充分必要条件是 $|\boldsymbol{A}|\neq 0$. 又根据推论 2.5.2, 当 n 阶方阵 $\boldsymbol{A}$ 可逆时, 存在 n 阶可逆矩阵 $\boldsymbol{P},\boldsymbol{Q}$, 使得 $\boldsymbol{PAQ}=\boldsymbol{F}=\begin{bmatrix}\boldsymbol{E}_r & \boldsymbol{O}\\ \boldsymbol{O} & \boldsymbol{O}\end{bmatrix}_{m\times n}$. 因此

$$|\boldsymbol{PAQ}|=|\boldsymbol{P}|\cdot|\boldsymbol{A}|\cdot|\boldsymbol{Q}|\neq 0.$$

也就是说, $|\boldsymbol{F}|=\begin{vmatrix}\boldsymbol{E}_r & \boldsymbol{O}\\ \boldsymbol{O} & \boldsymbol{O}\end{vmatrix}\neq 0$, 于是 $r=n$, 即 $\boldsymbol{PAQ}=\boldsymbol{E}_n$.

另一方面, 若存在 n 阶可逆矩阵 $\boldsymbol{P},\boldsymbol{Q}$, 使得 n 阶方阵 $\boldsymbol{A}$, 满足 $\boldsymbol{PAQ}=\boldsymbol{E}_n$, 则 $|\boldsymbol{PAQ}|=|\boldsymbol{P}|\cdot|\boldsymbol{A}|\cdot|\boldsymbol{Q}|=|\boldsymbol{E}_n|=1\neq 0$, 由于 $|\boldsymbol{P}|\neq 0,|\boldsymbol{Q}|\neq 0$, 因此 $|\boldsymbol{A}|\neq 0$, 从而方阵 $\boldsymbol{A}$ 可逆.

综上所述, 我们可以得到如下推论.

推论 2.5.3 n 阶方阵 $\boldsymbol{A}$ 可逆的充分必要条件是 $\boldsymbol{A} \cong \boldsymbol{E}_n$.

即 n 阶方阵 $\boldsymbol{A}$ 可逆的充分必要条件是 $\boldsymbol{A}$ 一定可以经过有限次初等变换化为单位阵 $\boldsymbol{E}_n$.

由推论 2.5.1、推论 2.5.3, 又可以得到如下推论.

推论 2.5.4 n 阶方阵 $\boldsymbol{A}$ 可逆的充分必要条件是 $\boldsymbol{A}$ 可以表示成有限个初等矩阵的乘积.

证明 (必要性) 若 n 阶方阵 $\boldsymbol{A}$ 可逆, 则存在 n 阶初等矩阵 $\boldsymbol{P}_1, \boldsymbol{P}_2, \cdots, \boldsymbol{P}_s$ 和 n 阶初等矩阵 $\boldsymbol{Q}_1, \boldsymbol{Q}_2, \cdots, \boldsymbol{Q}_t$, 使得

$$\boldsymbol{P}_1\boldsymbol{P}_2\cdots\boldsymbol{P}_s\boldsymbol{A}\boldsymbol{Q}_1\boldsymbol{Q}_2\cdots\boldsymbol{Q}_t = \boldsymbol{E},$$

而初等矩阵皆可逆且其逆矩阵仍为初等矩阵, 从而有

$$\begin{aligned}\boldsymbol{A} &= \boldsymbol{P}_s^{-1}\cdots\boldsymbol{P}_2^{-1}\boldsymbol{P}_1^{-1}\boldsymbol{E}\boldsymbol{Q}_t^{-1}\cdots\boldsymbol{Q}_2^{-1}\boldsymbol{Q}_1^{-1}\\ &= \boldsymbol{P}_s^{-1}\cdots\boldsymbol{P}_2^{-1}\boldsymbol{P}_1^{-1}\boldsymbol{Q}_t^{-1}\cdots\boldsymbol{Q}_2^{-1}\boldsymbol{Q}_1^{-1},\end{aligned}$$

上式表明 $\boldsymbol{A}$ 可以表示成有限个初等矩阵的乘积.

(充分性) 若 $\boldsymbol{A}$ 可以表示成有限个初等矩阵的乘积, 而初等矩阵皆可逆, 可逆矩阵的乘积也可逆, 所以 $\boldsymbol{A}$ 可逆.

接下来介绍求逆矩阵的初等变换法.

设 n 阶矩阵 $\boldsymbol{A}$ 可逆, 则逆矩阵 $\boldsymbol{A}^{-1}$ 也可逆, 根据推论 2.5.4, $\boldsymbol{A}^{-1}$ 可以表示为若干初等矩阵的乘积, 设 $\boldsymbol{A}^{-1} = \boldsymbol{G}_1\boldsymbol{G}_2\cdots\boldsymbol{G}_l$.

那么

$$\boldsymbol{A}^{-1}\boldsymbol{A} = \boldsymbol{G}_1\boldsymbol{G}_2\cdots\boldsymbol{G}_l\boldsymbol{A} = \boldsymbol{E}, \tag{2.5.5}$$

$$\boldsymbol{A}^{-1}\boldsymbol{E} = \boldsymbol{G}_1\boldsymbol{G}_2\cdots\boldsymbol{G}_l\boldsymbol{E} = \boldsymbol{A}^{-1}, \tag{2.5.6}$$

式 (2.5.5) 表示对 $\boldsymbol{A}$ 施行有限次初等行变换化为 $\boldsymbol{E}$, 式 (2.5.6) 表示对 $\boldsymbol{E}$ 施行同样的初等行变换化为 $\boldsymbol{A}^{-1}$. 若构造矩阵 $n \times 2n$ 分块矩阵

$$\left[\boldsymbol{A} \,\vdots\, \boldsymbol{E}\right],$$

那么

$$\begin{aligned}\boldsymbol{G}_1\cdots\boldsymbol{G}_{l-1}\boldsymbol{G}_l\left[\boldsymbol{A} \,\vdots\, \boldsymbol{E}\right] &= \left[\boldsymbol{G}_1\cdots\boldsymbol{G}_{l-1}\boldsymbol{G}_l\boldsymbol{A} \,\vdots\, \boldsymbol{G}_1\cdots\boldsymbol{G}_{l-1}\boldsymbol{G}_l\boldsymbol{E}\right]\\ &= \left[\boldsymbol{E} \,\vdots\, \boldsymbol{A}^{-1}\right],\end{aligned}$$

即对 $\left[\boldsymbol{A} \vdots \boldsymbol{E}\right]$ 施以初等行变换将矩阵 $\boldsymbol{A}$ 化为单位矩阵 $\boldsymbol{E}$, 则上述初等变换同时也将其中的单位矩阵 $\boldsymbol{E}$ 化为 $\boldsymbol{A}^{-1}$, 即

$$\left[\boldsymbol{A} \vdots \boldsymbol{E}\right] \xrightarrow{\text{初等行变换}} \left[\boldsymbol{E} \vdots \boldsymbol{A}^{-1}\right], \tag{2.5.7}$$

这就是求逆矩阵的**初等变换法**.

例 2.5.3 求矩阵 $\boldsymbol{A}=\begin{bmatrix}1&0&2\\2&1&4\\1&1&3\end{bmatrix}$ 的逆矩阵.

解 $\left[\boldsymbol{A} \vdots \boldsymbol{E}\right]=\left[\begin{array}{ccc:ccc}1&0&2&1&0&0\\2&1&4&0&1&0\\1&1&3&0&0&1\end{array}\right] \xrightarrow[r_3-r_1]{r_2-2r_1} \left[\begin{array}{ccc:ccc}1&0&2&1&0&0\\0&1&0&-2&1&0\\0&1&1&-1&0&1\end{array}\right]$

$$\xrightarrow{r_3-r_2} \left[\begin{array}{ccc:ccc}1&0&2&1&0&0\\0&1&0&-2&1&0\\0&0&1&1&-1&1\end{array}\right]$$

$$\xrightarrow{r_1-2r_3} \left[\begin{array}{ccc:ccc}1&0&0&-1&2&-2\\0&1&0&-2&1&0\\0&0&1&1&-1&1\end{array}\right],$$

所以 $\boldsymbol{A}^{-1}=\begin{bmatrix}-1&2&-2\\-2&1&0\\1&-1&1\end{bmatrix}$.

能否用初等行变换判断一个矩阵是否可逆呢? 事实上, 如果不知道方阵 $\boldsymbol{A}$ 是否可逆, 也可按照上述方法去做, 只要左边的子块有一行 (列) 的元素全化成了零, 则 $\boldsymbol{A}$ 不可逆.

上面用初等变换求逆矩阵的方法, 仅限用于对矩阵的行施以初等行变换, 不得出现初等列变换. 但容易证明, 亦可以对矩阵的列施以初等列变换来求逆矩阵, 此时可以构造 $2n\times n$ 的分块矩阵 $\left[\begin{array}{c}\boldsymbol{A}\\ \hdashline \boldsymbol{E}\end{array}\right]$, 对 $\left[\begin{array}{c}\boldsymbol{A}\\ \hdashline \boldsymbol{E}\end{array}\right]$ 施以初等列变换将矩阵 $\boldsymbol{A}$ 化为单位矩阵 $\boldsymbol{E}$, 则上述初等变换同时也将其中的单位矩阵 $\boldsymbol{E}$ 化为 $\boldsymbol{A}^{-1}$, 即

$$\left[\begin{array}{c}\boldsymbol{A}\\ \hdashline \boldsymbol{E}\end{array}\right] \xrightarrow{\text{初等列变换}} \left[\begin{array}{c}\boldsymbol{E}\\ \hdashline \boldsymbol{A}^{-1}\end{array}\right]. \tag{2.5.8}$$

2.5.4　用初等变换法求解矩阵方程

用初等行变换法求逆矩阵的方法, 还可以用来求解形如 $\boldsymbol{AX}=\boldsymbol{B}$ 的矩阵方程, 当方阵 $\boldsymbol{A}$ 可逆时, 有 $\boldsymbol{A}^{-1}\boldsymbol{AX}=\boldsymbol{X}=\boldsymbol{A}^{-1}\boldsymbol{B}$.

因为 $\boldsymbol{A}^{-1}$ 也可逆, 所以 $\boldsymbol{A}^{-1}$ 可以表示为若干初等矩阵的乘积, 设 $\boldsymbol{A}^{-1}=\boldsymbol{G}_1\boldsymbol{G}_2\cdots\boldsymbol{G}_l$, 那么,

$$\boldsymbol{A}^{-1}\boldsymbol{A}=\boldsymbol{G}_1\boldsymbol{G}_2\cdots\boldsymbol{G}_l\boldsymbol{A}=\boldsymbol{E}, \tag{2.5.9}$$

$$\boldsymbol{A}^{-1}\boldsymbol{B}=\boldsymbol{G}_1\boldsymbol{G}_2\cdots\boldsymbol{G}_l\boldsymbol{B}=\boldsymbol{X}, \tag{2.5.10}$$

式 (2.5.9) 表示对 $\boldsymbol{A}$ 施行有限次初等行变换化为 $\boldsymbol{E}$, 式 (2.5.10) 表示对 $\boldsymbol{B}$ 施行同样的初等行变换化为 $\boldsymbol{A}^{-1}\boldsymbol{B}$. 若构造矩阵分块矩阵

$$\left[\boldsymbol{A} \mid \boldsymbol{B}\right],$$

那么

$$\begin{aligned}\boldsymbol{G}_1\cdots\boldsymbol{G}_{l-1}\boldsymbol{G}_l\left[\boldsymbol{A} \mid \boldsymbol{B}\right]&=\left[\boldsymbol{G}_1\cdots\boldsymbol{G}_{l-1}\boldsymbol{G}_l\boldsymbol{A} \mid \boldsymbol{G}_1\cdots\boldsymbol{G}_{l-1}\boldsymbol{G}_l\boldsymbol{B}\right]\\&=\left[\boldsymbol{E} \mid \boldsymbol{A}^{-1}\boldsymbol{B}\right],\end{aligned}$$

即对 $\left[\boldsymbol{A} \mid \boldsymbol{B}\right]$ 施以初等行变换将矩阵 $\boldsymbol{A}$ 化为单位矩阵 $\boldsymbol{E}$, 则上述初等变换同时也将其中的单位矩阵 $\boldsymbol{B}$ 化为 $\boldsymbol{A}^{-1}\boldsymbol{B}$, 即

$$\left[\boldsymbol{A} \mid \boldsymbol{B}\right]\xrightarrow{\text{初等行变换}}\left[\boldsymbol{E} \mid \boldsymbol{A}^{-1}\boldsymbol{B}\right]. \tag{2.5.11}$$

例 2.5.4　设矩阵方程 $\boldsymbol{AX}=\boldsymbol{B}$, 求矩阵 $\boldsymbol{X}$, 其中

$$\boldsymbol{A}=\begin{bmatrix}1&2&3\\2&2&1\\3&4&3\end{bmatrix},\quad \boldsymbol{B}=\begin{bmatrix}2&5\\3&1\\4&3\end{bmatrix}.$$

解　因为 $|\boldsymbol{A}|=\begin{vmatrix}1&2&3\\2&2&1\\3&4&3\end{vmatrix}=\begin{vmatrix}1&2&3\\0&-2&-5\\0&-2&-6\end{vmatrix}=\begin{vmatrix}1&2&3\\0&-2&-5\\0&0&-1\end{vmatrix}=2\neq 0$,

所以矩阵 $\boldsymbol{A}$ 可逆.

$$\left[\boldsymbol{A} \mid \boldsymbol{B}\right]=\left[\begin{array}{ccc|cc}1&2&3&2&5\\2&2&1&3&1\\3&4&3&4&3\end{array}\right]$$

$$\xrightarrow[r_3-3r_1]{r_2-2r_1}\left[\begin{array}{ccc:cc}1&2&3&2&5\\0&-2&-5&-1&-9\\0&-2&-6&-2&-12\end{array}\right]\xrightarrow[r_3-r_2]{r_1+r_2}\left[\begin{array}{ccc:cc}1&0&-2&1&-4\\0&-2&-5&-1&-9\\0&0&-1&-1&-3\end{array}\right]$$

$$\xrightarrow[r_2-5r_3]{r_1-2r_3}\left[\begin{array}{ccc:cc}1&0&0&3&2\\0&-2&0&4&6\\0&0&-1&-1&-3\end{array}\right]\xrightarrow[r_3\times(-1)]{r_2\times\left(-\frac{1}{2}\right)}\left[\begin{array}{ccc:cc}1&0&0&3&2\\0&1&0&-2&-3\\0&0&1&1&3\end{array}\right],$$

所以 $\boldsymbol{X}=\begin{bmatrix}3&2\\-2&-3\\1&3\end{bmatrix}$.

同理, 求解形如 $\boldsymbol{XA}=\boldsymbol{B}$ 的矩阵方程, 当方阵 $\boldsymbol{A}$ 可逆时, 有 $\boldsymbol{X}=\boldsymbol{XAA}^{-1}=\boldsymbol{BA}^{-1}$, 亦可利用初等列变换求矩阵 $\boldsymbol{BA}^{-1}$, 即

$$\left[\begin{array}{c}\boldsymbol{A}\\ \hdashline \boldsymbol{B}\end{array}\right]\xrightarrow{\text{初等列变换}}\left[\begin{array}{c}\boldsymbol{E}\\ \hdashline \boldsymbol{BA}^{-1}\end{array}\right].\tag{2.5.12}$$

习 题 2.5

1. 判断下列命题是否正确:

(1) 初等矩阵的乘积仍是初等矩阵;

(2) 初等矩阵的转置仍是初等矩阵;

(3) 可逆矩阵只经过有限次的初等列变换便可化为单位矩阵.

2. 利用矩阵的初等行变换将下列矩阵化为行阶梯形矩阵及行最简形矩阵.

(1) $\begin{bmatrix}1&2&3&4\\1&-2&4&5\\1&10&1&2\end{bmatrix}$; (2) $\begin{bmatrix}2&1&3&1\\-1&0&2&0\\0&1&-1&1\\2&0&0&-2\end{bmatrix}$;

(3) $\begin{bmatrix}1&0&1&-1&-3\\2&-1&4&-3&-4\\3&1&1&0&1\\7&0&7&-3&3\end{bmatrix}$.

3. 设 $\boldsymbol{A}$ 为 3×4 矩阵, 把 $\boldsymbol{A}$ 的第 1 行乘以 -2 加到第 3 行得到矩阵 $\boldsymbol{B}_1$, 把 $\boldsymbol{A}$ 的第 1 列乘以 -2 加到第 3 列得到矩阵 $\boldsymbol{B}_2$, 试求满足 $\boldsymbol{P}_1\boldsymbol{A}=\boldsymbol{B}_1, \boldsymbol{AP}_2=\boldsymbol{B}_2$ 的初等矩阵 $\boldsymbol{P}_1, \boldsymbol{P}_2$.

4. 已知矩阵 $\boldsymbol{A}=\begin{bmatrix}1&2&3&4\\2&3&4&5\\3&4&3&2\end{bmatrix}$, 求一个可逆矩阵 $\boldsymbol{P}$ 使得 $\boldsymbol{PA}$ 为 $\boldsymbol{A}$ 的行最简形矩阵.

5. 利用初等行变换判定下列矩阵是否可逆, 若可逆, 求其逆矩阵.

(1) $\begin{bmatrix} 1 & 2 \\ 2 & 5 \end{bmatrix}$; (2) $\begin{bmatrix} 1 & 2 & -1 \\ 3 & 4 & -2 \\ 5 & -4 & 1 \end{bmatrix}$; (3) $\begin{bmatrix} 5 & 0 & 0 \\ 0 & 3 & 1 \\ 0 & 2 & 1 \end{bmatrix}$.

6. 已知 $\boldsymbol{A} = \begin{bmatrix} 4 & 1 & -2 \\ 2 & 2 & 1 \\ 3 & 1 & -1 \end{bmatrix}$, $\boldsymbol{B} = \begin{bmatrix} 1 & -3 \\ 2 & 2 \\ 3 & -1 \end{bmatrix}$, 利用初等变换求矩阵 $\boldsymbol{X}$ 使得 $\boldsymbol{AX} = \boldsymbol{B}$.

7. 已知 $\boldsymbol{A} = \begin{bmatrix} 0 & 2 & 1 \\ 2 & -1 & 3 \\ -3 & 3 & -4 \end{bmatrix}$, $\boldsymbol{B} = \begin{bmatrix} 1 & 2 & 3 \\ 2 & -3 & 1 \end{bmatrix}$, 利用初等变换求矩阵 $\boldsymbol{X}$ 使得 $\boldsymbol{XA} = \boldsymbol{B}$.

8. 设 $\boldsymbol{A}, \boldsymbol{B}$ 均为三阶方阵, 已知 $\boldsymbol{BA} = 2\boldsymbol{A} + \boldsymbol{B}$, $\boldsymbol{B} = \begin{bmatrix} 2 & 0 & 2 \\ 0 & 4 & 0 \\ 2 & 0 & 2 \end{bmatrix}$, 利用初等变换求矩阵 $\boldsymbol{A}$.

9. 求矩阵乘积 $\begin{bmatrix} 0 & 1 & 0 \\ 1 & 0 & 0 \\ 0 & 0 & 1 \end{bmatrix}^{2026} \begin{bmatrix} 1 & 2 & 3 \\ 4 & 5 & 6 \\ 7 & 8 & 9 \end{bmatrix} \begin{bmatrix} 0 & 0 & 1 \\ 0 & 1 & 0 \\ 1 & 0 & 0 \end{bmatrix}^{2023}$.

2.6 矩 阵 的 秩

从上节已看到, 矩阵可经初等行变换化为行阶梯形矩阵, 且行阶梯形矩阵所含非零行的行数是唯一确定的, 这个不变量实质上就是矩阵的 "秩", 它反映了矩阵内部的本质特性, 体现了变与不变的辩证思想. 矩阵的秩的概念是讨论向量组的线性相关性、深入研究线性方程组等问题的重要工具.

2.6.1 基本概念

首先利用行列式来定义矩阵的秩, 然后给出利用初等变换求矩阵的秩的方法.

定义 2.6.1 在 $m \times n$ 矩阵 $\boldsymbol{A}$ 中, 任取 k 行 k 列 $(1 \leqslant k \leqslant m, 1 \leqslant k \leqslant n)$, 位于这些行列交叉处的 k^2 个元素, 不改变它们在 $\boldsymbol{A}$ 中所处的位置次序而排成的 k 阶行列式, 称为矩阵 $\boldsymbol{A}$ 的 k 阶子式.

例如, 对于矩阵 $\boldsymbol{A} = \begin{bmatrix} 1 & 3 & 6 & 5 & 2 \\ 4 & 1 & 0 & 7 & 2 \\ 1 & 0 & 1 & 2 & 4 \end{bmatrix}$, 取其第 1, 3 行, 第 2, 5 列, 可得矩阵 $\boldsymbol{A}$ 的二阶子式 $\begin{vmatrix} 3 & 2 \\ 0 & 4 \end{vmatrix}$; 取其第 1, 2, 3 行, 第 2, 4, 5 列, 可得矩阵 $\boldsymbol{A}$ 的三阶

子式 $\begin{vmatrix} 3 & 5 & 2 \\ 1 & 7 & 2 \\ 0 & 2 & 4 \end{vmatrix}$.

显然, $m \times n$ 矩阵 $\boldsymbol{A}$ 的 k 阶子式共有 $\mathrm{C}_m^k \cdot \mathrm{C}_n^k$ 个.

设 $\boldsymbol{A}$ 为 $m \times n$ 矩阵, 当 $\boldsymbol{A} = \boldsymbol{O}$ 时, 它的任何子式都为零. 当 $\boldsymbol{A} \neq \boldsymbol{O}$ 时, 它至少有一个元素不为零, 即它至少有一个一阶子式不为零, 再考察二阶子式; 若 $\boldsymbol{A}$ 中有一个二阶子式不为零, 则往下考察三阶子式; 如此进行下去, 最后必达到 $\boldsymbol{A}$ 中至少有一个 r 阶子式不为零, 而再没有比 r 更高阶的不为零的子式.

这个不为零的子式的最高阶数 r 反映了矩阵 $\boldsymbol{A}$ 内在的重要特征, 在矩阵的理论与应用中都有重要意义.

定义 2.6.2 设 $\boldsymbol{A}$ 为 $m \times n$ 矩阵, 如果存在 $\boldsymbol{A}$ 的一个 r 阶子式不为零, 而任何 $r+1$ 阶子式 (如果存在的话) 皆为零, 则称数 r 为矩阵 $\boldsymbol{A}$ 的**秩**, 记为 $R(\boldsymbol{A})$ (或 $r(\boldsymbol{A})$). 并规定零矩阵的秩等于零.

例 2.6.1 求下列矩阵的秩:

(1) $\boldsymbol{A}_1 = \begin{bmatrix} 1 & 2 & 3 & 4 & 5 \\ 4 & 1 & 0 & 7 & 2 \\ 1 & 2 & 3 & 4 & 5 \end{bmatrix}$; (2) $\boldsymbol{A}_2 = \begin{bmatrix} 1 & 2 & 3 \\ 2 & 3 & -5 \\ 4 & 7 & 1 \end{bmatrix}$.

解 (1) $\boldsymbol{A}_1$ 有一个二阶子式 $\begin{vmatrix} 1 & 2 \\ 4 & 1 \end{vmatrix} = -7 \neq 0$, 且所有的三阶子式皆为零 (为什么?), 故 $R(\boldsymbol{A}_1) = 2$.

(2) $\boldsymbol{A}_2$ 有一个二阶子式 $\begin{vmatrix} 1 & 2 \\ 2 & 3 \end{vmatrix} = -1 \neq 0$, 而 $\boldsymbol{A}_2$ 只有一个三阶子式 $\begin{vmatrix} 1 & 2 & 3 \\ 2 & 3 & -5 \\ 4 & 7 & 1 \end{vmatrix} = 0$, 故 $R(\boldsymbol{A}_2) = 2$.

由秩的定义, 容易证明矩阵的秩具有如下基本性质:

(1) 若矩阵 $\boldsymbol{A}$ 中有某个 s 阶子式不为 0, 则 $R(\boldsymbol{A}) \geqslant s$;

(2) 若 $\boldsymbol{A}$ 中所有 t 阶子式全为 0, 则 $R(\boldsymbol{A}) < t$;

(3) $R(\boldsymbol{A}) = R(\boldsymbol{A}^{\mathrm{T}})$;

(4) 若 $\boldsymbol{A}$ 为 $m \times n$ 矩阵, 则 $0 \leqslant R(\boldsymbol{A}) \leqslant \min\{m, n\}$;

(5) 若 $\boldsymbol{A}$ 为 n 阶矩阵, 则 $R(\boldsymbol{A}) = n \Leftrightarrow |\boldsymbol{A}| \neq 0 \Leftrightarrow \boldsymbol{A}$ 可逆, $R(\boldsymbol{A}) < n \Leftrightarrow |\boldsymbol{A}| = 0 \Leftrightarrow \boldsymbol{A}$ 不可逆.

设 $\boldsymbol{A}$ 为 $m \times n$ 矩阵, 当 $R(\boldsymbol{A}) = m$ 时, 称矩阵 $\boldsymbol{A}$ 为**行满秩矩阵**; 当 $R(\boldsymbol{A}) = n$

时, 称矩阵 $\boldsymbol{A}$ 为**列满秩矩阵**. 否则称为**降秩矩阵**. 可逆矩阵是满秩矩阵, 不可逆矩阵是降秩矩阵.

例如 $\boldsymbol{A}=\begin{bmatrix}1&0&0&0\\0&1&0&0\\0&0&1&0\end{bmatrix}$, $R(\boldsymbol{A})=3$, $\boldsymbol{A}$ 为行满秩矩阵; $\boldsymbol{B}=\begin{bmatrix}1&0&0&0\\0&1&0&0\\0&0&0&0\end{bmatrix}$, $R(\boldsymbol{B})=2$, $\boldsymbol{B}$ 为降秩矩阵.

2.6.2　利用初等变换求矩阵的秩

利用定义计算矩阵的秩, 需要由高阶到低阶依次考虑矩阵的子式, 当矩阵的行数与列数较高时, 按定义求秩是非常麻烦的. 不过, 行阶梯形矩阵的秩很容易判断.

例 2.6.2　求矩阵 $\boldsymbol{B}=\begin{bmatrix}1&-1&0&5&-6\\0&2&1&-2&1\\0&0&0&4&-3\\0&0&0&0&0\end{bmatrix}$ 的秩.

解　矩阵 $\boldsymbol{B}$ 是一个行阶梯形矩阵, 其非零行有 3 行, 因此矩阵 $\boldsymbol{B}$ 的所有 4 阶子式都为零.

取矩阵 $\boldsymbol{B}$ 的 3 个非零行, 以及非零行第一个非零元所在的列, 得到其 3 阶子式 $\begin{vmatrix}1&-1&5\\0&2&-2\\0&0&4\end{vmatrix}$, 该子式为上三角形行列式, 它显然不为零, 因此 $R(\boldsymbol{B})=3$.

从本例可知, 行阶梯形矩阵中非零行的行数就是该矩阵的秩. 上一节, 我们知道任意矩阵都可以经过初等变换化为行阶梯形矩阵. 那么两个等价矩阵的秩是否相等呢? 下面的定理对此作出了肯定的回答.

定理 2.6.1　若矩阵 $\boldsymbol{A}$ 与 $\boldsymbol{B}$ 等价, 则 $R(\boldsymbol{A})=R(\boldsymbol{B})$, 即初等变换不改变矩阵的秩.

***证明**　首先证明: 若 $\boldsymbol{A}$ 经过一次初等行变换变为 $\boldsymbol{B}$, 则 $R(\boldsymbol{A})\leqslant R(\boldsymbol{B})$.

设 $R(\boldsymbol{A})=r$, 且 $\boldsymbol{A}$ 的某个 r 阶子式 $D\neq 0$.

当 $\boldsymbol{A}\xrightarrow{r_i\leftrightarrow r_j}\boldsymbol{B}$ 或者 $\boldsymbol{A}\xrightarrow{kr_i}\boldsymbol{B}$ 时, 在 $\boldsymbol{B}$ 中总能找到与 D 相对应的 r 阶子式 D_1, 由于 $D_1=-D$ 或 $D_1=kD$, 因此 $D_1\neq 0$, 从而 $R(\boldsymbol{B})\geqslant r$.

当 $\boldsymbol{A}\xrightarrow{r_i+kr_j}\boldsymbol{B}$ 时, 有如下几种情形:

(1) 若 $\boldsymbol{A}$ 的 r 阶子式 D 不含 $\boldsymbol{A}$ 的第 i 行和第 j 行, 或 D 同时包含 $\boldsymbol{A}$ 的第 i 行和第 j 行, 此时 $\boldsymbol{B}$ 中与 D 相对应的 r 阶子式 $D_1=D\neq 0$.

(2) 若 $\boldsymbol{A}$ 的 r 阶子式 D 仅含 $\boldsymbol{A}$ 的第 j 行, 此时 $\boldsymbol{B}$ 中与 D 相对应的 r 阶子式 $D_1=D\neq 0$.

(3) 若 $\boldsymbol{A}$ 的 r 阶子式 D 仅含 $\boldsymbol{A}$ 的第 i 行, 把 $\boldsymbol{B}$ 中与 D 相对应的 r 阶子式 D_1 记作

$$D_1 = \begin{vmatrix} \vdots \\ r_i + kr_j \\ \vdots \end{vmatrix} = \begin{vmatrix} \vdots \\ r_i \\ \vdots \end{vmatrix} + k \begin{vmatrix} \vdots \\ r_j \\ \vdots \end{vmatrix} = D + kD_2,$$

其中 D_2 是 $\boldsymbol{B}$ 的某一个 r 阶子式通过行变换得到的. 由于 $D = D_1 - kD_2 \neq 0$, 因此 D_1, D_2 不同时为 0, 故 $\boldsymbol{B}$ 至少存在一个 r 阶子式不为零. 总之, $R(\boldsymbol{B}) \geqslant r$.

以上证明了若 $\boldsymbol{A}$ 经过一次初等行变换变为 $\boldsymbol{B}$, 则 $R(\boldsymbol{A}) \leqslant R(\boldsymbol{B})$. 由于 $\boldsymbol{B}$ 也可以经过一次初等行变换变为 $\boldsymbol{A}$, 则 $R(\boldsymbol{A}) \geqslant R(\boldsymbol{B})$. 因此, $R(\boldsymbol{A}) = R(\boldsymbol{B})$.

设 $\boldsymbol{A}$ 经过一次初等列变换变为 $\boldsymbol{B}$, 则 $\boldsymbol{A}^{\mathrm{T}}$ 经过一次初等行变换变为 $\boldsymbol{B}^{\mathrm{T}}$, 由上面的证明可知 $R(\boldsymbol{A}^{\mathrm{T}}) = R(\boldsymbol{B}^{\mathrm{T}})$, 又因为 $R(\boldsymbol{A}^{\mathrm{T}}) = R(\boldsymbol{A})$, $R(\boldsymbol{B}^{\mathrm{T}}) = R(\boldsymbol{B})$, 因此 $R(\boldsymbol{A}) = R(\boldsymbol{B})$.

综上所述, 若矩阵 $\boldsymbol{A}$ 与 $\boldsymbol{B}$ 等价, 则 $R(\boldsymbol{A}) = R(\boldsymbol{B})$, 即初等变换不改变矩阵的秩.

根据定理 2.6.1, 我们得到利用初等变换求矩阵的秩的方法: 把矩阵用初等变换变成行阶梯形矩阵, 行阶梯形矩阵中非零行的行数就是该矩阵的秩. 其中, 初等变换可以是初等行变换, 也可以是初等列变换.

> **想一想**: 等秩的两个同型矩阵是否必等价?

例 2.6.3 求矩阵 $\boldsymbol{A} = \begin{bmatrix} 1 & 0 & 0 & 1 \\ 1 & 2 & 0 & -1 \\ 3 & -1 & 0 & 4 \\ 1 & 4 & 5 & 1 \end{bmatrix}$ 的秩.

解

$$\boldsymbol{A} \xrightarrow[\substack{r_3-3r_1 \\ r_4-r_1}]{r_2-r_1} \begin{bmatrix} 1 & 0 & 0 & 1 \\ 0 & 2 & 0 & -2 \\ 0 & -1 & 0 & 1 \\ 0 & 4 & 5 & 0 \end{bmatrix} \xrightarrow[\substack{r_3+r_2 \\ r_4-4r_2}]{r_2\times\frac{1}{2}} \begin{bmatrix} 1 & 0 & 0 & 1 \\ 0 & 1 & 0 & -1 \\ 0 & 0 & 0 & 0 \\ 0 & 0 & 5 & 4 \end{bmatrix}$$

$$\xrightarrow{r_3\leftrightarrow r_4} \begin{bmatrix} 1 & 0 & 0 & 1 \\ 0 & 1 & 0 & -1 \\ 0 & 0 & 5 & 4 \\ 0 & 0 & 0 & 0 \end{bmatrix},$$

所以 $R(\boldsymbol{A})=3$.

例 2.6.4　设 $\boldsymbol{A}=\begin{bmatrix} x & 2 & 1 & 2 \\ 3 & y & 2 & 3 \\ 1 & 3 & 1 & 1 \end{bmatrix}$, 已知 $R(\boldsymbol{A})=2$, 求 x 与 y 的值.

解　为了便于化简阶梯形, 先利用初等列变换把含参数的列后移, 此时秩不变.

$$\boldsymbol{A} \xrightarrow[c_2 \leftrightarrow c_4]{c_1 \leftrightarrow c_3} \begin{bmatrix} 1 & 2 & x & 2 \\ 2 & 3 & 3 & y \\ 1 & 1 & 1 & 3 \end{bmatrix}$$

$$\xrightarrow[r_3-r_1]{r_2-2r_1} \begin{bmatrix} 1 & 2 & x & 2 \\ 0 & -1 & 3-2x & y-4 \\ 0 & -1 & 1-x & 1 \end{bmatrix} \xrightarrow{r_3-r_2} \begin{bmatrix} 1 & 2 & x & 2 \\ 0 & -1 & 3-2x & y-4 \\ 0 & 0 & x-2 & 5-y \end{bmatrix},$$

所以当 $x=2, y=5$ 时, $R(\boldsymbol{A})=2$.

由于初等变换不改变矩阵的秩, 而对矩阵进行初等变换相当于乘上一些初等矩阵, 又因为可逆矩阵可以表示为初等矩阵的乘积, 因此可得如下定理.

定理 2.6.2　设 $\boldsymbol{A}$ 为 $m \times n$ 矩阵, m 阶方阵 $\boldsymbol{P}$ 可逆, n 阶方阵 $\boldsymbol{Q}$ 可逆, 则

$$R(\boldsymbol{A})=R(\boldsymbol{PA})=R(\boldsymbol{AQ})=R(\boldsymbol{PAQ}).$$

例如, $\boldsymbol{P}=\begin{bmatrix} 1 & 1 \\ 0 & 1 \end{bmatrix}$, $\boldsymbol{A}=\begin{bmatrix} 2 & 1 & 0 \\ 0 & 1 & 2 \end{bmatrix}$, $\boldsymbol{PA}=\begin{bmatrix} 2 & 2 & 2 \\ 0 & 1 & 2 \end{bmatrix}$, 显然 $\boldsymbol{P}$ 可逆, $R(\boldsymbol{A})=R(\boldsymbol{PA})=2$.

习　题　2.6

1. 设矩阵 $\boldsymbol{A}=\begin{bmatrix} 1 & -5 & 6 & -2 \\ 2 & -1 & 3 & -2 \\ -1 & -4 & 3 & 0 \end{bmatrix}$, 求 $\boldsymbol{A}$ 的一个最高阶非零子式及 $\boldsymbol{A}$ 的秩.

2. 利用初等变换求下列矩阵的秩:

(1) $\begin{bmatrix} 1 & 3 & -2 & 2 \\ 0 & 2 & -1 & 3 \\ -2 & 0 & 1 & 5 \end{bmatrix}$;　　(2) $\begin{bmatrix} 1 & 1 & 0 & 2 \\ 2 & -1 & 2 & -1 \\ -1 & 3 & -4 & 0 \end{bmatrix}$;

(3) $\begin{bmatrix} 3 & 2 & -1 & -3 & -2 \\ 2 & -1 & 3 & 1 & -3 \\ 7 & 0 & 5 & -1 & -8 \end{bmatrix}$.

3. 设矩阵 $\boldsymbol{A}=\begin{bmatrix}1&1&1\\1&2&1\\2&3&\lambda+1\end{bmatrix}$ 的秩为 2, 求 λ.

4. 设矩阵 $\boldsymbol{A}=\begin{bmatrix}1&2&a&1\\2&-3&1&0\\4&1&a&b\end{bmatrix}$ 的秩为 2, 求 a,b.

5. 求 λ 的值, 使下面的矩阵 $\boldsymbol{A}$ 有最小的秩:

$$\boldsymbol{A}=\begin{bmatrix}3&1&4&1\\\lambda&4&1&10\\1&7&3&17\\2&2&3&5\end{bmatrix}.$$

6. 设矩阵 $\boldsymbol{A}=\begin{bmatrix}1&-2&3k\\-1&2k&-3\\k&-2&3\end{bmatrix}$, 当 k 为何值时, (1) $R(\boldsymbol{A})=1$; (2) $R(\boldsymbol{A})=2$; (3) $R(\boldsymbol{A})=3$.

7. 已知 3×4 矩阵 $\boldsymbol{A}$ 的秩 $R(\boldsymbol{A})=2$, 矩阵 $\boldsymbol{B}=\begin{bmatrix}1&-5&4\\1&3&-1\\2&5&2\end{bmatrix}$, 求 $R(\boldsymbol{BA})$.

8. 设 $n\ (n\geqslant3)$ 阶矩阵 $\boldsymbol{A}=\begin{bmatrix}1&a&a&\cdots&a\\a&1&a&\cdots&a\\a&a&1&\cdots&a\\\vdots&\vdots&\vdots&&\vdots\\a&a&a&\cdots&1\end{bmatrix}$, 若 $R(\boldsymbol{A})=n-1$, 求 a 的值.

9. 设矩阵 $\boldsymbol{A}=\begin{bmatrix}1&a&a&a\\a&1&a&a\\a&a&1&a\\a&a&a&1\end{bmatrix}$, 讨论矩阵 $\boldsymbol{A}$ 的秩.

复 习 题 2

1. 设 $\boldsymbol{A}$ 和 $\boldsymbol{B}$ 均为 $n\times n$ 矩阵, 则必有 (　　).

A. $|\boldsymbol{A}+\boldsymbol{B}|=|\boldsymbol{A}|+|\boldsymbol{B}|$;　　B. $\boldsymbol{AB}=\boldsymbol{BA}$;

C. $|\boldsymbol{AB}|=|\boldsymbol{BA}|$;　　D. $(\boldsymbol{A}+\boldsymbol{B})^{-1}=\boldsymbol{A}^{-1}+\boldsymbol{B}^{-1}$.

2. 设 $\boldsymbol{A}, \boldsymbol{B}$ 均为 n 阶方阵, 满足等式 $\boldsymbol{AB}=\boldsymbol{O}$, 则必有 (　　).

A. $\boldsymbol{A}=\boldsymbol{O}$ 或 $\boldsymbol{B}=\boldsymbol{O}$;　　B. $\boldsymbol{A}+\boldsymbol{B}=\boldsymbol{O}$;

C. $|\boldsymbol{A}|=0$ 或 $|\boldsymbol{B}|=0$;　　D. $|\boldsymbol{A}|+|\boldsymbol{B}|=0$.

3. 设 $\boldsymbol{A}=\left[\frac{1}{2},0,\cdots,0,\frac{1}{2}\right]$, 矩阵 $\boldsymbol{B}=\boldsymbol{E}-\boldsymbol{A}^{\mathrm{T}}\boldsymbol{A}$, $\boldsymbol{C}=\boldsymbol{E}+2\boldsymbol{A}^{\mathrm{T}}\boldsymbol{A}$, 其中 $\boldsymbol{E}$ 为 n 阶单位矩阵, 则 $\boldsymbol{BC}$ 等于 (　　).

A. $\boldsymbol{O}$;　　B. $-\boldsymbol{E}$;　　C. $\boldsymbol{E}$;　　D. $\boldsymbol{E}+\boldsymbol{A}^{\mathrm{T}}\boldsymbol{A}$.

4. 设 $\boldsymbol{A}=\begin{bmatrix} a_{11} & a_{12} & a_{13} \\ a_{21} & a_{22} & a_{23} \\ a_{31} & a_{32} & a_{33} \end{bmatrix}$, $\boldsymbol{B}=\begin{bmatrix} a_{11} & a_{13} & a_{12} \\ 2a_{21} & 2a_{23} & 2a_{22} \\ a_{31} & a_{33} & a_{32} \end{bmatrix}$, $\boldsymbol{P}_1=\begin{bmatrix} 1 & 0 & 0 \\ 0 & 0 & 1 \\ 0 & 1 & 0 \end{bmatrix}$, $\boldsymbol{P}_2=\begin{bmatrix} 1 & 0 & 0 \\ 0 & 2 & 0 \\ 0 & 0 & 1 \end{bmatrix}$, 则 $\boldsymbol{B}=$(　　).

A. $\boldsymbol{P}_1\boldsymbol{P}_2\boldsymbol{A}$;　　B. $\boldsymbol{A}\boldsymbol{P}_2\boldsymbol{P}_1$;　　C. $\boldsymbol{P}_1\boldsymbol{A}\boldsymbol{P}_2$;　　D. $\boldsymbol{P}_2\boldsymbol{A}\boldsymbol{P}_1$.

5. 设 $\boldsymbol{A}$ 为 n 阶可逆矩阵, $\boldsymbol{A}^*$ 是 $\boldsymbol{A}$ 的伴随矩阵, 则 (　　).

A. $|\boldsymbol{A}^*|=|\boldsymbol{A}|^{n-1}$;　　B. $|\boldsymbol{A}^*|=|\boldsymbol{A}|$;

C. $|\boldsymbol{A}^*|=|\boldsymbol{A}|^{n}$;　　D. $|\boldsymbol{A}^*|=|\boldsymbol{A}^{-1}|$.

6. 设矩阵 $\boldsymbol{A}=\begin{bmatrix} 1 & -1 \\ 2 & 3 \end{bmatrix}$, $\boldsymbol{B}=\boldsymbol{A}^2-3\boldsymbol{A}+2\boldsymbol{E}$, 则 $\boldsymbol{B}^{-1}=$__________.

7. 设 $\boldsymbol{A}=\begin{bmatrix} 0 & -1 & 0 \\ 1 & 0 & 0 \\ 0 & 0 & -1 \end{bmatrix}$, $\boldsymbol{B}=\boldsymbol{P}^{-1}\boldsymbol{A}\boldsymbol{P}$, 其中 $\boldsymbol{P}$ 为三阶可逆矩阵, 则 $\boldsymbol{B}^{2024}-2\boldsymbol{A}^2=$__________.

8. 已知 $\boldsymbol{A}$ 是 n 阶对称矩阵, $\boldsymbol{B}$ 是 n 阶反对称矩阵, 证明 $\boldsymbol{A}-\boldsymbol{B}^2$ 是 n 阶对称矩阵.

9. 已知三阶方阵 $\boldsymbol{A}$ 的逆矩阵为 $\boldsymbol{A}^{-1}=\begin{bmatrix} 1 & 1 & 1 \\ 1 & 2 & 1 \\ 1 & 1 & 3 \end{bmatrix}$, 试求其伴随矩阵 $\boldsymbol{A}^*$ 的逆矩阵.

10. 已知三阶方阵 $\boldsymbol{A}$ 满足 $\boldsymbol{A}^3=2\boldsymbol{E}$, 若 $\boldsymbol{B}=\boldsymbol{A}^2+\boldsymbol{A}+\boldsymbol{E}$, 证明 $\boldsymbol{B}$ 可逆, 并求 $\boldsymbol{B}^{-1}$.

11. 设 $\boldsymbol{A}$ 为 $m\times n$ 矩阵, $\boldsymbol{B}$ 为 $n\times m$ 矩阵, 证明若 $\boldsymbol{E}_m-\boldsymbol{AB}$ 可逆, 则 $\boldsymbol{E}_n-\boldsymbol{BA}$ 也可逆.

12. 设方阵 $\boldsymbol{A}$ 满足 $\boldsymbol{A}^2=2\boldsymbol{A}$, 对任意正整数 k, 证明 $\boldsymbol{A}+k\boldsymbol{E}$ 可逆, 并求它的逆.

13. 若 $\boldsymbol{A},\boldsymbol{B},\boldsymbol{A}+\boldsymbol{B}$ 都可逆, 则 $\boldsymbol{A}^{-1}+\boldsymbol{B}^{-1}$ 也可逆, 并求逆.

14. 设 $\boldsymbol{A}=\boldsymbol{\alpha}\boldsymbol{\alpha}^{\mathrm{T}}$, $\boldsymbol{\alpha}$ 是 n 维列向量, 且 $\boldsymbol{\alpha}^{\mathrm{T}}\boldsymbol{\alpha}=1$, 证明 $\boldsymbol{B}=\boldsymbol{E}+\boldsymbol{A}+\boldsymbol{A}^2+\cdots+\boldsymbol{A}^n$ 可逆, 并求 $\boldsymbol{B}^{-1}$.

15. 设 n 阶矩阵 $\boldsymbol{A}$ 和 $\boldsymbol{B}$ 满足条件 $\boldsymbol{A}+\boldsymbol{B}=\boldsymbol{AB}$.

(1) 证明 $\boldsymbol{A}-\boldsymbol{E}$ 为可逆矩阵, 其中 $\boldsymbol{E}$ 是 n 阶单位矩阵;

(2) 已知 $\boldsymbol{B}=\begin{bmatrix} 1 & -3 & 0 \\ 2 & 1 & 0 \\ 0 & 0 & 2 \end{bmatrix}$, 求矩阵 $\boldsymbol{A}$.

16. 设矩阵 $\boldsymbol{A}=\begin{bmatrix} 1 & 0 & 1 \\ 0 & 2 & 0 \\ 1 & 0 & 1 \end{bmatrix}$, 矩阵 $\boldsymbol{X}$ 满足 $\boldsymbol{AX}+\boldsymbol{E}=\boldsymbol{A}^2+\boldsymbol{X}$, 其中 $\boldsymbol{E}$ 为三阶单位矩阵, 试求出矩阵 $\boldsymbol{X}$.

17. 设 $\left(2\boldsymbol{E}-\boldsymbol{C}^{-1}\boldsymbol{B}\right)\boldsymbol{A}^{\mathrm{T}}=\boldsymbol{C}^{-1}$, 其中 $\boldsymbol{E}$ 是 4 阶单位矩阵, $\boldsymbol{A}^{\mathrm{T}}$ 是 4 阶矩阵 $\boldsymbol{A}$ 的转置矩阵,

$$\boldsymbol{B}=\begin{bmatrix}1&2&-3&-2\\0&1&2&-3\\0&0&1&2\\0&0&0&1\end{bmatrix},\quad \boldsymbol{C}=\begin{bmatrix}1&2&0&1\\0&1&2&0\\0&0&1&2\\0&0&0&1\end{bmatrix},$$

求 $\boldsymbol{A}$.

18. 已知 $\boldsymbol{A}^{\mathrm{T}}\boldsymbol{A}=\boldsymbol{O}$, 证明 $\boldsymbol{A}=\boldsymbol{O}$.

19. 若方阵 $\boldsymbol{A}$ 满足 $\boldsymbol{A}^2=\boldsymbol{E}$ ($\boldsymbol{E}$ 是单位矩阵), 则称 $\boldsymbol{A}$ 是对合矩阵.

(1) 证明: 对合矩阵一定是可逆矩阵.

(2) 设 $\boldsymbol{A},\boldsymbol{B}$ 都是 n 阶对合矩阵, 证明乘积 $\boldsymbol{AB}$ 是对合矩阵当且仅当 $\boldsymbol{AB}=\boldsymbol{BA}$.

20. 若 $\begin{bmatrix}0&1&0\\1&0&0\\0&0&1\end{bmatrix}\boldsymbol{A}\begin{bmatrix}1&0&0\\0&1&-1\\0&0&1\end{bmatrix}=\begin{bmatrix}1&2&3\\4&5&6\\7&8&9\end{bmatrix}$, 求 $\boldsymbol{A}$.

21. 设 $\boldsymbol{A}=\begin{bmatrix}a_{11}&a_{12}&a_{13}\\a_{21}&a_{22}&a_{23}\\a_{31}&a_{32}&a_{33}\end{bmatrix}$, $\boldsymbol{B}=\begin{bmatrix}a_{21}&a_{22}&a_{23}+a_{21}\\a_{31}&a_{32}&a_{33}+a_{31}\\a_{11}&a_{12}&a_{13}+a_{11}\end{bmatrix}$, $\boldsymbol{P}=\begin{bmatrix}1&0&1\\0&1&0\\0&0&1\end{bmatrix}$, $\boldsymbol{Q}=\begin{bmatrix}0&1&0\\0&0&1\\1&0&0\end{bmatrix}$, 求 $\boldsymbol{A},\boldsymbol{B},\boldsymbol{P},\boldsymbol{Q}$ 的关系式.

第 3 章 线性方程组

世界万物都处于不断的运动和变化之中, 一个系统中的各个变量经常不是独立变化的, 而是相互依赖、相互约束的, 当处于线性等式约束时, 就构成了线性方程组. 第 1 章中我们介绍的克拉默法则在理论上是一个完美的结论, 但它只对方程个数与未知量个数相等且系数行列式不为零的线性方程组有效, 然而许多线性方程组并不能同时满足这两个条件, 所以克拉默法则应用范围有着局限性. 由于线性方程组的理论在线性代数中占有非常重要的地位, 且在科学技术领域里有着广泛的应用, 所以有必要更深入地研究一般的线性方程组的解的情况, 主要包括线性方程组在什么条件下有解, 如何求解; 如果有解, 解是否唯一; 如果解不唯一, 这些解是否可用简要形式表示以及如何表示等问题. 这些问题的解决就构成了本章的主要内容.

3.1 线性方程组解的求法与判定

消元法为讨论一般情况下线性方程组的求解方法和解的各种情况提供了一种较为简便的方法.

3.1.1 线性方程组的消元法

一个含有 m 个方程, n 个未知量的线性方程组一般形式如下:

$$\begin{cases} a_{11}x_1 + a_{12}x_2 + \cdots + a_{1n}x_n = b_1, \\ a_{21}x_1 + a_{22}x_2 + \cdots + a_{2n}x_n = b_2, \\ \cdots\cdots \\ a_{m1}x_1 + a_{m2}x_2 + \cdots + a_{mn}x_n = b_m. \end{cases} \tag{3.1.1}$$

若记

$$\boldsymbol{A} = \begin{bmatrix} a_{11} & a_{12} & \cdots & a_{1n} \\ a_{21} & a_{22} & \cdots & a_{2n} \\ \vdots & \vdots & & \vdots \\ a_{m1} & a_{m2} & \cdots & a_{mn} \end{bmatrix}, \quad \boldsymbol{x} = \begin{bmatrix} x_1 \\ x_2 \\ \vdots \\ x_n \end{bmatrix}, \quad \boldsymbol{b} = \begin{bmatrix} b_1 \\ b_2 \\ \vdots \\ b_m \end{bmatrix},$$

则线性方程组 (3.1.1) 可写为矩阵形式

$$\boldsymbol{A}\boldsymbol{x}=\boldsymbol{b}, \tag{3.1.2}$$

其中 $\boldsymbol{A}$ 为线性方程组 (3.1.1) 的**系数矩阵**, $\overline{\boldsymbol{A}}=[\boldsymbol{A},\boldsymbol{b}]$ 为线性方程组 (3.1.1) 的**增广矩阵**. 显然, $R(\boldsymbol{A})\leqslant R(\overline{\boldsymbol{A}})\leqslant R(\boldsymbol{A})+1$.

当 $b_i(i=1,2,\cdots,m)$ 全为 0 时, 称线性方程组 (3.1.1) 为**齐次线性方程组**, 矩阵形式为

$$\boldsymbol{A}\boldsymbol{x}=\boldsymbol{0};$$

当 $b_i(i=1,2,\cdots,m)$ 不全为 0 时, 称线性方程组 (3.1.1) 为**非齐次线性方程组**.

引例 3.1.1 用消元法求解线性方程组

$$\begin{cases}4x_1+x_2+3x_3=5, & ①\\ 2x_1+x_2+2x_3=3, & ②\\ 2x_1\qquad\ +3x_3=4, & ③\end{cases} \tag{3.1.3}$$

解

$$\text{原方程组}\xrightarrow[\substack{②-2\times①\\ ③-①}]{①\leftrightarrow②}\begin{cases}2x_1+x_2+2x_3=3,\\ \qquad -x_2-\ x_3=-1,\\ \qquad -x_2+\ x_3=1,\end{cases} \tag{3.1.4}$$

$$\xrightarrow[\frac{1}{2}\times③]{③-②}\begin{cases}2x_1+x_2+2x_3=3,\\ \qquad -x_2-\ x_3=-1,\\ \qquad\qquad\quad x_3=1,\end{cases} \tag{3.1.5}$$

$$\xrightarrow[①-2\times③]{②+③}\begin{cases}2x_1+x_2\qquad=1,\\ \qquad -x_2\qquad=0,\\ \qquad\qquad\ x_3=1,\end{cases} \tag{3.1.6}$$

$$\xrightarrow[-1\times②]{①+②}\begin{cases}2x_1\qquad\quad=1,\\ \qquad x_2\quad\ =0,\\ \qquad\quad x_3=1,\end{cases} \tag{3.1.7}$$

$$\xrightarrow{\frac{1}{2}\times①}\begin{cases}x_1\qquad\ =\dfrac{1}{2},\\ \quad x_2\quad=0,\\ \qquad x_3=1.\end{cases} \tag{3.1.8}$$

形如式 (3.1.5) 的方程组称为行阶梯形方程组, 将原方程组化为行阶梯形方程组的过程, 称为**消元过程**. 从式 (3.1.6) 到式 (3.1.8) 依次求出 x_3, x_2 和 x_1 的过程, 称为**回代过程**.

从上述求解过程可以看出, 用消元法求解线性方程组就是对方程组反复实施以下三种变换:

(1) 交换某两个方程的位置;

(2) 用一个非零的常数乘某一个方程的两边;

(3) 将某一个方程乘适当的倍数后再加到另一个方程上.

这三种变换称为**线性方程组的初等变换**. 由于这三种变换都是可逆的, 故经过方程组的初等变换后得到的新方程组与原方程组是同解的.

所以方程组 (3.1.8) 仍与原方程组 (3.1.3) 同解, 式 (3.1.8) 即为原方程组的解.

从引例 3.1.1 可以看出, 在对线性方程组进行同解变换的过程中, 只是对各方程的系数和常数项进行运算, 未知量并未参与运算. 所以, 对方程组初等变换的过程相当于对该方程组的增广矩阵作相应的初等行变换化为行阶梯形矩阵或行最简形矩阵的过程.

在引例 3.1.1 中, $\boldsymbol{A}=\begin{bmatrix}4&1&3\\2&1&2\\2&0&3\end{bmatrix}$, $\overline{\boldsymbol{A}}=\left[\begin{array}{ccc:c}4&1&3&5\\2&1&2&3\\2&0&3&4\end{array}\right]$. 从方程组 (3.1.3) 到方程组 (3.1.8) 的消元回代的过程相当于对 $\overline{\boldsymbol{A}}$ 作相应的初等行变换,

$$\overline{\boldsymbol{A}}=\left[\begin{array}{ccc:c}4&1&3&5\\2&1&2&3\\2&0&3&4\end{array}\right]\xrightarrow[\substack{r_2-2r_1\\r_3-r_1}]{r_1\leftrightarrow r_2}\left[\begin{array}{ccc:c}2&1&2&3\\0&-1&-1&-1\\0&-1&1&1\end{array}\right]$$

$$\xrightarrow[\frac{1}{2}r_3]{r_3-r_2}\left[\begin{array}{ccc:c}2&1&2&3\\0&-1&-1&-1\\0&0&1&1\end{array}\right]\xrightarrow[r_1-2r_3]{r_2+r_3}\left[\begin{array}{ccc:c}2&1&0&1\\0&-1&0&0\\0&0&1&1\end{array}\right]$$

$$\xrightarrow[-1\times r_2]{r_1+r_2}\left[\begin{array}{ccc:c}2&0&0&1\\0&1&0&0\\0&0&1&1\end{array}\right]\xrightarrow{\frac{1}{2}r_1}\left[\begin{array}{ccc:c}1&0&0&\frac{1}{2}\\0&1&0&0\\0&0&1&1\end{array}\right].$$

最后得到的行阶梯形矩阵称为行最简形矩阵, 它所对应的方程组 (3.1.8) 与原方程组同解.

3.1.2 线性方程组解的判定

对于线性方程组, 我们通过研究其系数矩阵的秩、增广矩阵的秩及方程组所含未知量的个数这三者之间的关系来讨论线性方程组是否有解以及有解时解是否唯一等问题.

设含有 m 个方程, n 个未知量的线性方程组为

$$\begin{cases} a_{11}x_1 + a_{12}x_2 + \cdots + a_{1n}x_n = b_1, \\ a_{21}x_1 + a_{22}x_2 + \cdots + a_{2n}x_n = b_2, \\ \qquad\qquad \cdots\cdots \\ a_{m1}x_1 + a_{m2}x_2 + \cdots + a_{mn}x_n = b_m. \end{cases}$$

从上述引例 3.1.1 可以看出 n 元线性方程组 $\boldsymbol{Ax}=\boldsymbol{b}$ 与其增广矩阵

$$\overline{\boldsymbol{A}} = [\boldsymbol{A}, \boldsymbol{b}] = \left[\begin{array}{cccc:c} a_{11} & a_{12} & \cdots & a_{1n} & b_1 \\ a_{21} & a_{22} & \cdots & a_{2n} & b_2 \\ \vdots & \vdots & & \vdots & \vdots \\ a_{m1} & a_{m2} & \cdots & a_{mn} & b_m \end{array}\right]$$

是一一对应的, 运用消元法求解线性方程组 $\boldsymbol{Ax}=\boldsymbol{b}$ 相当于对其增广矩阵 $\overline{\boldsymbol{A}}$ 作初等行变换, 并把 $\overline{\boldsymbol{A}}$ 化为行阶梯形矩阵或行最简形矩阵, 即可得到与原方程组同解的方程组. 此时我们可以从 $\overline{\boldsymbol{A}}$ 的行最简形矩阵中观察出 $R(\boldsymbol{A})$、$R(\overline{\boldsymbol{A}})$ 和方程组中未知量的个数 n 这三者之间的关系, 从而来判断 $\boldsymbol{Ax}=\boldsymbol{b}$ 解的情况.

下面给出线性方程组解的判定定理.

定理 3.1.1 n 元线性方程组 $\boldsymbol{Ax}=\boldsymbol{b}$,

> **想一想**: 定理中的 n 与矩阵 $\boldsymbol{A}$ 有何关系?

(1) 若 $R(\boldsymbol{A}) < R(\overline{\boldsymbol{A}})$, 则方程组无解.

(2) 若 $R(\boldsymbol{A}) = R(\overline{\boldsymbol{A}})$, 则方程组有解. 当 $R(\boldsymbol{A}) = R(\overline{\boldsymbol{A}}) = n$ 时, 方程组有唯一解; 当 $R(\boldsymbol{A}) = R(\overline{\boldsymbol{A}}) < n$ 时, 方程组有无穷多个解.

证明 设 $R(\boldsymbol{A}) = r$, 则 $\boldsymbol{A}$ 中必有一个不等于零的 r 阶子式, 不妨设 $\boldsymbol{A}$ 的左上角的 r 阶子式不等于零, $\overline{\boldsymbol{A}}$ 经过初等行变换后得到的行最简形矩阵为

$$\widetilde{\boldsymbol{B}} = \begin{bmatrix} 1 & 0 & \cdots & 0 & b_{11} & \cdots & b_{1,n-r} & d_1 \\ 0 & 1 & \cdots & 0 & b_{21} & \cdots & b_{2,n-r} & d_2 \\ \vdots & \vdots & & \vdots & \vdots & & \vdots & \vdots \\ 0 & 0 & \cdots & 1 & b_{r1} & \cdots & b_{r,n-r} & d_r \\ 0 & 0 & \cdots & 0 & 0 & \cdots & 0 & d_{r+1} \\ 0 & 0 & \cdots & 0 & 0 & \cdots & 0 & 0 \\ \vdots & \vdots & & \vdots & \vdots & & \vdots & \vdots \\ 0 & 0 & \cdots & 0 & 0 & \cdots & 0 & 0 \end{bmatrix}.$$

(1) 若 $R(\boldsymbol{A}) < R(\overline{\boldsymbol{A}})$, 则 $\widetilde{\boldsymbol{B}}$ 中的 $d_{r+1} \neq 0$, 这时 $\widetilde{\boldsymbol{B}}$ 的第 $r+1$ 行对应矛盾方程, 故 $\boldsymbol{Ax} = \boldsymbol{b}$ 无解.

(2) 若 $R(\boldsymbol{A}) = R(\overline{\boldsymbol{A}}) = r = n$, 则 $\widetilde{\boldsymbol{B}} = \begin{bmatrix} 1 & 0 & \cdots & 0 & d_1 \\ 0 & 1 & \cdots & 0 & d_2 \\ \vdots & \vdots & & \vdots & \vdots \\ 0 & 0 & \cdots & 1 & d_n \end{bmatrix}$, 其对应的方程组的解为

$$\begin{cases} x_1 = d_1, \\ x_2 = d_2, \\ \cdots\cdots \\ x_n = d_n, \end{cases}$$

即方程组 $\boldsymbol{Ax} = \boldsymbol{b}$ 有唯一解.

若 $R(\boldsymbol{A}) = R(\overline{\boldsymbol{A}}) = r < n$, $\widetilde{\boldsymbol{B}}$ 对应的方程组为

$$\begin{cases} x_1 + b_{11}x_{r+1} + \cdots + b_{1,n-r}x_n = d_1, \\ x_2 + b_{21}x_{r+1} + \cdots + b_{2,n-r}x_n = d_2, \\ \qquad\qquad \cdots\cdots \\ x_r + b_{r1}x_{r+1} + \cdots + b_{r,n-r}x_n = d_r. \end{cases} \tag{3.1.9}$$

令自由未知量 $x_{r+1} = k_1, \cdots, x_n = k_{n-r}$, 得方程组 (3.1.9) 的解为

$$\begin{cases} x_1 = d_1 - b_{11}k_1 - \cdots - b_{1,n-r}k_{n-r}, \\ x_2 = d_2 - b_{21}k_1 - \cdots - b_{2,n-r}k_{n-r}, \\ \qquad\qquad \cdots\cdots \\ x_r = d_r - b_{r1}k_1 - \cdots - b_{r,n-r}k_{n-r}, \\ x_{r+1} = k_1, \\ x_{r+2} = k_2, \\ \qquad \cdots\cdots \\ x_n = k_{n-r}, \end{cases}$$

即

$$\begin{bmatrix} x_1 \\ x_2 \\ \vdots \\ x_r \\ x_{r+1} \\ x_{r+2} \\ \vdots \\ x_n \end{bmatrix} = k_1 \begin{bmatrix} -b_{11} \\ -b_{21} \\ \vdots \\ -b_{r1} \\ 1 \\ 0 \\ \vdots \\ 0 \end{bmatrix} + k_2 \begin{bmatrix} -b_{12} \\ -b_{22} \\ \vdots \\ -b_{r2} \\ 0 \\ 1 \\ \vdots \\ 0 \end{bmatrix} + \cdots + k_{n-r} \begin{bmatrix} -b_{1,n-r} \\ -b_{2,n-r} \\ \vdots \\ -b_{r,n-r} \\ 0 \\ 0 \\ \vdots \\ 1 \end{bmatrix} + \begin{bmatrix} d_1 \\ d_2 \\ \vdots \\ d_r \\ 0 \\ 0 \\ \vdots \\ 0 \end{bmatrix}.$$

由于 $k_1, k_2, \cdots, k_{n-r}$ 可以取任意常数, 所以方程组 $\boldsymbol{Ax} = \boldsymbol{b}$ 有无穷多个解.

例 3.1.1 判断下列线性方程组是否有解？若有解, 有多少个解？并求其解.

$$\begin{cases} x_1 + 2x_2 - 3x_3 + x_4 = 1, \\ x_1 + x_2 + x_3 + x_4 = 0. \end{cases}$$

解 对方程组的增广矩阵 $\overline{\boldsymbol{A}}$ 作初等行变换, 得

$$\overline{\boldsymbol{A}} = \left[\begin{array}{cccc:c} 1 & 2 & -3 & 1 & 1 \\ 1 & 1 & 1 & 1 & 0 \end{array}\right] \xrightarrow[r_2 \times (-1)]{r_2 - r_1} \left[\begin{array}{cccc:c} 1 & 2 & -3 & 1 & 1 \\ 0 & 1 & -4 & 0 & 1 \end{array}\right]$$

$$\xrightarrow{r_1 - 2r_2} \left[\begin{array}{cccc:c} 1 & 0 & 5 & 1 & -1 \\ 0 & 1 & -4 & 0 & 1 \end{array}\right].$$

可以看出 $R(\boldsymbol{A}) = R(\overline{\boldsymbol{A}}) = 2 < 4$, 方程组有无穷多解, 得原方程组的同解方程组为

$$\begin{cases} x_1 = -5x_3 - x_4 - 1, \\ x_2 = 4x_3 + 1. \end{cases}$$

令自由未知量 $x_3=k_1,x_4=k_2$, 得通解为

$$\begin{bmatrix}x_1\\x_2\\x_3\\x_4\end{bmatrix}=k_1\begin{bmatrix}-5\\4\\1\\0\end{bmatrix}+k_2\begin{bmatrix}-1\\0\\0\\1\end{bmatrix}+\begin{bmatrix}-1\\1\\0\\0\end{bmatrix}(k_1,k_2\text{为任意常数}).$$

例 3.1.2　求解非齐次线性方程组

$$\begin{cases}x_1-2x_2+3x_3-x_4=1,\\3x_1-x_2+5x_3-3x_4=2,\\2x_1+x_2+2x_3-2x_4=3.\end{cases}$$

解　对方程组的增广矩阵 $\overline{\boldsymbol{A}}$ 作初等行变换, 得

$$\overline{\boldsymbol{A}}=\left[\begin{array}{cccc|c}1&-2&3&-1&1\\3&-1&5&-3&2\\2&1&2&-2&3\end{array}\right]\xrightarrow[r_3-2r_1]{r_2-3r_1}\left[\begin{array}{cccc|c}1&-2&3&-1&1\\0&5&-4&0&-1\\0&5&-4&0&1\end{array}\right]$$

$$\xrightarrow{r_3-r_2}\left[\begin{array}{cccc|c}1&-2&3&-1&1\\0&5&-4&0&-1\\0&0&0&0&2\end{array}\right],$$

可以看出 $R(\boldsymbol{A})=2<R(\overline{\boldsymbol{A}})=3$, 故方程组无解.

例 3.1.3　a,b 为何值时, 线性方程组

$$\begin{cases}x_1+x_2+x_3+x_4=1,\\3x_1+2x_2+x_3+x_4=3,\\x_2+3x_3+2x_4=0,\\5x_1+4x_2+3x_3+bx_4=a\end{cases}$$

想一想: 线性方程组有两个不同的解, 相当于有无穷多解吗?

1) 有唯一解; (2) 无解; (3) 有无穷多解.

解　对方程组的增广矩阵 $\overline{\boldsymbol{A}}$ 作初等行变换, 得

$$\overline{\boldsymbol{A}}=\left[\begin{array}{cccc|c}1&1&1&1&1\\3&2&1&1&3\\0&1&3&2&0\\5&4&3&b&a\end{array}\right]\xrightarrow{\substack{r_2-3r_1\\r_4-5r_1}}\left[\begin{array}{cccc|c}1&1&1&1&1\\0&-1&-2&-2&0\\0&1&3&2&0\\0&-1&-2&b-5&a-5\end{array}\right]$$

$$\xrightarrow[r_4-r_2]{r_3+r_2}\left[\begin{array}{cccc:c}1 & 1 & 1 & 1 & 1\\ 0 & -1 & -2 & -2 & 0\\ 0 & 0 & 1 & 0 & 0\\ 0 & 0 & 0 & b-3 & a-5\end{array}\right].$$

从而讨论如下:

(1) 当 $b-3\neq 0$, 即 $b\neq 3$ 时, 有 $R(\boldsymbol{A})=R(\overline{\boldsymbol{A}})=4$, 此时方程组有唯一解;

(2) 当 $b-3=0$ 且 $a-5\neq 0$, 即 $b=3$ 且 $a\neq 5$ 时, $R(\boldsymbol{A})=3<R(\overline{\boldsymbol{A}})=4$, 此时方程组无解;

(3) 当 $b-3=0$ 且 $a-5=0$, 即 $b=3$ 且 $a=5$ 时, $R(\boldsymbol{A})=R(\overline{\boldsymbol{A}})=3<4$, 此时方程组有无穷多个解.

定理 3.1.2 n 元非齐次线性方程组 $\boldsymbol{Ax}=\boldsymbol{b}$ 有解的充分必要条件是 $R(\boldsymbol{A})=R(\boldsymbol{A},\boldsymbol{b})$.

显然定理 3.1.2 就是定理 3.1.1 的 (2).

为了下一节论述的需要, 把定理 3.1.2 推广到矩阵方程.

定理 3.1.3 矩阵方程 $\boldsymbol{AX}=\boldsymbol{B}$ 有解的充分必要条件是 $R(\boldsymbol{A})=R(\boldsymbol{A},\boldsymbol{B})$.

***证明** 设 $\boldsymbol{A}$ 是 $m\times n$ 矩阵, $\boldsymbol{B}$ 是 $m\times l$ 矩阵, 则 $\boldsymbol{X}$ 是 $n\times l$ 矩阵, 把 $\boldsymbol{X}$ 和 $\boldsymbol{B}$ 按列进行分块, 记为

$$\boldsymbol{X}=[\boldsymbol{x}_1,\boldsymbol{x}_2,\cdots,\boldsymbol{x}_l],\quad \boldsymbol{B}=[\boldsymbol{b}_1,\boldsymbol{b}_2,\cdots,\boldsymbol{b}_l],$$

则矩阵方程 $\boldsymbol{AX}=\boldsymbol{B}$ 等价于 l 个方程

$$\boldsymbol{Ax}_i=\boldsymbol{b}_i\quad(i=1,2,\cdots,l).$$

设 $R(\boldsymbol{A})=r$, 且 $\boldsymbol{A}$ 的行最简形矩阵为 $\widetilde{\boldsymbol{A}}$, 则 $\widetilde{\boldsymbol{A}}$ 有 r 个非零行, 且 $\widetilde{\boldsymbol{A}}$ 的后 $m-r$ 行全为零行. 再设矩阵 $[\boldsymbol{A},\boldsymbol{B}]$ 经过若干次初等行变换后得

$$[\boldsymbol{A},\boldsymbol{B}]=[\boldsymbol{A},\boldsymbol{b}_1,\boldsymbol{b}_2,\cdots,\boldsymbol{b}_l]\xrightarrow{r}[\widetilde{\boldsymbol{A}},\widetilde{\boldsymbol{b}}_1,\widetilde{\boldsymbol{b}}_2,\cdots,\widetilde{\boldsymbol{b}}_l],$$

从而有

$$[\boldsymbol{A},\boldsymbol{b}_i]\xrightarrow{r}[\widetilde{\boldsymbol{A}},\widetilde{\boldsymbol{b}}_i]\quad(i=1,2,\cdots,l).$$

根据定理 3.1.2, 可得

$$\begin{aligned}\boldsymbol{AX}=\boldsymbol{B}\text{ 有解}&\Leftrightarrow \boldsymbol{Ax}_i=\boldsymbol{b}_i\text{ 有解 }(i=1,2,\cdots,l)\\&\Leftrightarrow R(\boldsymbol{A})=R(\boldsymbol{A},\boldsymbol{b}_i)\ (i=1,2,\cdots,l)\\&\Leftrightarrow \widetilde{\boldsymbol{b}}_i\text{ 的后 }m-r\text{ 个元素都是零 }(i=1,2,\cdots,l)\\&\Leftrightarrow [\widetilde{\boldsymbol{b}}_1,\widetilde{\boldsymbol{b}}_2,\cdots,\widetilde{\boldsymbol{b}}_l]\text{ 的后 }m-r\text{ 行全为零行}\end{aligned}$$

$$\Leftrightarrow R(\boldsymbol{A},\boldsymbol{B}) = r = R(\boldsymbol{A}).$$

齐次线性方程组 $\boldsymbol{Ax}=\boldsymbol{0}$ 总是有解的 (零解永远都是齐次线性方程组的解), 增广矩阵 $[\boldsymbol{A},\boldsymbol{0}]$ 的秩与系数矩阵 $\boldsymbol{A}$ 的秩一定相等. 那么齐次线性方程组 $\boldsymbol{Ax}=\boldsymbol{0}$ 何时有无穷多解呢? 换句话说也就是 $\boldsymbol{Ax}=\boldsymbol{0}$ 在什么时候除零解以外还会有其他的解即有非零解呢? 由定理 3.1.1 可得到齐次线性方程组解的判定定理如下.

定理 3.1.4　n 元齐次线性方程组 $\boldsymbol{Ax}=\boldsymbol{0}$,

(1) 当 $R(\boldsymbol{A})=n$ 时, 方程组只有零解;

(2) 当 $R(\boldsymbol{A})<n$ 时, 方程组有无穷多个解, 即有非零解.

特别地, 对含有 n 个方程的 n 元齐次线性方程组, 有如下结论.

定理 3.1.5　设 $\boldsymbol{A}$ 是 n 阶方阵, 则齐次线性方程组 $\boldsymbol{Ax}=\boldsymbol{0}$ 有非零解的充分必要条件是 $|\boldsymbol{A}|=0$.

证明　(必要性) 若 $|\boldsymbol{A}|\neq 0$, 则由克拉默法则知 $\boldsymbol{Ax}=\boldsymbol{0}$ 只有零解.

(充分性) 当 $|\boldsymbol{A}|=0$ 时, 得 $R(\boldsymbol{A})<n$, 由定理 3.1.4 知 $\boldsymbol{Ax}=\boldsymbol{0}$ 有非零解.

例 3.1.4　求解齐次线性方程组

$$\begin{cases} 2x_1+x_2-2x_3+3x_4=0, \\ 3x_1+2x_2-x_3+2x_4=0, \\ x_1+x_2+x_3-x_4=0. \end{cases}$$

解　对系数矩阵 $\boldsymbol{A}$ 作初等行变换, 得

$$\boldsymbol{A}=\begin{bmatrix} 2 & 1 & -2 & 3 \\ 3 & 2 & -1 & 2 \\ 1 & 1 & 1 & -1 \end{bmatrix} \xrightarrow[\substack{r_2-3r_1 \\ r_3-2r_1}]{r_1\leftrightarrow r_3} \begin{bmatrix} 1 & 1 & 1 & -1 \\ 0 & -1 & -4 & 5 \\ 0 & -1 & -4 & 5 \end{bmatrix}$$

$$\xrightarrow{r_3-r_2} \begin{bmatrix} 1 & 1 & 1 & -1 \\ 0 & -1 & -4 & 5 \\ 0 & 0 & 0 & 0 \end{bmatrix} \xrightarrow[r_1-r_2]{r_2\times(-1)} \begin{bmatrix} 1 & 0 & -3 & 4 \\ 0 & 1 & 4 & -5 \\ 0 & 0 & 0 & 0 \end{bmatrix},$$

可以看出 $R(\boldsymbol{A})=2<4$, 所以原方程组有非零解. 与原方程组同解的方程组为

$$\begin{cases} x_1=3x_3-4x_4, \\ x_2=-4x_3+5x_4, \end{cases}$$

令自由未知量 $x_3=k_1, x_4=k_2$, 得通解为 $\begin{bmatrix} x_1\\ x_2\\ x_3\\ x_4 \end{bmatrix}=k_1\begin{bmatrix} 3\\ -4\\ 1\\ 0 \end{bmatrix}+k_2\begin{bmatrix} -4\\ 5\\ 0\\ 1 \end{bmatrix}$($k_1$, k_2 为任意常数).

例 3.1.5 已知齐次线性方程组 $\begin{cases} (\lambda+1)x_1+x_2+x_3=0,\\ x_1+(\lambda+1)x_2+x_3=0,\\ x_1+x_2+(\lambda+1)x_3=0, \end{cases}$ 问 λ 取何值时, (1) 方程组只有零解? (2) 方程组有非零解. 有非零解时求其通解.

解法 1 对系数矩阵 $\boldsymbol{A}$ 作初等行变换, 得

$$\boldsymbol{A}=\begin{bmatrix} \lambda+1 & 1 & 1\\ 1 & \lambda+1 & 1\\ 1 & 1 & \lambda+1 \end{bmatrix}\xrightarrow[\substack{r_2-r_1\\ r_3-(\lambda+1)r_1}]{r_1\leftrightarrow r_3}\begin{bmatrix} 1 & 1 & \lambda+1\\ 0 & \lambda & -\lambda\\ 0 & -\lambda & -\lambda^2-2\lambda \end{bmatrix}$$

$$\xrightarrow{r_3+r_2}\begin{bmatrix} 1 & 1 & \lambda+1\\ 0 & \lambda & -\lambda\\ 0 & 0 & -\lambda(\lambda+3) \end{bmatrix}.$$

(1) 当 $\lambda\neq 0$ 且 $\lambda\neq -3$ 时, $R(\boldsymbol{A})=3$, 此时方程组有唯一解, 即只有零解.

(2) 当 $\lambda=-3$ 时, $R(\boldsymbol{A})=2<3$, 此时方程组有非零解, 继续对系数矩阵作初等行变换化为行最简形

$$\boldsymbol{A}\xrightarrow{r}\begin{bmatrix} 1 & 1 & -2\\ 0 & -3 & 3\\ 0 & 0 & 0 \end{bmatrix}\xrightarrow[r_1-r_2]{r_2\times(-\frac{1}{3})}\begin{bmatrix} 1 & 0 & -1\\ 0 & 1 & -1\\ 0 & 0 & 0 \end{bmatrix},$$

得同解方程组为

$$\begin{cases} x_1-x_3=0,\\ x_2-x_3=0, \end{cases}$$

令自由未知量 $x_3=k$, 得通解为 $\begin{bmatrix} x_1\\ x_2\\ x_3 \end{bmatrix}=k\begin{bmatrix} 1\\ 1\\ 1 \end{bmatrix}$($k$ 为任意常数).

当 $\lambda=0$ 时, $\boldsymbol{A}\xrightarrow{r}\begin{bmatrix} 1 & 1 & 1\\ 0 & 0 & 0\\ 0 & 0 & 0 \end{bmatrix}$, $R(\boldsymbol{A})=1<3$, 此时方程组有非零解, 得

同解方程组为

$$x_1+x_2+x_3=0,$$

令自由未知量 $x_2=k_1, x_3=k_2$, 得通解为 $\begin{bmatrix} x_1 \\ x_2 \\ x_3 \end{bmatrix}=k_1\begin{bmatrix} -1 \\ 1 \\ 0 \end{bmatrix}+k_2\begin{bmatrix} -1 \\ 0 \\ 1 \end{bmatrix}$ (k_1, k_2 为任意常数).

解法 2　因为系数矩阵是方阵, 所以考虑系数行列式

$$|\boldsymbol{A}|=\begin{vmatrix} \lambda+1 & 1 & 1 \\ 1 & \lambda+1 & 1 \\ 1 & 1 & \lambda+1 \end{vmatrix} \xlongequal{c_1+c_2+c_3} (\lambda+3)\begin{vmatrix} 1 & 1 & 1 \\ 1 & \lambda+1 & 1 \\ 1 & 1 & \lambda+1 \end{vmatrix}$$

$$\xlongequal[r_3-r_1]{r_2-r_1} (\lambda+3)\begin{vmatrix} 1 & 1 & 1 \\ 0 & \lambda & 0 \\ 0 & 0 & \lambda \end{vmatrix}=\lambda^2(\lambda+3),$$

(1) 当 $|\boldsymbol{A}|\neq 0$, 即 $\lambda\neq 0$ 且 $\lambda\neq -3$ 时, 方程组有唯一解, 即只有零解.

(2) 当 $|\boldsymbol{A}|=0$, 即 $\lambda=-3$ 或 $\lambda=0$ 时, 方程组有非零解. 之后的讨论与解法 1 相同.

想一想：以上两种解法各有什么优缺点?

习　题　3.1

1. 求解下列非齐次线性方程组:

(1) $\begin{cases} x_1+2x_2+3x_3+x_4=5, \\ 2x_1+4x_2-x_4=-3, \\ -x_1-2x_2+3x_3+2x_4=8, \\ x_1+2x_2-9x_3-5x_4=-21; \end{cases}$　　(2) $\begin{cases} x_1-x_2-x_3+x_4=0, \\ x_1-x_2+x_3-3x_4=1, \\ 2x_1-2x_2-4x_3+6x_4=-1. \end{cases}$

2. 求解下列齐次线性方程组:

(1) $\begin{cases} x_1+2x_2+2x_3+x_4=0, \\ 2x_1+x_2-2x_3-2x_4=0, \\ x_1-x_2-4x_3-3x_4=0; \end{cases}$　　(2) $\begin{cases} x_1-x_2+5x_3+x_4=0, \\ x_1+x_2-2x_3+3x_4=0, \\ 3x_1-x_2+8x_3+x_4=0, \\ x_1+3x_2-9x_3+7x_4=0. \end{cases}$

3. 当 λ 为何值时, 齐次线性方程组 $\begin{cases} 2x_1-x_2+3x_3=0, \\ 3x_1-4x_2+7x_3=0, \\ -x_1+2x_2+\lambda x_3=0 \end{cases}$ 有非零解？并求出此非零解.

4. 当 λ, μ 为何值时, 齐次线性方程组 $\begin{cases} \lambda x_1 + x_2 + x_3 = 0, \\ x_1 + \mu x_2 + x_3 = 0, \\ x_1 + 2\mu x_2 + x_3 = 0 \end{cases}$ 有非零解?

5. 判断非齐次线性方程组 $\begin{cases} x_1 - x_2 - 3x_3 + x_4 = 1, \\ x_1 - x_2 + 2x_3 - x_4 = 3, \\ 4x_1 - 4x_2 + 3x_3 - 2x_4 = 6, \\ 2x_1 - 2x_2 - 11x_3 + 4x_4 = 0 \end{cases}$ 是否有解, 为什么?

6. 非齐次线性方程组 $\begin{cases} -2x_1 + x_2 + x_3 = -2, \\ x_1 - 2x_2 + x_3 = \lambda, \\ x_1 + x_2 - 2x_3 = \lambda^2, \end{cases}$ 当 λ 为何值时有解? 并求出它的全部解.

7. 已知非齐次线性方程组 $\begin{cases} x_1 + x_2 - 2x_3 + 3x_4 = 0, \\ 2x_1 + x_2 - 6x_3 + 4x_4 = -1, \\ 3x_1 + 2x_2 + ax_3 + 7x_4 = -1, \\ x_1 - x_2 - 6x_3 - x_4 = b, \end{cases}$ 讨论 a, b 取何值时, 方程组有解、无解, 并在方程组有解时求其通解.

8. 设非齐次线性方程组 $\begin{cases} (1+\lambda)x_1 + x_2 + x_3 = 0, \\ x_1 + (1+\lambda)x_2 + x_3 = 3, \\ x_1 + x_2 + (1+\lambda)x_3 = \lambda, \end{cases}$ 当 λ 为何值时方程组 (1) 无解; (2) 解唯一; (3) 无穷多个解? 并写出通解.

9. 试证方程组 $\begin{cases} x_1 - x_2 = a_1, \\ x_2 - x_3 = a_2, \\ x_3 - x_4 = a_3, \\ x_4 - x_5 = a_4, \\ x_5 - x_1 = a_5 \end{cases}$ 有解的充分必要条件是 $a_1 + a_2 + a_3 + a_4 + a_5 = 0$, 并在有解的情况下求出它的全部解.

10. 求 a, 使方程组 $\begin{cases} x_1 + x_2 + x_3 = 1, \\ x_1 + 2x_2 + ax_3 = 1 \end{cases}$ 与 $\begin{cases} 2x_1 + 3x_2 + 3x_3 = a, \\ 3x_1 + 4x_2 + (a+2)x_3 = a + 1 \end{cases}$ 有公共解, 并求其公共解.

3.2 向量组的线性相关性

上一节讨论了线性方程组有解的判定与求法, 为了进一步研究线性方程组解的结构问题, 必须了解方程组中各个方程之间的关系, 即研究有序数组之间的关系. 因此, 本节首先引入 n 维向量 (有序数组) 的概念并定义它的线性运算, 从理论上研究向量组的线性相关性, 最终得到线性方程组解的结构.

3.2.1　n 维向量及其运算

定义 3.2.1　n 个有顺序的数 $a_1, a_2, \cdots, a_n$ 所组成的数组 $\boldsymbol{\alpha}=[a_1, a_2, \cdots, a_n]$ $\left(\text{或 } \boldsymbol{\alpha}=\begin{bmatrix} a_1 \\ a_2 \\ \vdots \\ a_n \end{bmatrix}\right)$ 称为 n **维向量**.

这 n 个数称为该向量的 n 个**分量**, 第 i 个数 a_i 是该向量的**第 i 个分量**. 如果 $\boldsymbol{\alpha}$ 的 n 个分量写成一行的形状 $\boldsymbol{\alpha}=[a_1, a_2, \cdots, a_n]$, 则称 $\boldsymbol{\alpha}$ 为 n **维行向量**; 如果 $\boldsymbol{\alpha}$ 的 n 个分量写成一列的形状 $\boldsymbol{\alpha}=\begin{bmatrix} a_1 \\ a_2 \\ \vdots \\ a_n \end{bmatrix}$, 称 $\boldsymbol{\alpha}$ 为 n **维列向量**. 如 $[1,2,3,0]$ 是一个 4 维行向量, 其第 4 个分量是 0. 此外, 线性方程组的每个方程都可看成是一个行向量.

分量全为实数的向量称为**实向量**, 分量中含有复数的向量称为**复向量**.

除特别指出外, 本书默认讨论实列向量.

从矩阵角度看, 一个 n 维行向量可以看作一个 $1 \times n$ 的行矩阵, 一个 n 维列向量可以看作一个 $n \times 1$ 的列矩阵, 从而一个 n 维列向量 $\begin{bmatrix} a_1 \\ a_2 \\ \vdots \\ a_n \end{bmatrix}$ 也可以写成 $[a_1, a_2, \cdots, a_n]^{\mathrm{T}}$ 形式. 所以, 可以把向量看成是特殊的矩阵, 从而把矩阵的有关概念和运算平移到向量的情况.

向量 $[-a_1, -a_2, \cdots, -a_n]^{\mathrm{T}}$ 称为向量 $\boldsymbol{\alpha}=[a_1, a_2, \cdots, a_n]^{\mathrm{T}}$ 的**负向量**, 记作 $-\boldsymbol{\alpha}$.

若有两个 n 维向量 $\boldsymbol{\alpha}=[a_1, a_2, \cdots, a_n]^{\mathrm{T}}$ 和 $\boldsymbol{\beta}=[b_1, b_2, \cdots, b_n]^{\mathrm{T}}$, 它们各个对应的分量都相等即 $a_i=b_i\ (i=1,2,\cdots,n)$, 则称向量 $\boldsymbol{\alpha}$ 与 $\boldsymbol{\beta}$ **相等**, 记作 $\boldsymbol{\alpha}=\boldsymbol{\beta}$. 注意维数不同的零向量是不相等的.

定义 3.2.2 (向量的加法)　两个 n 维向量 $\boldsymbol{\alpha}=[a_1, a_2, \cdots, a_n]^{\mathrm{T}}$ 和 $\boldsymbol{\beta}=[b_1, b_2, \cdots, b_n]^{\mathrm{T}}$ 的**和**, 是指它们各个对应的分量相加, 记作 $\boldsymbol{\alpha}+\boldsymbol{\beta}=[a_1+b_1, a_2+b_2, \cdots, a_n+b_n]^{\mathrm{T}}$. 利用负向量的定义, 可以得到 $\boldsymbol{\alpha}-\boldsymbol{\beta}=\boldsymbol{\alpha}+(-\boldsymbol{\beta})=[a_1-b_1, a_2-b_2, \cdots, a_n-b_n]^{\mathrm{T}}$.

两个向量能相加的前提有两个: 一个是二者必须是同维的, 另一个是二者必须同时是列向量或者同时是行向量.

定义 3.2.3 (向量的数乘) $\boldsymbol{\alpha}=[a_1,a_2,\cdots,a_n]^{\mathrm{T}}$ 是一个 n 维向量, λ 是实数, 则向量 $[\lambda a_1,\lambda a_2,\cdots,\lambda a_n]^{\mathrm{T}}$ 称为数 λ 与向量 $\boldsymbol{\alpha}$ 的乘积, 简称**数乘**, 记作 $\lambda\boldsymbol{\alpha}$ 或 $\boldsymbol{\alpha}\lambda$, 即 $\lambda\boldsymbol{\alpha}=[\lambda a_1,\lambda a_2,\cdots,\lambda a_n]^{\mathrm{T}}$.

向量的加法和数乘统称为**向量的线性运算**.

全体 n 维实向量构成的集合, 称为 n **维向量空间**, 记为 $\mathbb{R}^n$.

3.2.2 向量组的线性组合

若干个同维的列向量 (或行向量) 所组成的一组向量称为**向量组**.

一般地, 一个 $m\times n$ 的矩阵 $\boldsymbol{A}=\begin{bmatrix} a_{11} & a_{12} & \cdots & a_{1n} \\ a_{21} & a_{22} & \cdots & a_{2n} \\ \vdots & \vdots & & \vdots \\ a_{m1} & a_{m2} & \cdots & a_{mn} \end{bmatrix}$ 可看作一个含有 n 个 m 维列向量的**列向量组** $\boldsymbol{A}$, 把矩阵的第 1 列记作 $\boldsymbol{\alpha}_1$, 第 2 列记作 $\boldsymbol{\alpha}_2$, $\cdots$, 第 n 列记作 $\boldsymbol{\alpha}_n$, 于是矩阵 $\boldsymbol{A}$ 可以写为 $[\boldsymbol{\alpha}_1,\boldsymbol{\alpha}_2,\cdots,\boldsymbol{\alpha}_n]$; 类似地, 矩阵 $\boldsymbol{A}$ 也可看作一个含有 m 个 n 维行向量的**行向量组** $\boldsymbol{A}$, 把矩阵的第 1 行记作 $\boldsymbol{\beta}_1$, 第 2 行记作 $\boldsymbol{\beta}_2$, $\cdots$, 第 m 行记作 $\boldsymbol{\beta}_m$, 于是矩阵 $\boldsymbol{A}$ 可以写为 $\begin{bmatrix} \boldsymbol{\beta}_1 \\ \boldsymbol{\beta}_2 \\ \vdots \\ \boldsymbol{\beta}_m \end{bmatrix}$. 可见, 含有有限个向量的向量组可以与矩阵一一对应.

线性方程组也可以写成向量形式.

n 元齐次线性方程组 $\boldsymbol{Ax}=\boldsymbol{0}$ 的向量形式为

$$x_1\boldsymbol{\alpha}_1+x_2\boldsymbol{\alpha}_2+\cdots+x_n\boldsymbol{\alpha}_n=\boldsymbol{0}. \tag{3.2.1}$$

n 元非齐次线性方程组 $\boldsymbol{Ax}=\boldsymbol{b}$ 的向量形式为

$$x_1\boldsymbol{\alpha}_1+x_2\boldsymbol{\alpha}_2+\cdots+x_n\boldsymbol{\alpha}_n=\boldsymbol{b}. \tag{3.2.2}$$

定义 3.2.4 给定向量组 $\boldsymbol{A}:\boldsymbol{\alpha}_1,\boldsymbol{\alpha}_2,\cdots,\boldsymbol{\alpha}_n$, 对于任意一组实数 $k_1,k_2,\cdots,k_n$, 表达式 $k_1\boldsymbol{\alpha}_1+k_2\boldsymbol{\alpha}_2+\cdots+k_n\boldsymbol{\alpha}_n$ 称为向量组 $\boldsymbol{A}$ 的一个**线性组合**, $k_1,k_2,\cdots,k_n$ 称为这个**线性组合的系数**.

定义 3.2.5 给定向量组 $\boldsymbol{A}:\boldsymbol{\alpha}_1,\boldsymbol{\alpha}_2,\cdots,\boldsymbol{\alpha}_n$ 和向量 $\boldsymbol{b}$, 如果存在一组实数 $l_1,l_2,\cdots,l_n$, 使得 $\boldsymbol{b}=l_1\boldsymbol{\alpha}_1+l_2\boldsymbol{\alpha}_2+\cdots+l_n\boldsymbol{\alpha}_n$ 成立, 则向量 $\boldsymbol{b}$ 是向量组 $\boldsymbol{A}$ 的线性组合, 称向量 $\boldsymbol{b}$ 可由向量组 $\boldsymbol{A}$ **线性表示**.

如果 $\boldsymbol{b} = l_1\boldsymbol{\alpha}_1 + l_2\boldsymbol{\alpha}_2 + \cdots + l_n\boldsymbol{\alpha}_n$ 成立, 就说明 n 元线性方程组 $x_1\boldsymbol{\alpha}_1 + x_2\boldsymbol{\alpha}_2 + \cdots + x_n\boldsymbol{\alpha}_n = \boldsymbol{b}$ 是有解的, 且其解是 $x_1 = l_1, x_2 = l_2, \cdots, x_n = l_n$; 反之, 如果 n 元线性方程组 $\boldsymbol{Ax} = \boldsymbol{b}$ 有解, 就必然存在一组实数 $l_1, l_2, \cdots, l_n$ 也就是方程组的一个解, 使得 $\boldsymbol{b} = l_1\boldsymbol{\alpha}_1 + l_2\boldsymbol{\alpha}_2 + \cdots + l_n\boldsymbol{\alpha}_n$ 成立. 所以可得如下结论.

定理 3.2.1 向量 $\boldsymbol{b}$ 可由向量组 $\boldsymbol{A}: \boldsymbol{\alpha}_1, \boldsymbol{\alpha}_2, \cdots, \boldsymbol{\alpha}_n$ 线性表示的充分必要条件是 n 元线性方程组 $\boldsymbol{Ax} = \boldsymbol{b}$ 有解, 亦即矩阵 $\boldsymbol{A} = [\boldsymbol{\alpha}_1, \boldsymbol{\alpha}_2, \cdots, \boldsymbol{\alpha}_n]$ 的秩等于矩阵 $\boldsymbol{B} = [\boldsymbol{\alpha}_1, \boldsymbol{\alpha}_2, \cdots, \boldsymbol{\alpha}_n, \boldsymbol{b}]$ 的秩.

可见, 向量组的线性表示问题可以转化为线性方程组的求解问题. 当 $\boldsymbol{Ax} = \boldsymbol{b}$ 即 $x_1\boldsymbol{\alpha}_1 + x_2\boldsymbol{\alpha}_2 + \cdots + x_n\boldsymbol{\alpha}_n = \boldsymbol{b}$ 只有唯一解时, 说明只能找到唯一的一组数 $x_1 = l_1, x_2 = l_2, \cdots, x_n = l_n$ 使得 $\boldsymbol{b} = l_1\boldsymbol{\alpha}_1 + l_2\boldsymbol{\alpha}_2 + \cdots + l_n\boldsymbol{\alpha}_n$ 成立, 那么向量 $\boldsymbol{b}$ 由向量组 $\boldsymbol{A}: \boldsymbol{\alpha}_1, \boldsymbol{\alpha}_2, \cdots, \boldsymbol{\alpha}_n$ 线性表示的方法是唯一的, 即表示法唯一; 类似地, 当 $\boldsymbol{Ax} = \boldsymbol{b}$ 有无穷多解时, 也就是 $x_1, x_2, \cdots, x_n$ 的取值有无穷多种可能, 所以向量 $\boldsymbol{b}$ 由向量组 $\boldsymbol{A}: \boldsymbol{\alpha}_1, \boldsymbol{\alpha}_2, \cdots, \boldsymbol{\alpha}_n$ 线性表示的方法有无穷多种, 即表示法有无穷多种 (或表示法不唯一).

例 3.2.1 已知向量组 $\boldsymbol{\alpha}_1 = [1, 2, 3, 4]^{\mathrm{T}}, \boldsymbol{\alpha}_2 = [2, 3, 4, 5]^{\mathrm{T}}$, 向量 $\boldsymbol{\beta} = [3, 4, 5, 6]^{\mathrm{T}}$, 问 $\boldsymbol{\beta}$ 是否可以由 $\boldsymbol{\alpha}_1, \boldsymbol{\alpha}_2$ 线性表示? 若能, 写出表达式.

解 设 $\boldsymbol{\beta} = x_1\boldsymbol{\alpha}_1 + x_2\boldsymbol{\alpha}_2$, 问题转化为考虑线性方程组 $\boldsymbol{Ax} = \boldsymbol{\beta}$ 解的情况, 其中矩阵 $\boldsymbol{A} = [\boldsymbol{\alpha}_1, \boldsymbol{\alpha}_2]$. 对 $[\boldsymbol{A}, \boldsymbol{\beta}]$ 作初等行变换, 得

$$[\boldsymbol{A}, \boldsymbol{\beta}] = \begin{bmatrix} 1 & 2 & 3 \\ 2 & 3 & 4 \\ 3 & 4 & 5 \\ 4 & 5 & 6 \end{bmatrix} \xrightarrow[r_4 - 4r_1]{\substack{r_2 - 2r_1 \\ r_3 - 3r_1}} \begin{bmatrix} 1 & 2 & 3 \\ 0 & -1 & -2 \\ 0 & -2 & -4 \\ 0 & -3 & -6 \end{bmatrix} \xrightarrow[r_4 - 3r_1]{r_3 - 2r_1} \begin{bmatrix} 1 & 2 & 3 \\ 0 & -1 & -2 \\ 0 & 0 & 0 \\ 0 & 0 & 0 \end{bmatrix}$$

$$\xrightarrow{r_2 \times (-1)} \begin{bmatrix} 1 & 2 & 3 \\ 0 & 1 & 2 \\ 0 & 0 & 0 \\ 0 & 0 & 0 \end{bmatrix} \xrightarrow{r_1 - 2r_2} \begin{bmatrix} 1 & 0 & -1 \\ 0 & 1 & 2 \\ 0 & 0 & 0 \\ 0 & 0 & 0 \end{bmatrix}.$$

所以 $R(\boldsymbol{A}) = R(\boldsymbol{A}, \boldsymbol{\beta}) = 2$, 由定理 3.2.1 知 $\boldsymbol{\beta}$ 可以由 $\boldsymbol{\alpha}_1, \boldsymbol{\alpha}_2$ 线性表示.

进一步求解得唯一解 $\begin{bmatrix} x_1 \\ x_2 \end{bmatrix} = \begin{bmatrix} -1 \\ 2 \end{bmatrix}$, 所以表达式为 $\boldsymbol{\beta} = -\boldsymbol{\alpha}_1 + 2\boldsymbol{\alpha}_2$, 且表示法唯一.

3.2.3 向量组的线性相关与线性无关

向量组中有没有某个向量能由其余向量线性表示, 这是向量组的一种重要特征.

即存在一组不全为零的数 $k_1,k_2,\cdots,k_r$ 使得 $k_1\boldsymbol{\alpha}_1+k_2\boldsymbol{\alpha}_2+\cdots+k_r\boldsymbol{\alpha}_r=\mathbf{0}$ 成立, 根据线性相关的定义知 $\boldsymbol{A}:\boldsymbol{\alpha}_1,\boldsymbol{\alpha}_2,\cdots,\boldsymbol{\alpha}_r$ 线性相关. 这与题设向量组 $\boldsymbol{A}:\boldsymbol{\alpha}_1,\boldsymbol{\alpha}_2,\cdots,\boldsymbol{\alpha}_r$ 线性无关矛盾, 故 $k_{r+1}\neq 0$.

再证表示法唯一. 假设

$$\boldsymbol{\beta}=l_1\boldsymbol{\alpha}_1+l_2\boldsymbol{\alpha}_2+\cdots+l_r\boldsymbol{\alpha}_r \quad 且 \quad \boldsymbol{\beta}=\lambda_1\boldsymbol{\alpha}_1+\lambda_2\boldsymbol{\alpha}_2+\cdots+\lambda_r\boldsymbol{\alpha}_r,$$

两式相减得

$$(l_1-\lambda_1)\boldsymbol{\alpha}_1+(l_2-\lambda_2)\boldsymbol{\alpha}_2+\cdots+(l_r-\lambda_r)\boldsymbol{\alpha}_r=\mathbf{0},$$

因向量组 $\boldsymbol{A}:\boldsymbol{\alpha}_1,\boldsymbol{\alpha}_2,\cdots,\boldsymbol{\alpha}_r$ 线性无关, 所以 $l_1-\lambda_1=l_2-\lambda_2=\cdots=l_r-\lambda_r=0$, 即 $l_1=\lambda_1,l_2=\lambda_2,\cdots,l_r=\lambda_r$, 所以表示法唯一.

例 3.2.5 已知向量组

$$\boldsymbol{\alpha}_1=[1,4,1,0]^{\mathrm{T}},\ \boldsymbol{\alpha}_2=[2,1,-1,-3]^{\mathrm{T}},\ \boldsymbol{\alpha}_3=[1,0,-3,-1]^{\mathrm{T}},\ \boldsymbol{\alpha}_4=[0,2,-6,3]^{\mathrm{T}},$$

问 $\boldsymbol{\alpha}_1,\boldsymbol{\alpha}_2,\boldsymbol{\alpha}_3,\boldsymbol{\alpha}_4$ 是否线性相关? $\boldsymbol{\alpha}_1,\boldsymbol{\alpha}_2,\boldsymbol{\alpha}_3$ 是否线性相关?

解 令 $\boldsymbol{A}=[\boldsymbol{\alpha}_1,\boldsymbol{\alpha}_2,\boldsymbol{\alpha}_3],\boldsymbol{B}=[\boldsymbol{\alpha}_1,\boldsymbol{\alpha}_2,\boldsymbol{\alpha}_3,\boldsymbol{\alpha}_4]$, 则

$$\boldsymbol{B}=[\boldsymbol{A},\boldsymbol{\alpha}_4]=\begin{bmatrix}1&2&1&0\\4&1&0&2\\1&-1&-3&-6\\0&-3&-1&3\end{bmatrix}\xrightarrow[r_3-r_1]{r_2-4r_1}\begin{bmatrix}1&2&1&0\\0&-7&-4&2\\0&-3&-4&-6\\0&-3&-1&3\end{bmatrix}$$

$$\xrightarrow[r_4-r_3]{r_2-r_3}\begin{bmatrix}1&2&1&0\\0&-4&0&8\\0&-3&-4&-6\\0&0&3&9\end{bmatrix}\xrightarrow[r_4\times\frac{1}{3}]{r_2\times\left(-\frac{1}{4}\right)}\begin{bmatrix}1&2&1&0\\0&1&0&-2\\0&-3&-4&-6\\0&0&1&3\end{bmatrix}$$

$$\xrightarrow{r_3+3r_2}\begin{bmatrix}1&2&1&0\\0&1&0&-2\\0&0&-4&-12\\0&0&1&3\end{bmatrix}\xrightarrow[r_4+4r_3]{r_3\leftrightarrow r_4}\begin{bmatrix}1&2&1&0\\0&1&0&-2\\0&0&1&3\\0&0&0&0\end{bmatrix}$$

$$\xrightarrow[r_1-r_3]{r_1-2r_2}\begin{bmatrix}1&0&0&1\\0&1&0&-2\\0&0&1&3\\0&0&0&0\end{bmatrix}.$$

可见 $R(\boldsymbol{B})=3$ 小于向量的个数 4, 所以 $\boldsymbol{\alpha}_1,\boldsymbol{\alpha}_2,\boldsymbol{\alpha}_3,\boldsymbol{\alpha}_4$ 线性相关; $R(\boldsymbol{A})=3$ 等于向量的个数 3, 所以 $\boldsymbol{\alpha}_1,\boldsymbol{\alpha}_2,\boldsymbol{\alpha}_3$ 线性无关. 根据例 3.2.4, $\boldsymbol{\alpha}_4$ 可以由 $\boldsymbol{\alpha}_1,\boldsymbol{\alpha}_2,\boldsymbol{\alpha}_3$ 线性表示, 且表示法唯一, 表达式为 $\boldsymbol{\alpha}_4=\boldsymbol{\alpha}_1-2\boldsymbol{\alpha}_2+3\boldsymbol{\alpha}_3$.

利用线性相关的定义, 可以证明如下结论.

定理 3.2.3　向量组 $\boldsymbol{A}:\boldsymbol{\alpha}_1,\boldsymbol{\alpha}_2,\cdots,\boldsymbol{\alpha}_n\ (n\geqslant 2)$ 线性相关的充分必要条件是 $\boldsymbol{A}$ 中至少有一个向量可由其余 $n-1$ 个向量线性表示.

定理 3.2.4　若向量组 $\boldsymbol{A}_0:\boldsymbol{\alpha}_1,\boldsymbol{\alpha}_2,\cdots,\boldsymbol{\alpha}_r$ 线性相关, 则向量组 $\boldsymbol{A}:\boldsymbol{\alpha}_1,\boldsymbol{\alpha}_2,\cdots,\boldsymbol{\alpha}_r,\ \boldsymbol{\alpha}_{r+1},\cdots,\boldsymbol{\alpha}_n$ 也线性相关.

证明　因向量组 $\boldsymbol{A}_0:\boldsymbol{\alpha}_1,\boldsymbol{\alpha}_2,\cdots,\boldsymbol{\alpha}_r$ 线性相关, 故有一组不全为零的数 $k_1,k_2,\cdots,k_r$, 使得

$$k_1\boldsymbol{\alpha}_1+k_2\boldsymbol{\alpha}_2+\cdots+k_r\boldsymbol{\alpha}_r=\mathbf{0},$$

所以

$$k_1\boldsymbol{\alpha}_1+k_2\boldsymbol{\alpha}_2+\cdots+k_r\boldsymbol{\alpha}_r+0\boldsymbol{\alpha}_{r+1}+0\boldsymbol{\alpha}_{r+2}+\cdots+0\boldsymbol{\alpha}_n=\mathbf{0},$$

显然 $k_1,k_2,\cdots,k_r,0,0,\cdots,0$ 是一组不全为零的数, 故向量组 $\boldsymbol{A}:\boldsymbol{\alpha}_1,\boldsymbol{\alpha}_2,\cdots,\boldsymbol{\alpha}_r,\boldsymbol{\alpha}_{r+1},\cdots,\boldsymbol{\alpha}_n$ 也线性相关.

从定理 3.2.4 可以看出向量组 $\boldsymbol{A}_0$ 是向量组 $\boldsymbol{A}$ 的一部分, 称为部分组. 可见, 部分组线性相关, 则原向量组线性相关. 考虑这个结论的逆否命题, 即可得如下推论.

推论 3.2.2　线性无关的向量组的任一部分组一定线性无关.

3.2.4　向量组的等价

下面讨论向量组之间的等价关系. 设有两个 n 维向量组 $\boldsymbol{A}:\boldsymbol{\alpha}_1,\boldsymbol{\alpha}_2,\cdots,\boldsymbol{\alpha}_s$ 与 $\boldsymbol{B}:\boldsymbol{\beta}_1,\boldsymbol{\beta}_2,\cdots,\boldsymbol{\beta}_t$.

定义 3.2.7　若向量组 $\boldsymbol{B}$ 中的每个向量都能由向量组 $\boldsymbol{A}$ 线性表示, 则称**向量组 $\boldsymbol{B}$ 可由向量组 $\boldsymbol{A}$ 线性表示**. 若向量组 $\boldsymbol{B}$ 可由向量组 $\boldsymbol{A}$ 线性表示, 且向量组 $\boldsymbol{A}$ 可由向量组 $\boldsymbol{B}$ 线性表示, 即向量组 $\boldsymbol{A}$, $\boldsymbol{B}$ 可以相互线性表示, 则称**向量组 $\boldsymbol{A}$ 与向量组 $\boldsymbol{B}$ 等价**.

显然, 向量组的等价关系满足

(1) 自反性: 向量组 $\boldsymbol{A}$ 与向量组 $\boldsymbol{A}$ 等价;

(2) 对称性: 若向量组 $\boldsymbol{A}$ 与向量组 $\boldsymbol{B}$ 等价, 则向量组 $\boldsymbol{B}$ 与向量组 $\boldsymbol{A}$ 等价;

(3) 传递性: 若向量组 $\boldsymbol{A}$ 与向量组 $\boldsymbol{B}$ 等价, 向量组 $\boldsymbol{B}$ 与向量组 $\boldsymbol{C}$ 等价, 则向量组 $\boldsymbol{A}$ 与向量组 $\boldsymbol{C}$ 等价.

把向量组 $\boldsymbol{A}:\boldsymbol{\alpha}_1,\boldsymbol{\alpha}_2,\cdots,\boldsymbol{\alpha}_s$ 所构成的矩阵记作 $\boldsymbol{A}$, 向量组 $\boldsymbol{B}:\boldsymbol{\beta}_1,\boldsymbol{\beta}_2,\cdots,\boldsymbol{\beta}_t$ 所构成的矩阵记作 $\boldsymbol{B}$. 如果向量组 $\boldsymbol{B}$ 可由向量组 $\boldsymbol{A}$ 线性表示, 即对每个向量

$\boldsymbol{\beta}_j\ (j=1,2,\cdots,t)$ 存在数 $k_{1j},k_{2j},\cdots,k_{sj}$, 使

$$\boldsymbol{\beta}_j=k_{1j}\boldsymbol{\alpha}_1+k_{2j}\boldsymbol{\alpha}_2+\cdots+k_{sj}\boldsymbol{\alpha}_s=[\boldsymbol{\alpha}_1,\boldsymbol{\alpha}_2,\cdots,\boldsymbol{\alpha}_s]\begin{bmatrix}k_{1j}\\k_{2j}\\\vdots\\k_{sj}\end{bmatrix},$$

从而得

$$[\boldsymbol{\beta}_1,\boldsymbol{\beta}_2,\cdots,\boldsymbol{\beta}_t]=[\boldsymbol{\alpha}_1,\boldsymbol{\alpha}_2,\cdots,\boldsymbol{\alpha}_s]\begin{bmatrix}k_{11}&k_{12}&\cdots&k_{1t}\\k_{21}&k_{22}&\cdots&k_{2t}\\\vdots&\vdots&&\vdots\\k_{s1}&k_{s2}&\cdots&k_{st}\end{bmatrix}.$$

也就是说存在矩阵 $\boldsymbol{K}_{s\times t}$, 使 $[\boldsymbol{\beta}_1,\boldsymbol{\beta}_2,\cdots,\boldsymbol{\beta}_t]=[\boldsymbol{\alpha}_1,\boldsymbol{\alpha}_2,\cdots,\boldsymbol{\alpha}_s]\boldsymbol{K}$, 即矩阵方程

$$[\boldsymbol{\alpha}_1,\boldsymbol{\alpha}_2,\cdots,\boldsymbol{\alpha}_s]\boldsymbol{x}=[\boldsymbol{\beta}_1,\boldsymbol{\beta}_2,\cdots,\boldsymbol{\beta}_t]$$

有解. 由定理 3.1.3 可得如下结论.

定理 3.2.5 向量组 $\boldsymbol{B}:\boldsymbol{\beta}_1,\boldsymbol{\beta}_2,\cdots,\boldsymbol{\beta}_t$ 可由向量组 $\boldsymbol{A}:\boldsymbol{\alpha}_1,\boldsymbol{\alpha}_2,\cdots,\boldsymbol{\alpha}_s$ 线性表示的充分必要条件是 $R(\boldsymbol{A})=R(\boldsymbol{A},\boldsymbol{B})$, 其中 $\boldsymbol{A}$ 是由向量组 $\boldsymbol{A}:\boldsymbol{\alpha}_1,\boldsymbol{\alpha}_2,\cdots,\boldsymbol{\alpha}_s$ 所构成的矩阵, $\boldsymbol{B}$ 是由向量组 $\boldsymbol{B}:\boldsymbol{\beta}_1,\boldsymbol{\beta}_2,\cdots,\boldsymbol{\beta}_t$ 所构成的矩阵.

推论 3.2.3 向量组 $\boldsymbol{A}:\boldsymbol{\alpha}_1,\boldsymbol{\alpha}_2,\cdots,\boldsymbol{\alpha}_s$ 与向量组 $\boldsymbol{B}:\boldsymbol{\beta}_1,\boldsymbol{\beta}_2,\cdots,\boldsymbol{\beta}_t$ 等价的充分必要条件是 $R(\boldsymbol{A})=R(\boldsymbol{B})=R(\boldsymbol{A},\boldsymbol{B})$, 其中 $\boldsymbol{A}$ 是由向量组 $\boldsymbol{A}:\boldsymbol{\alpha}_1,\boldsymbol{\alpha}_2,\cdots,\boldsymbol{\alpha}_s$ 所构成的矩阵, $\boldsymbol{B}$ 是由向量组 $\boldsymbol{B}:\boldsymbol{\beta}_1,\boldsymbol{\beta}_2,\cdots,\boldsymbol{\beta}_t$ 所构成的矩阵.

证明 因 $\boldsymbol{A}$ 组和 $\boldsymbol{B}$ 组能相互线性表示, 根据定理 3.2.5 知, 它们等价的充分必要条件是 $R(\boldsymbol{A})=R(\boldsymbol{A},\boldsymbol{B})$ 且 $R(\boldsymbol{B})=R(\boldsymbol{B},\boldsymbol{A})$, 而 $R(\boldsymbol{A},\boldsymbol{B})=R(\boldsymbol{B},\boldsymbol{A})$, 即得充分必要条件为 $R(\boldsymbol{A})=R(\boldsymbol{B})=R(\boldsymbol{A},\boldsymbol{B})$.

定理 3.2.6 若向量组 $\boldsymbol{A}:\boldsymbol{\alpha}_1,\boldsymbol{\alpha}_2,\cdots,\boldsymbol{\alpha}_s$ 可由向量组 $\boldsymbol{B}:\boldsymbol{\beta}_1,\boldsymbol{\beta}_2,\cdots,\boldsymbol{\beta}_t$ 线性表示, 记 $\boldsymbol{A}=[\boldsymbol{\alpha}_1,\boldsymbol{\alpha}_2,\cdots,\boldsymbol{\alpha}_s]$, $\boldsymbol{B}=[\boldsymbol{\beta}_1,\boldsymbol{\beta}_2,\cdots,\boldsymbol{\beta}_t]$, 则 $R(\boldsymbol{A})\leqslant R(\boldsymbol{B})$.

证明 根据定理 3.2.5 知 $R(\boldsymbol{B})=R(\boldsymbol{B},\boldsymbol{A})$, 而 $R(\boldsymbol{A})\leqslant R(\boldsymbol{B},\boldsymbol{A})$, 所以 $R(\boldsymbol{A})\leqslant R(\boldsymbol{B})$.

定理 3.2.7 设有两个 n 维向量组 $\boldsymbol{A}:\boldsymbol{\alpha}_1,\boldsymbol{\alpha}_2,\cdots,\boldsymbol{\alpha}_s;\boldsymbol{B}:\boldsymbol{\beta}_1,\boldsymbol{\beta}_2,\cdots,\boldsymbol{\beta}_t$, 如果向量组 $\boldsymbol{A}$ 线性无关, 且向量组 $\boldsymbol{A}$ 可由 $\boldsymbol{B}$ 线性表示, 则 $\boldsymbol{A}$ 所含向量的个数 s 必不大于 $\boldsymbol{B}$ 所含向量的个数 t, 即 $s\leqslant t$.

***证明**　因为向量组 $\boldsymbol{A}$ 可由 $\boldsymbol{B}$ 线性表示, 即存在矩阵 $\boldsymbol{H}=(h_{ij})_{t\times s}$, 使得

$$[\boldsymbol{\alpha}_1,\boldsymbol{\alpha}_2,\cdots,\boldsymbol{\alpha}_s]=[\boldsymbol{\beta}_1,\boldsymbol{\beta}_2,\cdots,\boldsymbol{\beta}_t]\begin{bmatrix} h_{11} & h_{12} & \cdots & h_{1s} \\ h_{21} & h_{22} & \cdots & h_{2s} \\ \vdots & \vdots & & \vdots \\ h_{t1} & h_{t2} & \cdots & h_{ts} \end{bmatrix}.$$

用反证法, 假设 $s>t$, 则 $R(\boldsymbol{H})\leqslant t<s$, 由定理 3.1.4 知, s 元齐次线方程组 $\boldsymbol{Hx}=\boldsymbol{0}$ 有非零解, 因此

$$[\boldsymbol{\beta}_1,\boldsymbol{\beta}_2,\cdots,\boldsymbol{\beta}_t]\,\boldsymbol{Hx}=\boldsymbol{0}$$

有非零解, 即

$$[\boldsymbol{\alpha}_1,\boldsymbol{\alpha}_2,\cdots,\boldsymbol{\alpha}_s]\,\boldsymbol{x}=\boldsymbol{0}$$

有非零解, 故 $\boldsymbol{\alpha}_1,\boldsymbol{\alpha}_2,\cdots,\boldsymbol{\alpha}_s$ 线性相关, 矛盾, 所以假设 $s>t$ 错误, 因此 $s\leqslant t$.

推论 3.2.4　两个等价的线性无关向量组中所含向量的个数相同.

证明　在定理 3.2.7 中, 如果向量组 $\boldsymbol{A}$ 和 $\boldsymbol{B}$ 等价, 且组 $\boldsymbol{A}$ 和组 $\boldsymbol{B}$ 都是线性无关的, 则应有 $s\leqslant t$ 及 $t\leqslant s$, 故 $s=t$.

习　题　3.2

1. 设 $\boldsymbol{\alpha}_1=[1,2,0,3]^{\mathrm{T}}$, $\boldsymbol{\alpha}_2=[0,1,1,-1]^{\mathrm{T}}$, $\boldsymbol{\alpha}_3=[3,4,-1,0]^{\mathrm{T}}$, 求 $\boldsymbol{\alpha}_1-\boldsymbol{\alpha}_2$, $3\boldsymbol{\alpha}_1-\boldsymbol{\alpha}_2+2\boldsymbol{\alpha}_3$.

2. 判断向量 $\boldsymbol{\beta}=[4,5,6]^{\mathrm{T}}$ 是否可由向量组 $\boldsymbol{A}:\boldsymbol{\alpha}_1=[3,-3,2]^{\mathrm{T}},\boldsymbol{\alpha}_2=[-2,1,2]^{\mathrm{T}},\boldsymbol{\alpha}_3=[1,2,-1]^{\mathrm{T}}$ 线性表示, 若可以, 求出其表达式.

3. 设 $\boldsymbol{\alpha}_1=[1+\lambda,1,1]^{\mathrm{T}},\boldsymbol{\alpha}_2=[1,1+\lambda,1]^{\mathrm{T}},\boldsymbol{\alpha}_3=[1,1,1+\lambda]^{\mathrm{T}},\boldsymbol{\beta}=[0,\lambda,\lambda^2]^{\mathrm{T}}$, 问当 λ 为何值时,

(1) $\boldsymbol{\beta}$ 不能由 $\boldsymbol{\alpha}_1,\boldsymbol{\alpha}_2$, $\boldsymbol{\alpha}_3$ 线性表示.

(2) $\boldsymbol{\beta}$ 可由 $\boldsymbol{\alpha}_1,\boldsymbol{\alpha}_2$, $\boldsymbol{\alpha}_3$ 线性表示, 且表示法唯一.

(3) $\boldsymbol{\beta}$ 可由 $\boldsymbol{\alpha}_1,\boldsymbol{\alpha}_2$, $\boldsymbol{\alpha}_3$ 线性表示, 且表示法不唯一?

4. 设向量组 $\boldsymbol{\alpha}_1=\begin{bmatrix}-1\\1\\4\end{bmatrix},\boldsymbol{\alpha}_2=\begin{bmatrix}-2\\1\\5\end{bmatrix},\boldsymbol{\alpha}_3=\begin{bmatrix}a\\2\\10\end{bmatrix}$ 及向量 $\boldsymbol{\beta}=\begin{bmatrix}1\\b\\-1\end{bmatrix}$, 问 a,b 取何值时,

(1) 向量 $\boldsymbol{\beta}$ 可由向量组 $\boldsymbol{\alpha}_1,\boldsymbol{\alpha}_2$, $\boldsymbol{\alpha}_3$ 线性表示, 且表示法唯一.

(2) 向量 $\boldsymbol{\beta}$ 可由向量组 $\boldsymbol{\alpha}_1,\boldsymbol{\alpha}_2$, $\boldsymbol{\alpha}_3$ 线性表示, 且表示法不唯一? 并求一般表示式.

5. 判断下列向量组是线性相关还是线性无关:

(1) $\boldsymbol{\alpha}_1=\begin{bmatrix}1\\2\end{bmatrix},\boldsymbol{\alpha}_2=\begin{bmatrix}2\\-5\end{bmatrix},\boldsymbol{\alpha}_3=\begin{bmatrix}3\\7\end{bmatrix}$;

(2) $\boldsymbol{\alpha}_1=\begin{bmatrix}1\\2\\3\end{bmatrix},\boldsymbol{\alpha}_2=\begin{bmatrix}0\\0\\0\end{bmatrix},\boldsymbol{\alpha}_3=\begin{bmatrix}4\\-5\\3\end{bmatrix}$;

(3) $\boldsymbol{\alpha}_1=\begin{bmatrix}1\\-2\\3\\1\end{bmatrix},\boldsymbol{\alpha}_2=\begin{bmatrix}4\\0\\2\\3\end{bmatrix},\boldsymbol{\alpha}_3=\begin{bmatrix}-2\\4\\-6\\-2\end{bmatrix}$;

(4) $\boldsymbol{\alpha}_1=\begin{bmatrix}-1\\3\\1\end{bmatrix},\boldsymbol{\alpha}_2=\begin{bmatrix}2\\1\\0\end{bmatrix},\boldsymbol{\alpha}_3=\begin{bmatrix}1\\5\\1\end{bmatrix}$.

6. 问 λ 取何值时下列向量组线性相关?

$$\boldsymbol{\alpha}_1=\begin{bmatrix}\lambda\\1\\1\end{bmatrix},\quad \boldsymbol{\alpha}_2=\begin{bmatrix}1\\\lambda\\-1\end{bmatrix},\quad \boldsymbol{\alpha}_3=\begin{bmatrix}1\\-1\\\lambda\end{bmatrix}.$$

7. 若向量组 $\boldsymbol{\alpha}_1,\boldsymbol{\alpha}_2,\boldsymbol{\alpha}_3$ 线性无关, 且 $\boldsymbol{\beta}_1=2\boldsymbol{\alpha}_1+\boldsymbol{\alpha}_2+\boldsymbol{\alpha}_3,\boldsymbol{\beta}_2=\boldsymbol{\alpha}_1+\boldsymbol{\alpha}_3,\boldsymbol{\beta}_3=2\boldsymbol{\alpha}_1+\boldsymbol{\alpha}_2+2\boldsymbol{\alpha}_3$, 证明 $\boldsymbol{\beta}_1,\boldsymbol{\beta}_2,\boldsymbol{\beta}_3$ 也线性无关.

8. 设向量组 $\boldsymbol{\beta}_1=\boldsymbol{\alpha}_1,\boldsymbol{\beta}_2=\boldsymbol{\alpha}_1+\boldsymbol{\alpha}_2,\boldsymbol{\beta}_3=\boldsymbol{\alpha}_1+\boldsymbol{\alpha}_2+\boldsymbol{\alpha}_3,\cdots,\boldsymbol{\beta}_m=\boldsymbol{\alpha}_1+\boldsymbol{\alpha}_2+\cdots+\boldsymbol{\alpha}_m$ 且向量组 $\boldsymbol{\alpha}_1,\boldsymbol{\alpha}_2,\cdots,\boldsymbol{\alpha}_m$ 线性无关, 证明向量组 $\boldsymbol{\beta}_1,\boldsymbol{\beta}_2,\cdots,\boldsymbol{\beta}_m$ 也线性无关.

9. 设向量组 $\boldsymbol{\alpha}_1,\boldsymbol{\alpha}_2,\boldsymbol{\alpha}_3$ 线性无关, 问常数 a,b,c 满足什么条件, $a\boldsymbol{\alpha}_1-\boldsymbol{\alpha}_2,b\boldsymbol{\alpha}_2-\boldsymbol{\alpha}_3,c\boldsymbol{\alpha}_3-\boldsymbol{\alpha}_1$ 线性相关?

10. 设向量组 $\boldsymbol{A}:\boldsymbol{\alpha}_1=[0,1,1]^{\mathrm{T}},\boldsymbol{\alpha}_2=[1,1,0]^{\mathrm{T}}$; $\boldsymbol{B}:\boldsymbol{\beta}_1=[-1,0,1]^{\mathrm{T}},\boldsymbol{\beta}_2=[1,2,1]^{\mathrm{T}},\boldsymbol{\beta}_3=[3,2,-1]^{\mathrm{T}}$, 证明向量组 $\boldsymbol{A}$ 与向量组 $\boldsymbol{B}$ 等价.

11. 已知两个向量组 $\boldsymbol{\alpha}_1=[1,2,3]^{\mathrm{T}},\boldsymbol{\alpha}_2=[1,0,1]^{\mathrm{T}}$ 与 $\boldsymbol{\beta}_1=[-1,2,t]^{\mathrm{T}},\boldsymbol{\beta}_2=[4,1,5]^{\mathrm{T}}$,

(1) 当 t 为何值时, 两个向量组等价?

(2) 当两个向量组等价时, 求出它们之间的线性表示式.

12. 设 $\boldsymbol{\alpha}_1,\boldsymbol{\alpha}_2,\cdots,\boldsymbol{\alpha}_s$ 均为 n 维列向量, $\boldsymbol{A}$ 是 n 阶矩阵.

(1) 证明: 若 $\boldsymbol{\alpha}_1,\boldsymbol{\alpha}_2,\cdots,\boldsymbol{\alpha}_s$ 线性相关, 则 $\boldsymbol{A}\boldsymbol{\alpha}_1,\boldsymbol{A}\boldsymbol{\alpha}_2,\cdots,\boldsymbol{A}\boldsymbol{\alpha}_s$ 线性相关.

(2) 问矩阵 $\boldsymbol{A}$ 满足什么条件时, (1) 的逆命题也成立? 说明理由.

13. 设 $\boldsymbol{A}$ 为 $m\times n$ 矩阵, $\boldsymbol{B}$ 为 $n\times s$ 矩阵, 证明 $R(\boldsymbol{AB})\leqslant\min\{R(\boldsymbol{A}),R(\boldsymbol{B})\}$.

(提示: 分别对 $\boldsymbol{A}$ 列分块、对 $\boldsymbol{B}$ 行分块, 再利用定理 3.2.6)

3.3 向量组的秩

在一个向量组中, 一般都含有线性无关的部分组, 而且不止一个, 其中自然会存在向量个数最多的一组向量, 这种特殊的具有代表性的部分组将是我们要重点研究的.

3.3.1 最大线性无关组

定义 3.3.1 设向量组 $\boldsymbol{A}:\boldsymbol{\alpha}_1,\boldsymbol{\alpha}_2,\cdots,\boldsymbol{\alpha}_n$, 如果在 $\boldsymbol{A}$ 中能选出 r 个向量 (不妨设为 $\boldsymbol{\alpha}_1,\boldsymbol{\alpha}_2,\cdots,\boldsymbol{\alpha}_r$), 满足

(1) 向量组 $\boldsymbol{A}_0:\boldsymbol{\alpha}_1,\boldsymbol{\alpha}_2,\cdots,\boldsymbol{\alpha}_r$ 线性无关;

(2) 在向量组 $\boldsymbol{A}_0$ 中任意添加一个向量组 $\boldsymbol{A}$ 中的向量 $\boldsymbol{\alpha}$ (如果有的话), 向量组 $\boldsymbol{\alpha}_1,\boldsymbol{\alpha}_2,\cdots,\boldsymbol{\alpha}_r,\boldsymbol{\alpha}$ 都线性相关,

则称向量组 $\boldsymbol{A}_0$ 是向量组 $\boldsymbol{A}$ 的一个**最大线性无关向量组** (简称**最大无关组**).

例 3.3.1 求向量组 $\boldsymbol{\alpha}_1=[1,2,-1]^{\mathrm{T}},\boldsymbol{\alpha}_2=[2,-3,1]^{\mathrm{T}},\boldsymbol{\alpha}_3=[4,1,-1]^{\mathrm{T}}$ 的最大无关组.

解 $2\boldsymbol{\alpha}_1+\boldsymbol{\alpha}_2-\boldsymbol{\alpha}_3=\boldsymbol{0}$, 所以 $\boldsymbol{\alpha}_1,\boldsymbol{\alpha}_2,\boldsymbol{\alpha}_3$ 线性相关. 容易看出 $\boldsymbol{\alpha}_1,\boldsymbol{\alpha}_2$ 线性无关, $\boldsymbol{\alpha}_1,\boldsymbol{\alpha}_3$ 线性无关, $\boldsymbol{\alpha}_2,\boldsymbol{\alpha}_3$ 线性无关. 根据最大无关组的定义知, $\boldsymbol{\alpha}_1,\boldsymbol{\alpha}_2$; $\boldsymbol{\alpha}_1,\boldsymbol{\alpha}_3$; $\boldsymbol{\alpha}_2,\boldsymbol{\alpha}_3$ 这三组向量都是 $\boldsymbol{\alpha}_1,\boldsymbol{\alpha}_2,\boldsymbol{\alpha}_3$ 的最大无关组, 说明一个向量组的最大无关组可能不唯一.

利用例 3.2.4 结论, 可以得到最大无关组的等价定义如下.

定义 3.3.1′ 若向量组 $\boldsymbol{A}$ 的部分组 $\boldsymbol{A}_0$ 线性无关, 且 $\boldsymbol{A}$ 中任一向量都可由 $\boldsymbol{A}_0$ 线性表示, 则称 $\boldsymbol{A}_0$ 是 $\boldsymbol{A}$ 的一个最大无关组.

性质 3.3.1 向量组 $\boldsymbol{A}$ 与它的最大无关组 $\boldsymbol{A}_0$ 是等价的.

这是因为 $\boldsymbol{A}_0$ 是 $\boldsymbol{A}$ 的一个部分组, 故 $\boldsymbol{A}_0$ 中的每个向量总可以由 $\boldsymbol{A}$ 线性表示, 从而 $\boldsymbol{A}_0$ 可以由 $\boldsymbol{A}$ 线性表示; 另外, 从定义中对最大无关组的要求, 可知 $\boldsymbol{A}$ 中任一向量 $\boldsymbol{\alpha}$ 都可由最大无关组 $\boldsymbol{A}_0$ 线性表示, 所以, $\boldsymbol{A}$ 可以由 $\boldsymbol{A}_0$ 线性表示, 这样就说明了 $\boldsymbol{A}$ 和 $\boldsymbol{A}_0$ 等价.

利用推论 3.2.4, 易证如下结论.

性质 3.3.2 一个向量组的最大无关组彼此等价, 且含有相同个数的向量.

其中, 这个固定不变的数尤为重要.

3.3.2 向量组的秩与矩阵的秩的关系

定义 3.3.2 向量组 $\boldsymbol{A}:\boldsymbol{\alpha}_1,\boldsymbol{\alpha}_2,\cdots,\boldsymbol{\alpha}_n$ 的最大无关组中所含向量的个数称为**向量组 $\boldsymbol{A}$ 的秩**, 记作 $R(\boldsymbol{\alpha}_1,\boldsymbol{\alpha}_2,\cdots,\boldsymbol{\alpha}_n)$. 约定零向量组的秩等于 0.

例如, 在例 3.3.1 中向量组 $\boldsymbol{\alpha}_1,\boldsymbol{\alpha}_2,\boldsymbol{\alpha}_3$ 的最大无关组中所含的向量个数是 2 个, 所以 $R(\boldsymbol{\alpha}_1,\boldsymbol{\alpha}_2,\boldsymbol{\alpha}_3)=2$.

比较向量组的秩与向量的个数, 容易判定向量组的线性相关性, 有如下结论:

向量组 $\boldsymbol{A}:\boldsymbol{\alpha}_1,\boldsymbol{\alpha}_2,\cdots,\boldsymbol{\alpha}_n$ 线性无关 $\Leftrightarrow R(\boldsymbol{\alpha}_1,\boldsymbol{\alpha}_2,\cdots,\boldsymbol{\alpha}_n)=n$(向量个数);

向量组 $\boldsymbol{A}:\boldsymbol{\alpha}_1,\boldsymbol{\alpha}_2,\cdots,\boldsymbol{\alpha}_n$ 线性相关 $\Leftrightarrow R(\boldsymbol{\alpha}_1,\boldsymbol{\alpha}_2,\cdots,\boldsymbol{\alpha}_n)<n$(向量个数).

下面我们进一步讨论矩阵的秩与其行 (列) 向量组的秩之间的关系.

定理 3.3.1 矩阵的秩等于它的列向量组的秩, 也等于它的行向量组的秩.

证明 设 $m\times n$ 矩阵 $\boldsymbol{A}=[\boldsymbol{\alpha}_1,\boldsymbol{\alpha}_2,\cdots,\boldsymbol{\alpha}_n]$, $R(\boldsymbol{A})=r$, 必有一个 r 阶子式 $D_r\neq 0$, 所以 D_r 所在的 r 列构成的 $m\times r$ 矩阵的秩是 r, 由定理 3.2.2 知, 此 r 个列向量构成的向量组线性无关; 又由 $\boldsymbol{A}$ 中所有 $r+1$ 阶子式均为零, 知 $\boldsymbol{A}$ 中任意 $r+1$ 个列向量构成的 $m\times(r+1)$ 矩阵的秩小于 $r+1$, 故此 $r+1$ 个列向量构成的向量组线性相关. 从而 D_r 所在的 r 列是 $\boldsymbol{A}$ 的列向量组的一个最大无关组, 所以矩阵 $\boldsymbol{A}$ 的列向量组的秩等于 r.

此外, 由于 $R(\boldsymbol{A})=R(\boldsymbol{A}^{\mathrm{T}})$, 矩阵 $\boldsymbol{A}$ 的行向量组相当于 $\boldsymbol{A}^{\mathrm{T}}$ 的列向量组, 所以 $\boldsymbol{A}$ 的行向量组的秩也等于 r.

可以证明, 对矩阵 $\boldsymbol{A}$ 作初等行变换得到矩阵 $\boldsymbol{B}$, $\boldsymbol{B}$ 的列向量组的线性关系与 $\boldsymbol{A}$ 的列向量组的线性关系一致. 也就是说对一个矩阵作初等行变换不改变列向量间的线性关系, 矩阵 $\boldsymbol{A}$ 中的几个列向量具有怎样的线性关系 (如线性无关), 矩阵 $\boldsymbol{B}$ 相应的那几列就具有相同的线性关系, 反之亦然. 这就提供了求最大无关组的便捷方法.

例 3.3.2 设矩阵 $\boldsymbol{A}=\begin{bmatrix}1&1&2&2&1\\0&2&1&5&-1\\2&0&3&-1&3\\1&1&0&4&-1\end{bmatrix}$, 求矩阵 $\boldsymbol{A}$ 的列向量组的一个最大无关组, 并把不属于该最大无关组的列向量用该最大无关组线性表示.

解 设 $\boldsymbol{A}=[\boldsymbol{\alpha}_1,\boldsymbol{\alpha}_2,\boldsymbol{\alpha}_3,\boldsymbol{\alpha}_4,\boldsymbol{\alpha}_5]=\begin{bmatrix}1&1&2&2&1\\0&2&1&5&-1\\2&0&3&-1&3\\1&1&0&4&-1\end{bmatrix}$, 对 $\boldsymbol{A}$ 作初等行变换化为行最简形矩阵, 得

$$\boldsymbol{A}\xrightarrow[r_4-r_1]{r_3-2r_1}\begin{bmatrix}1&1&2&2&1\\0&2&1&5&-1\\0&-2&-1&-5&1\\0&0&-2&2&-2\end{bmatrix}\xrightarrow[\substack{r_4\times\left(-\frac{1}{2}\right)\\ r_3\leftrightarrow r_4}]{r_3+r_2}\begin{bmatrix}1&1&2&2&1\\0&2&1&5&-1\\0&0&1&-1&1\\0&0&0&0&0\end{bmatrix}$$

$$\xrightarrow{r_2-r_3}\begin{bmatrix}1&1&2&2&1\\0&2&0&6&-2\\0&0&1&-1&1\\0&0&0&0&0\end{bmatrix}\xrightarrow[\substack{r_1-r_2\\ r_1-2r_3}]{r_2\times\frac{1}{2}}\begin{bmatrix}1&0&0&1&0\\0&1&0&3&-1\\0&0&1&-1&1\\0&0&0&0&0\end{bmatrix}=\boldsymbol{B}.$$

所以 $R(\boldsymbol{A})=3$, 因此矩阵 $\boldsymbol{A}$ 的列向量组的最大无关组含有 3 个向量, $\boldsymbol{B}$ 的三个

非零行的首非零元分别在第 1, 2, 3 列, 易知这三个列向量线性无关, 故矩阵 $\boldsymbol{A}$ 对应的第 1, 2, 3 列向量 $\boldsymbol{\alpha}_1,\boldsymbol{\alpha}_2,\boldsymbol{\alpha}_3$ 就是它的列向量组的一个最大无关组.

把矩阵 $\boldsymbol{A}$ 的行最简形矩阵记作

$$\boldsymbol{B}=[\boldsymbol{\beta}_1,\boldsymbol{\beta}_2,\boldsymbol{\beta}_3,\boldsymbol{\beta}_4,\boldsymbol{\beta}_5],$$

可以看出

$$\boldsymbol{\beta}_4=\begin{bmatrix}1\\3\\-1\\0\end{bmatrix}=\begin{bmatrix}1\\0\\0\\0\end{bmatrix}+3\begin{bmatrix}0\\1\\0\\0\end{bmatrix}-\begin{bmatrix}0\\0\\1\\0\end{bmatrix}=\boldsymbol{\beta}_1+3\boldsymbol{\beta}_2-\boldsymbol{\beta}_3,$$

$$\boldsymbol{\beta}_5=\begin{bmatrix}0\\-1\\1\\0\end{bmatrix}=-\begin{bmatrix}0\\1\\0\\0\end{bmatrix}+\begin{bmatrix}0\\0\\1\\0\end{bmatrix}=-\boldsymbol{\beta}_2+\boldsymbol{\beta}_3,$$

> **想一想**: β_1, β_2, β_3是不是$\boldsymbol{A}$的列向量组的最大无关组? $\boldsymbol{A}$的列向量组的最大无关组共有几个?

而矩阵 $\boldsymbol{B}$ 的列向量组的线性关系与矩阵 $\boldsymbol{A}$ 的列向量组的线性关系相同, 因此

$$\boldsymbol{\alpha}_4=\boldsymbol{\alpha}_1+3\boldsymbol{\alpha}_2-\boldsymbol{\alpha}_3,\quad \boldsymbol{\alpha}_5=-\boldsymbol{\alpha}_2+\boldsymbol{\alpha}_3.$$

本题中, 通过初等行变换把矩阵 $\boldsymbol{A}$ 化为行最简形矩阵 $\boldsymbol{B}$, 进一步把 $\boldsymbol{A}$ 的列向量组的线性关系归结为 $\boldsymbol{B}$ 的列向量组的线性关系, 体现了化繁为简研究问题的科学方法, 这种转化思想在本课程中很常见.

利用向量组的秩还可以解决矩阵的秩关系式问题.

例 3.3.3 设 $\boldsymbol{A},\boldsymbol{B}$ 都是 $m\times n$ 矩阵, 证明 $R(\boldsymbol{A}+\boldsymbol{B})\leqslant R(\boldsymbol{A})+R(\boldsymbol{B})$.

***证明** 把 $\boldsymbol{A},\boldsymbol{B}$ 按列分块, 设 $\boldsymbol{A}=[\boldsymbol{\alpha}_1,\boldsymbol{\alpha}_2,\cdots,\boldsymbol{\alpha}_n]$, $\boldsymbol{B}=[\boldsymbol{\beta}_1,\boldsymbol{\beta}_2,\cdots,\boldsymbol{\beta}_n]$. 不妨设两个列向量组的最大无关组分别为 $\boldsymbol{\alpha}_1,\boldsymbol{\alpha}_2,\cdots,\boldsymbol{\alpha}_s$ 和 $\boldsymbol{\beta}_1,\boldsymbol{\beta}_2,\cdots,\boldsymbol{\beta}_r$, 于是 $\boldsymbol{A}+\boldsymbol{B}$ 的列向量组 $\boldsymbol{\alpha}_1+\boldsymbol{\beta}_1,\boldsymbol{\alpha}_2+\boldsymbol{\beta}_2,\cdots,\boldsymbol{\alpha}_n+\boldsymbol{\beta}_n$ 可由 $\boldsymbol{\alpha}_1,\boldsymbol{\alpha}_2,\cdots,\boldsymbol{\alpha}_s,\boldsymbol{\beta}_1,\boldsymbol{\beta}_2,\cdots,\boldsymbol{\beta}_r$ 线性表示. 由定理 3.2.6 得

$$\begin{aligned}R(\boldsymbol{A}+\boldsymbol{B})&=R(\boldsymbol{\alpha}_1+\boldsymbol{\beta}_1,\boldsymbol{\alpha}_2+\boldsymbol{\beta}_2,\cdots,\boldsymbol{\alpha}_n+\boldsymbol{\beta}_n)\\&\leqslant R(\boldsymbol{\alpha}_1,\boldsymbol{\alpha}_2,\cdots,\boldsymbol{\alpha}_s,\boldsymbol{\beta}_1,\boldsymbol{\beta}_2,\cdots,\boldsymbol{\beta}_r)\\&\leqslant s+r=R(\boldsymbol{A})+R(\boldsymbol{B}).\end{aligned}$$

习 题 3.3

1. 利用初等行变换求下列矩阵的列向量组的一个最大无关组, 并把其余向量用该最大无关

组线性表示:

(1) $\begin{bmatrix} 2 & 1 & 2 & 3 \\ 4 & 1 & 3 & 5 \\ 2 & 0 & 1 & 2 \end{bmatrix}$; (2) $\begin{bmatrix} 1 & 1 & 2 & 2 & 1 \\ 0 & 2 & 1 & 5 & -1 \\ 2 & 0 & 3 & -1 & 3 \\ 1 & 1 & 0 & 4 & -1 \end{bmatrix}$.

2. 设矩阵 $\boldsymbol{A} = \begin{bmatrix} 1 & -2 & 3a \\ -1 & 2a & -3 \\ a & -2 & 3 \end{bmatrix}$, (1) 确定 $\boldsymbol{A}$ 的列向量组何时线性相关; (2) 当 $\boldsymbol{A}$ 的列向量组线性相关时, 进一步求它的一个最大无关组.

3. 求下列向量组的秩及一个最大无关组:

(1) $\boldsymbol{\alpha}_1 = \begin{bmatrix} 1 \\ 2 \\ -1 \\ 4 \end{bmatrix}, \boldsymbol{\alpha}_2 = \begin{bmatrix} 9 \\ 100 \\ 10 \\ 4 \end{bmatrix}, \boldsymbol{\alpha}_3 = \begin{bmatrix} -2 \\ -4 \\ 2 \\ -8 \end{bmatrix}$;

(2) $\boldsymbol{\alpha}_1 = [1,2,1,3]^{\mathrm{T}}, \boldsymbol{\alpha}_2 = [4,-1,-5,-6]^{\mathrm{T}}, \boldsymbol{\alpha}_3 = [1,-3,-4,-7]^{\mathrm{T}}$.

4. 求下列向量组的秩及一个最大无关组, 并把其余向量用该最大无关组线性表示:

(1) $\boldsymbol{\alpha}_1 = \begin{bmatrix} 2 \\ 4 \\ 2 \end{bmatrix}, \boldsymbol{\alpha}_2 = \begin{bmatrix} 1 \\ 1 \\ 0 \end{bmatrix}, \boldsymbol{\alpha}_3 = \begin{bmatrix} 2 \\ 3 \\ 1 \end{bmatrix}, \boldsymbol{\alpha}_4 = \begin{bmatrix} 3 \\ 5 \\ 2 \end{bmatrix}$;

(2) $\boldsymbol{\alpha}_1 = \begin{bmatrix} 2 \\ 1 \\ 3 \\ 0 \end{bmatrix}, \boldsymbol{\alpha}_2 = \begin{bmatrix} 0 \\ 2 \\ -1 \\ 0 \end{bmatrix}, \boldsymbol{\alpha}_3 = \begin{bmatrix} 14 \\ 7 \\ 0 \\ 3 \end{bmatrix}, \boldsymbol{\alpha}_4 = \begin{bmatrix} 4 \\ 2 \\ -1 \\ 1 \end{bmatrix}, \boldsymbol{\alpha}_5 = \begin{bmatrix} 6 \\ 5 \\ 1 \\ 2 \end{bmatrix}$.

5. 设有向量组 $\boldsymbol{\alpha}_1 = \begin{bmatrix} 1 \\ 1 \\ 1 \\ 3 \end{bmatrix}, \boldsymbol{\alpha}_2 = \begin{bmatrix} -1 \\ -3 \\ 5 \\ 1 \end{bmatrix}, \boldsymbol{\alpha}_3 = \begin{bmatrix} 3 \\ 2 \\ -1 \\ p+2 \end{bmatrix}, \boldsymbol{\alpha}_4 = \begin{bmatrix} -2 \\ -6 \\ 10 \\ p \end{bmatrix}$.

(1) p 为何值时, 向量组线性无关, 并将 $\boldsymbol{\alpha} = [4,1,6,10]^{\mathrm{T}}$ 用该向量组线性表示.

(2) p 为何值时, 向量组线性相关, 求向量组的秩和一个最大无关组.

6. 若 $R(\boldsymbol{\alpha}_1, \boldsymbol{\alpha}_2, \boldsymbol{\alpha}_3) = 2$ 且 $R(\boldsymbol{\alpha}_2, \boldsymbol{\alpha}_3, \boldsymbol{\alpha}_4) = 3$, 求向量组 $\boldsymbol{\alpha}_1, \boldsymbol{\alpha}_2, \boldsymbol{\alpha}_3$ 的一个最大无关组.

7. 设 $\boldsymbol{\alpha}_1, \boldsymbol{\alpha}_2, \boldsymbol{\alpha}_3$ 是三维向量组的最大无关组, 且 $\boldsymbol{\beta}_1 = \boldsymbol{\alpha}_1 + \boldsymbol{\alpha}_2 + \boldsymbol{\alpha}_3, \boldsymbol{\beta}_2 = \boldsymbol{\alpha}_1 + \boldsymbol{\alpha}_2 + 2\boldsymbol{\alpha}_3$, $\boldsymbol{\beta}_3 = \boldsymbol{\alpha}_1 + 2\boldsymbol{\alpha}_2 + 3\boldsymbol{\alpha}_3$, 证明: $\boldsymbol{\beta}_1, \boldsymbol{\beta}_2, \boldsymbol{\beta}_3$ 也是三维向量组的最大无关组.

8. 设向量组 $\begin{bmatrix} a \\ 3 \\ 1 \end{bmatrix}, \begin{bmatrix} 2 \\ b \\ 3 \end{bmatrix}, \begin{bmatrix} 1 \\ 2 \\ 1 \end{bmatrix}, \begin{bmatrix} 2 \\ 3 \\ 1 \end{bmatrix}$ 的秩为 2, 求 a, b.

9. 已知向量组 $\boldsymbol{\alpha}_1=[1,2,3,4]^{\mathrm{T}},\boldsymbol{\alpha}_2=[2,3,4,5]^{\mathrm{T}},\boldsymbol{\alpha}_3=[3,4,5,6]^{\mathrm{T}},\boldsymbol{\alpha}_4=[4,5,6,t]^{\mathrm{T}}$ 的秩为 2, 求 t 的值.

10. 设向量组 $\boldsymbol{\alpha}_1,\boldsymbol{\alpha}_2,\cdots,\boldsymbol{\alpha}_m$ 的秩是 r, $\boldsymbol{\beta}_1=\boldsymbol{\alpha}_2+\boldsymbol{\alpha}_3+\cdots+\boldsymbol{\alpha}_m,\boldsymbol{\beta}_2=\boldsymbol{\alpha}_1+\boldsymbol{\alpha}_3+\cdots+\boldsymbol{\alpha}_m$, $\cdots$, $\boldsymbol{\beta}_m=\boldsymbol{\alpha}_1+\boldsymbol{\alpha}_2+\cdots+\boldsymbol{\alpha}_{m-1}$, 求向量组 $\boldsymbol{\beta}_1,\boldsymbol{\beta}_2,\cdots,\boldsymbol{\beta}_m$ 的秩.

11. 已知向量组 $\boldsymbol{A}:\boldsymbol{\alpha}_1,\boldsymbol{\alpha}_2,\boldsymbol{\alpha}_3;\boldsymbol{B}:\boldsymbol{\alpha}_1,\boldsymbol{\alpha}_2,\boldsymbol{\alpha}_3,\boldsymbol{\alpha}_4;\boldsymbol{C}:\boldsymbol{\alpha}_1,\boldsymbol{\alpha}_2,\boldsymbol{\alpha}_3,\boldsymbol{\alpha}_5$, 如果 $R(\boldsymbol{A})=R(\boldsymbol{B})=3$, 试证 $R(\boldsymbol{\alpha}_1,\boldsymbol{\alpha}_2,\boldsymbol{\alpha}_3,\boldsymbol{\alpha}_5-\boldsymbol{\alpha}_4)=4$.

3.4　线性方程组解的结构

前面已介绍了线性方程组的求解和有解的判定定理. 这一节将利用向量组的线性关系进一步讨论线性方程组在有无穷多个解的情况下, 这些解之间的关系以及解的结构.

3.4.1　齐次线性方程组解的结构

设有 n 元齐次线性方程组

$$\begin{cases} a_{11}x_1+a_{12}x_2+\cdots+a_{1n}x_n=0,\\ a_{21}x_1+a_{22}x_2+\cdots+a_{2n}x_n=0,\\ \qquad\qquad\cdots\cdots\\ a_{m1}x_1+a_{m2}x_2+\cdots+a_{mn}x_n=0,\end{cases} \tag{3.4.1}$$

记 $\boldsymbol{A}=\begin{bmatrix} a_{11} & a_{12} & \cdots & a_{1n}\\ a_{21} & a_{22} & \cdots & a_{2n}\\ \vdots & \vdots & & \vdots\\ a_{m1} & a_{m2} & \cdots & a_{mn}\end{bmatrix}$, $\boldsymbol{x}=\begin{bmatrix} x_1\\ x_2\\ \vdots\\ x_n\end{bmatrix}$, $\boldsymbol{0}=\begin{bmatrix}0\\0\\ \vdots\\0\end{bmatrix}$, 则 (3.4.1) 式可写成向量方程

$$\boldsymbol{Ax}=\boldsymbol{0}. \tag{3.4.2}$$

若 n 维列向量 $\boldsymbol{x}_0$ 满足向量方程 $\boldsymbol{Ax}_0=\boldsymbol{0}$, 则称 $\boldsymbol{x}_0$ 是 $\boldsymbol{Ax}=\boldsymbol{0}$ 的**解向量**. 根据向量方程 (3.4.2), 我们来讨论解向量的性质.

性质 3.4.1　若 $\boldsymbol{x}=\boldsymbol{\xi}_1$, $\boldsymbol{x}=\boldsymbol{\xi}_2$ 都是 $\boldsymbol{Ax}=\boldsymbol{0}$ 的解, 则 $\boldsymbol{x}=\boldsymbol{\xi}_1+\boldsymbol{\xi}_2$ 也是 $\boldsymbol{Ax}=\boldsymbol{0}$ 的解.

证明　因为 $\boldsymbol{x}=\boldsymbol{\xi}_1,\boldsymbol{x}=\boldsymbol{\xi}_2$ 都是向量方程 $\boldsymbol{Ax}=\boldsymbol{0}$ 的解, 所以 $\boldsymbol{A\xi}_1=\boldsymbol{0}$, $\boldsymbol{A\xi}_2=\boldsymbol{0}$, 故有 $\boldsymbol{A}(\boldsymbol{\xi}_1+\boldsymbol{\xi}_2)=\boldsymbol{A\xi}_1+\boldsymbol{A\xi}_2=\boldsymbol{0}$, 即 $\boldsymbol{x}=\boldsymbol{\xi}_1+\boldsymbol{\xi}_2$ 是 $\boldsymbol{Ax}=\boldsymbol{0}$ 的解.

性质 3.4.2　若 $\boldsymbol{x}=\boldsymbol{\xi}$ 为 $\boldsymbol{Ax}=\boldsymbol{0}$ 的解, k 为任意常数, 则 $\boldsymbol{x}=k\boldsymbol{\xi}$ 也是 $\boldsymbol{Ax}=\boldsymbol{0}$ 的解.

证明 因为 $\boldsymbol{x}=\boldsymbol{\xi}$ 为向量方程 $\boldsymbol{Ax}=\boldsymbol{0}$ 的解, 所以 $\boldsymbol{A\xi}=\boldsymbol{0}$, 故有 $\boldsymbol{A}(k\boldsymbol{\xi})=k(\boldsymbol{A\xi})=k\boldsymbol{0}=\boldsymbol{0}$, 即 $\boldsymbol{x}=k\boldsymbol{\xi}$ 是 $\boldsymbol{Ax}=\boldsymbol{0}$ 的解.

根据上述性质, 显然有: 如果 $\boldsymbol{\xi}_1,\ \boldsymbol{\xi}_2,\cdots,\boldsymbol{\xi}_t$ 都是 $\boldsymbol{Ax}=\boldsymbol{0}$ 的解, $k_1,\ k_2,\cdots,k_t$ 是任意常数, 则线性组合

$$k_1\boldsymbol{\xi}_1+k_2\boldsymbol{\xi}_2+\cdots+k_t\boldsymbol{\xi}_t$$

也是 $\boldsymbol{Ax}=\boldsymbol{0}$ 的解.

下面来研究齐次线性方程组解的结构, 其解有两种情况, 一种是方程组有唯一解, 即只有零解; 另一种是方程组有无穷多解, 即解中除了零解还有非零解, 这些非零解的个数是无穷多个, 那么要如何研究清楚这无穷多个解的结构呢? 我们可以把这无穷多个解构成的集合理解为一个含有无穷多个解向量的向量组, 如果能找到这个向量组的一个最大无关组, 那么这个向量组中的所有解向量都可以由该最大无关组线性表示, 这就相当于搞清楚了这无穷多个解的结构问题. 解向量组的这个最大无关组就是下面要介绍的齐次线性方程组的基础解系.

定义 3.4.1 如果齐次线性方程组 $\boldsymbol{Ax}=\boldsymbol{0}$ 的一组解向量 $\boldsymbol{\xi}_1,\ \boldsymbol{\xi}_2,\cdots,\boldsymbol{\xi}_t$ 满足

(1) $\boldsymbol{\xi}_1,\ \boldsymbol{\xi}_2,\cdots,\boldsymbol{\xi}_t$ 线性无关;

(2) $\boldsymbol{Ax}=\boldsymbol{0}$ 的任一解向量 $\boldsymbol{\alpha}$ 都可由 $\boldsymbol{\xi}_1,\ \boldsymbol{\xi}_2,\cdots,\boldsymbol{\xi}_t$ 线性表示,

则称 $\boldsymbol{\xi}_1,\ \boldsymbol{\xi}_2,\cdots,\boldsymbol{\xi}_t$ 是齐次线性方程组 $\boldsymbol{Ax}=\boldsymbol{0}$ 的一个**基础解系**.

如果 $\boldsymbol{\xi}_1,\ \boldsymbol{\xi}_2,\cdots,\boldsymbol{\xi}_t$ 是齐次线性方程组 $\boldsymbol{Ax}=\boldsymbol{0}$ 的一个基础解系, 也就是说 $\boldsymbol{\xi}_1,\ \boldsymbol{\xi}_2,\cdots,\boldsymbol{\xi}_t$ 是 $\boldsymbol{Ax}=\boldsymbol{0}$ 的所有解向量构成的向量组的一个最大无关组, 那么 $\boldsymbol{Ax}=\boldsymbol{0}$ 的任一解向量都可以由该最大无关组线性表示, 则它们的线性组合

$$k_1\boldsymbol{\xi}_1+k_2\boldsymbol{\xi}_2+\cdots+k_t\boldsymbol{\xi}_t\quad(k_1,\ k_2,\cdots,k_t\text{为任意常数})$$

就是齐次线性方程组 $\boldsymbol{Ax}=\boldsymbol{0}$ 的所有解, 即 $\boldsymbol{Ax}=\boldsymbol{0}$ 的**通解**. 所以要求齐次线性方程组的通解只要求出 $\boldsymbol{Ax}=\boldsymbol{0}$ 的一个基础解系就可以了.

下面来求 $\boldsymbol{Ax}=\boldsymbol{0}$ 的一个基础解系.

当 $\boldsymbol{Ax}=\boldsymbol{0}$ 只有零解时, 方程组没有基础解系. 当 $\boldsymbol{Ax}=\boldsymbol{0}$ 有非零解时, 我们利用初等变换的方法来求 $\boldsymbol{Ax}=\boldsymbol{0}$ 的一个基础解系.

设方程组 $\boldsymbol{Ax}=\boldsymbol{0}$ 的系数矩阵 $\boldsymbol{A}$ 的秩为 $R(\boldsymbol{A})=r$, 此时 $r<n$. 对 $\boldsymbol{A}$ 作初等行变换变成行最简形矩阵 $\boldsymbol{B}$,

$$
\boldsymbol{B}=\begin{bmatrix}
1 & 0 & \cdots & 0 & b_{11} & b_{12} & \cdots & b_{1,n-r}\\
0 & 1 & \cdots & 0 & b_{21} & b_{22} & \cdots & b_{2,n-r}\\
\vdots & \vdots & & \vdots & \vdots & \vdots & & \vdots\\
0 & 0 & \cdots & 1 & b_{r1} & b_{r2} & \cdots & b_{r,n-r}\\
0 & 0 & \cdots & 0 & 0 & 0 & \cdots & 0\\
0 & 0 & \cdots & 0 & 0 & 0 & \cdots & 0\\
\vdots & \vdots & & \vdots & \vdots & \vdots & & \vdots\\
0 & 0 & \cdots & 0 & 0 & 0 & \cdots & 0
\end{bmatrix}, \tag{3.4.3}
$$

得方程组 $\boldsymbol{Ax}=\boldsymbol{0}$ 的同解方程组为

$$
\begin{cases}
x_1=-b_{11}x_{r+1}-b_{12}x_{r+2}-\cdots-b_{1,n-r}x_n,\\
x_2=-b_{21}x_{r+1}-b_{22}x_{r+2}-\cdots-b_{2,n-r}x_n,\\
\qquad\cdots\cdots\\
x_r=-b_{r1}x_{r+1}-b_{r2}x_{r+2}-\cdots-b_{r,n-r}x_n,
\end{cases} \tag{3.4.4}
$$

这里 $x_{r+1},\cdots,x_n$ 是 $n-r$ 个自由未知量, 也就是 $x_{r+1},\cdots,x_n$ 可以取任意值. 不妨设

$$
\begin{bmatrix} x_{r+1}\\ x_{r+2}\\ \vdots\\ x_n \end{bmatrix}=
\begin{bmatrix} 1\\ 0\\ \vdots\\ 0 \end{bmatrix},
\begin{bmatrix} 0\\ 1\\ \vdots\\ 0 \end{bmatrix},\cdots,
\begin{bmatrix} 0\\ 0\\ \vdots\\ 1 \end{bmatrix},
$$

代入式 (3.4.4) 得方程组 $\boldsymbol{Ax}=\boldsymbol{0}$ 的 $n-r$ 个解向量:

$$
\boldsymbol{\xi}_1=\begin{bmatrix} -b_{11}\\ -b_{21}\\ \vdots\\ -b_{r1}\\ 1\\ 0\\ \vdots\\ 0 \end{bmatrix},\quad
\boldsymbol{\xi}_2=\begin{bmatrix} -b_{12}\\ -b_{22}\\ \vdots\\ -b_{r2}\\ 0\\ 1\\ \vdots\\ 0 \end{bmatrix},\quad \cdots,\quad
\boldsymbol{\xi}_{n-r}=\begin{bmatrix} -b_{1,n-r}\\ -b_{2,n-r}\\ \vdots\\ -b_{r,n-r}\\ 0\\ 0\\ \vdots\\ 1 \end{bmatrix}.
$$

下面证明 $\boldsymbol{\xi}_1,\boldsymbol{\xi}_2,\cdots,\boldsymbol{\xi}_{n-r}$ 是方程组 $\boldsymbol{Ax}=\boldsymbol{0}$ 的一个基础解系.

首先矩阵 $[\boldsymbol{\xi}_1,\boldsymbol{\xi}_2,\cdots,\boldsymbol{\xi}_{n-r}]$ 中有一个最高阶子式, 即 $n-r$ 阶子式 $|\boldsymbol{E}_{n-r}|\neq 0$, 故 $R(\boldsymbol{\xi}_1,\boldsymbol{\xi}_2,\cdots,\boldsymbol{\xi}_{n-r})=n-r$ (等于向量的个数), 所以 $\boldsymbol{\xi}_1,\boldsymbol{\xi}_2,\cdots,\boldsymbol{\xi}_{n-r}$ 线性无关.

再证明方程组 $\boldsymbol{Ax}=\boldsymbol{0}$ 的任一解向量都可由 $\boldsymbol{\xi}_1,\boldsymbol{\xi}_2,\cdots,\boldsymbol{\xi}_{n-r}$ 线性表示. 设 $\boldsymbol{x}=[x_1,x_2,\cdots,x_n]^{\mathrm{T}}$ 是方程组 $\boldsymbol{Ax}=\boldsymbol{0}$ 的任一解向量, 由式 (3.4.4) 知,

$$
\begin{aligned}
\boldsymbol{x}=\begin{bmatrix} x_1\\ x_2\\ \vdots\\ x_r\\ x_{r+1}\\ x_{r+2}\\ \vdots\\ x_n \end{bmatrix}
&=\begin{bmatrix} -b_{11}x_{r+1}-b_{12}x_{r+2}-\cdots-b_{1,n-r}x_n\\ -b_{21}x_{r+1}-b_{22}x_{r+2}-\cdots-b_{2,n-r}x_n\\ \vdots\\ -b_{r1}x_{r+1}-b_{r2}x_{r+2}-\cdots-b_{r,n-r}x_n\\ x_{r+1}\\ x_{r+2}\\ \vdots\\ x_n \end{bmatrix}\\
&=x_{r+1}\begin{bmatrix} -b_{11}\\ -b_{21}\\ \vdots\\ -b_{r1}\\ 1\\ 0\\ \vdots\\ 0 \end{bmatrix}+x_{r+2}\begin{bmatrix} -b_{12}\\ -b_{22}\\ \vdots\\ -b_{r2}\\ 0\\ 1\\ \vdots\\ 0 \end{bmatrix}+\cdots+x_n\begin{bmatrix} -b_{1,n-r}\\ -b_{2,n-r}\\ \vdots\\ -b_{r,n-r}\\ 0\\ 0\\ \vdots\\ 1 \end{bmatrix}\\
&=x_{r+1}\boldsymbol{\xi}_1+x_{r+2}\boldsymbol{\xi}_2+\cdots+x_n\boldsymbol{\xi}_{n-r},
\end{aligned}
$$

即解向量 $\boldsymbol{x}=[x_1,x_2,\cdots,x_n]^{\mathrm{T}}$ 可以由 $\boldsymbol{\xi}_1,\boldsymbol{\xi}_2,\cdots,\boldsymbol{\xi}_{n-r}$ 线性表示.

综上知 $\boldsymbol{\xi}_1,\boldsymbol{\xi}_2,\cdots,\boldsymbol{\xi}_{n-r}$ 是 $\boldsymbol{Ax}=\boldsymbol{0}$ 的一个基础解系. 于是有如下的定理.

定理 3.4.1 对于 n 元齐次线性方程组 $\boldsymbol{Ax}=\boldsymbol{0}$, 若 $R(\boldsymbol{A})=r<n$, 则该方程组的基础解系一定存在, 且每个基础解系中所含解向量的个数均等于 $n-r$.

由最大无关组的性质知, 一个向量组的最大无关组可能不唯一, 但每个最大无关组所含向量的个数是相同的. 可以证明, n 元齐次线性方程组 $\boldsymbol{Ax}=\boldsymbol{0}$ 的任何 $n-R(\boldsymbol{A})$ 个线性无关的解向量都可以构成它的基础解系. 齐次线性方程组的基础解系不唯一, 它的通解的表达形式也不唯一, 但每个基础解系中所含向量的个数都是 $n-r$ 个.

例 3.4.1 求齐次线性方程组 $\begin{cases} x_1 - x_2 - x_3 + x_4 = 0, \\ x_1 - x_2 + x_3 - 3x_4 = 0, \\ x_1 - x_2 - 2x_3 + 3x_4 = 0 \end{cases}$ 的基础解系和通解.

解 对方程组的系数矩阵 $\boldsymbol{A}$ 作初等行变换化为行最简形矩阵, 得

$$\boldsymbol{A}=\begin{bmatrix} 1 & -1 & -1 & 1 \\ 1 & -1 & 1 & -3 \\ 1 & -1 & -2 & 3 \end{bmatrix} \xrightarrow[r_3-r_1]{r_2-r_1} \begin{bmatrix} 1 & -1 & -1 & 1 \\ 0 & 0 & 2 & -4 \\ 0 & 0 & -1 & 2 \end{bmatrix}$$

$$\xrightarrow[r_3+r_2]{r_2\times\frac{1}{2}} \begin{bmatrix} 1 & -1 & -1 & 1 \\ 0 & 0 & 1 & -2 \\ 0 & 0 & 0 & 0 \end{bmatrix} \xrightarrow{r_1+r_2} \begin{bmatrix} 1 & -1 & 0 & -1 \\ 0 & 0 & 1 & -2 \\ 0 & 0 & 0 & 0 \end{bmatrix}.$$

所以 $R(\boldsymbol{A}) = 2 < 4$ (未知量的个数), 得同解方程组为 $\begin{cases} x_1 - x_2 - x_4 = 0, \\ x_3 - 2x_4 = 0. \end{cases}$

令自由未知量 $\begin{bmatrix} x_2 \\ x_4 \end{bmatrix} = \begin{bmatrix} 1 \\ 0 \end{bmatrix}$ 及 $\begin{bmatrix} 0 \\ 1 \end{bmatrix}$ 得 $\begin{bmatrix} x_1 \\ x_3 \end{bmatrix} = \begin{bmatrix} 1 \\ 0 \end{bmatrix}$ 及 $\begin{bmatrix} 1 \\ 2 \end{bmatrix}$, 从而

得原方程组的一个基础解系 $\boldsymbol{\xi}_1 = \begin{bmatrix} 1 \\ 1 \\ 0 \\ 0 \end{bmatrix}, \boldsymbol{\xi}_2 = \begin{bmatrix} 1 \\ 0 \\ 2 \\ 1 \end{bmatrix}$,

> **想一想:** 自由未知量还可取其他值吗?

因此通解为 $\boldsymbol{x} = k_1\boldsymbol{\xi}_1 + k_2\boldsymbol{\xi}_2$, 即

$$\begin{bmatrix} x_1 \\ x_2 \\ x_3 \\ x_4 \end{bmatrix} = k_1 \begin{bmatrix} 1 \\ 1 \\ 0 \\ 0 \end{bmatrix} + k_2 \begin{bmatrix} 1 \\ 0 \\ 2 \\ 1 \end{bmatrix} (k_1, k_2\text{为任意常数}).$$

例 3.4.2 设 $\boldsymbol{A}, \boldsymbol{B}$ 分别是 $m\times n, n\times s$ 矩阵, 若 $\boldsymbol{AB}=\boldsymbol{O}$, 则 $R(\boldsymbol{A})+R(\boldsymbol{B})\leqslant n$.

证明 把矩阵 $\boldsymbol{B}$ 按列分块 $\boldsymbol{B} = [\boldsymbol{B}_1, \boldsymbol{B}_2, \cdots, \boldsymbol{B}_s]$, 则有

$$\boldsymbol{AB} = [\boldsymbol{AB}_1, \boldsymbol{AB}_2, \cdots, \boldsymbol{AB}_s] = \boldsymbol{O} = [\boldsymbol{0}, \boldsymbol{0}, \cdots, \boldsymbol{0}],$$

可得 $\boldsymbol{AB}_1 = \boldsymbol{AB}_2 = \cdots = \boldsymbol{AB}_s = \boldsymbol{0}$, 即 $\boldsymbol{B}_1, \boldsymbol{B}_2, \cdots, \boldsymbol{B}_s$ 都是 n 元齐次线性方程组 $\boldsymbol{Ax} = \boldsymbol{0}$ 的解.

由定理 3.4.1 知, $R(\boldsymbol{B}) = R(\boldsymbol{B}_1, \boldsymbol{B}_2, \cdots, \boldsymbol{B}_s) \leqslant n - R(\boldsymbol{A})$, 即证.

3.4.2 非齐次线性方程组解的结构

设有 n 元非齐次线性方程组

$$\begin{cases} a_{11}x_1 + a_{12}x_2 + \cdots + a_{1n}x_n = b_1, \\ a_{21}x_1 + a_{22}x_2 + \cdots + a_{2n}x_n = b_2, \\ \qquad\cdots\cdots \\ a_{m1}x_1 + a_{m2}x_2 + \cdots + a_{mn}x_n = b_m, \end{cases} \tag{3.4.5}$$

也可写成向量方程

$$\boldsymbol{Ax} = \boldsymbol{b}, \tag{3.4.6}$$

其中 $\boldsymbol{A} = [a_{ij}]_{m\times n}, \boldsymbol{x} = [x_1, x_2, \cdots, x_n]^{\mathrm{T}}, \boldsymbol{b} = [b_1, b_2, \cdots, b_m]^{\mathrm{T}} \neq \boldsymbol{0}$. 将方程组 (3.4.5) 中的常数项 $b_1, b_2, \cdots, b_m$ 全都换为 0, 就得到方程组 (3.4.1), 这时称齐次线性方程组 (3.4.1) 是非齐次线性方程组 (3.4.5) 的**导出组**.

方程 (3.4.6) 的解也就是方程组 (3.4.5) 的解向量, 它具有如下性质.

性质 3.4.3 设 $\boldsymbol{x} = \boldsymbol{\eta}_1$ 及 $\boldsymbol{x} = \boldsymbol{\eta}_2$ 都是 $\boldsymbol{Ax} = \boldsymbol{b}$ 的解, 则 $\boldsymbol{x} = \boldsymbol{\eta}_1 - \boldsymbol{\eta}_2$ 为其导出组 $\boldsymbol{Ax} = \boldsymbol{0}$ 的解.

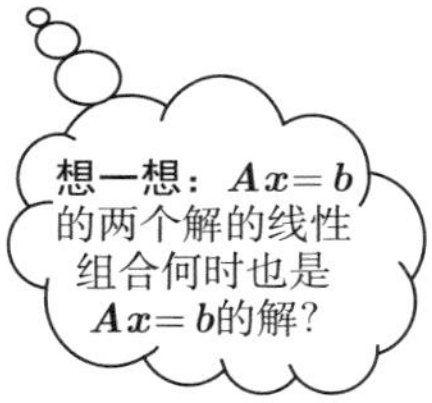

证明 $\boldsymbol{A}(\boldsymbol{\eta}_1 - \boldsymbol{\eta}_2) = \boldsymbol{A\eta}_1 - \boldsymbol{A\eta}_2 = \boldsymbol{b} - \boldsymbol{b} = \boldsymbol{0}$, 即 $\boldsymbol{x} = \boldsymbol{\eta}_1 - \boldsymbol{\eta}_2$ 满足方程 $\boldsymbol{Ax} = \boldsymbol{0}$.

性质 3.4.4 设 $\boldsymbol{x} = \boldsymbol{\eta}^*$ 是 $\boldsymbol{Ax} = \boldsymbol{b}$ 的解, $\boldsymbol{x} = \boldsymbol{\xi}$ 是 $\boldsymbol{Ax} = \boldsymbol{0}$ 的解, 则 $\boldsymbol{x} = \boldsymbol{\eta}^* + \boldsymbol{\xi}$ 仍是 $\boldsymbol{Ax} = \boldsymbol{b}$ 的解.

证明 $\boldsymbol{A}(\boldsymbol{\eta}^* + \boldsymbol{\xi}) = \boldsymbol{A\eta}^* + \boldsymbol{A\xi} = \boldsymbol{b} + \boldsymbol{0} = \boldsymbol{b}$, 即 $\boldsymbol{x} = \boldsymbol{\eta}^* + \boldsymbol{\xi}$ 满足 $\boldsymbol{Ax} = \boldsymbol{b}$.

定理 3.4.2 若非齐次线性方程组 $\boldsymbol{Ax} = \boldsymbol{b}$ 的一个特解为 $\boldsymbol{\eta}^*$, 导出组 $\boldsymbol{Ax} = \boldsymbol{0}$ 的一个基础解系为 $\boldsymbol{\xi}_1, \boldsymbol{\xi}_2, \cdots, \boldsymbol{\xi}_{n-r}$, 则 $\boldsymbol{Ax} = \boldsymbol{b}$ 的通解可表示成 $\boldsymbol{x} = \boldsymbol{\eta}^* + k_1\boldsymbol{\xi}_1 + k_2\boldsymbol{\xi}_2 + \cdots + k_{n-r}\boldsymbol{\xi}_{n-r}$ ($k_1, k_2, \cdots, k_{n-r}$ 为任意常数).

证明 设 $\boldsymbol{x}$ 是 $\boldsymbol{Ax} = \boldsymbol{b}$ 的任一解, 由性质 3.4.3 知 $\boldsymbol{x} - \boldsymbol{\eta}^*$ 是 $\boldsymbol{Ax} = \boldsymbol{0}$ 的解, 因此可由基础解系线性表示, 即有 $\boldsymbol{x} - \boldsymbol{\eta}^* = k_1\boldsymbol{\xi}_1 + k_2\boldsymbol{\xi}_2 + \cdots + k_{n-r}\boldsymbol{\xi}_{n-r}$, 得证.

可见, 要求非齐次线性方程组的通解即求它的一个特解和其导出组的通解, 再把二者加起来就得到非齐次线性方程组的通解.

例 3.4.3 求解线性方程组 $\begin{cases} x_1 + x_2 - 3x_3 - x_4 = 1, \\ 3x_1 - x_2 - 3x_3 + 4x_4 = 4, \\ x_1 + 5x_2 - 9x_3 - 8x_4 = 0. \end{cases}$

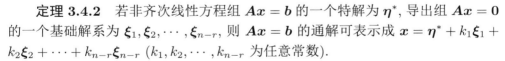

解　对方程组的增广矩阵 $\overline{\boldsymbol{A}}$ 作初等行变换, 得

$$\overline{\boldsymbol{A}}=\left[\begin{array}{cccc|c}1&1&-3&-1&1\\3&-1&-3&4&4\\1&5&-9&-8&0\end{array}\right]\xrightarrow[r_3-r_1]{r_2-3r_1}\left[\begin{array}{cccc|c}1&1&-3&-1&1\\0&-4&6&7&1\\0&4&-6&-7&-1\end{array}\right]$$

$$\xrightarrow{r_3+r_1}\left[\begin{array}{cccc|c}1&1&-3&-1&1\\0&-4&6&7&1\\0&0&0&0&0\end{array}\right]$$

$$\xrightarrow{r_2\times\left(-\frac{1}{4}\right)}\left[\begin{array}{cccc|c}1&1&-3&-1&1\\0&1&-\dfrac{3}{2}&-\dfrac{7}{4}&-\dfrac{1}{4}\\0&0&0&0&0\end{array}\right]\xrightarrow{r_1-r_2}\left[\begin{array}{cccc|c}1&0&-\dfrac{3}{2}&\dfrac{3}{4}&\dfrac{5}{4}\\0&1&-\dfrac{3}{2}&-\dfrac{7}{4}&-\dfrac{1}{4}\\0&0&0&0&0\end{array}\right].$$

因 $R(\boldsymbol{A})=R(\overline{\boldsymbol{A}})=2<4$, 所以方程组有无穷多解, 得同解方程组

$$\begin{cases}x_1-\dfrac{3}{2}x_3+\dfrac{3}{4}x_4=\dfrac{5}{4},\\[2mm] x_2-\dfrac{3}{2}x_3-\dfrac{7}{4}x_4=-\dfrac{1}{4},\end{cases}$$

令自由未知量 $x_3=0,x_4=0$, 得原方程组的一个特解为 $\boldsymbol{\eta}=\begin{bmatrix}\dfrac{5}{4}\\-\dfrac{1}{4}\\0\\0\end{bmatrix}$(这个解是不唯一的, 只要是原方程组的解即可).

想一想: 求特解和求基础解系对应的方程组有什么不同?

而原方程组的导出组为

$$\begin{cases}x_1-\dfrac{3}{2}x_3+\dfrac{3}{4}x_4=0,\\[2mm] x_2-\dfrac{3}{2}x_3-\dfrac{7}{4}x_4=0,\end{cases}$$

令自由未知量 $\begin{bmatrix}x_3\\x_4\end{bmatrix}=\begin{bmatrix}1\\0\end{bmatrix}$ 及 $\begin{bmatrix}0\\1\end{bmatrix}$, 得相应的 $\begin{bmatrix}x_1\\x_2\end{bmatrix}=\begin{bmatrix}\dfrac{3}{2}\\\dfrac{3}{2}\end{bmatrix}$ 及 $\begin{bmatrix}-\dfrac{3}{4}\\\dfrac{7}{4}\end{bmatrix}$,

从而得到导出组的基础解系为

$$\boldsymbol{\xi}_1=\begin{bmatrix}\frac{3}{2}\\\frac{3}{2}\\1\\0\end{bmatrix},\quad \boldsymbol{\xi}_2=\begin{bmatrix}-\frac{3}{4}\\\frac{7}{4}\\0\\1\end{bmatrix}.$$

综上, 原方程组的通解为 $\boldsymbol{x}=\boldsymbol{\eta}+k_1\boldsymbol{\xi}_1+k_2\boldsymbol{\xi}_2$, 其中 k_1,k_2 为任意常数.

例 3.4.4 讨论线性方程组 $\begin{cases}x_1+x_2+x_3=0,\\x_1+x_2+ax_3=c+1,\\x_1+(a-2)x_3=c\end{cases}$ 的解, 并求有无穷多解时的通解.

解法 1 方程组的系数矩阵 $\boldsymbol{A}$ 为方阵, 先求系数行列式

$$|\boldsymbol{A}|=\begin{vmatrix}1&1&1\\1&1&a\\1&0&a-2\end{vmatrix}=\begin{vmatrix}1&1&1\\0&0&a-1\\0&-1&a-3\end{vmatrix}=a-1,$$

所以

(1) 当 $a\neq1$ 时, 有 $|\boldsymbol{A}|\neq0$, 用克拉默法则知原方程组有唯一解;

(2) 当 $a=1$ 时, 有 $|\boldsymbol{A}|=0$, 这时用克拉默法则无法求解.

对方程组的增广矩阵 $\overline{\boldsymbol{A}}$ 作初等行变换, 得

$$\overline{\boldsymbol{A}}=\left[\begin{array}{ccc:c}1&1&1&0\\1&1&1&c+1\\1&0&-1&c\end{array}\right]\xrightarrow[r_3-r_1]{r_2-r_1}\left[\begin{array}{ccc:c}1&1&1&0\\0&0&0&c+1\\0&-1&-2&c\end{array}\right]$$

$$\xrightarrow[r_2\leftrightarrow r_3]{r_3\times(-1)}\left[\begin{array}{ccc:c}1&1&1&0\\0&1&2&-c\\0&0&0&c+1\end{array}\right]\xrightarrow{r_1-r_2}\left[\begin{array}{ccc:c}1&0&-1&c\\0&1&2&-c\\0&0&0&c+1\end{array}\right].$$

当 $a=1$ 且 $c\neq-1$ 时, $R(\boldsymbol{A})=2<R(\overline{\boldsymbol{A}})=3$, 方程组无解.

当 $a=1$ 且 $c=-1$ 时, $R(\boldsymbol{A})=R(\overline{\boldsymbol{A}})=2$, 方程组有无穷多解, 方程组的增广矩阵 $\overline{\boldsymbol{A}}$ 可作初等行变换, 有 $\overline{\boldsymbol{A}}\xrightarrow{r}\left[\begin{array}{ccc:c}1&0&-1&-1\\0&1&2&1\\0&0&0&0\end{array}\right]$, 得与原方程组同解的

方程组为 $\begin{cases} x_1 - x_3 = -1, \\ x_2 + 2x_3 = 1. \end{cases}$ 令自由未知量 $x_3 = k$, 则通解为

$$\begin{bmatrix} x_1 \\ x_2 \\ x_3 \end{bmatrix} = \begin{bmatrix} k-1 \\ -2k+1 \\ k \end{bmatrix} = k\begin{bmatrix} 1 \\ -2 \\ 1 \end{bmatrix} + \begin{bmatrix} -1 \\ 1 \\ 0 \end{bmatrix} (k\text{ 为任意常数}).$$

解法 2　对线性方程组的增广矩阵 $\overline{\boldsymbol{A}}$ 作初等行变换, 得

$$\overline{\boldsymbol{A}} = \left[\begin{array}{ccc:c} 1 & 1 & 1 & 0 \\ 1 & 1 & a & c+1 \\ 1 & 0 & a-2 & c \end{array}\right] \xrightarrow[r_3-r_1]{r_2-r_1} \left[\begin{array}{ccc:c} 1 & 1 & 1 & 0 \\ 0 & 0 & a-1 & c+1 \\ 0 & -1 & a-3 & c \end{array}\right]$$

$$\xrightarrow[\substack{r_3\times(-1) \\ r_2\leftrightarrow r_3}]{r_3-r_2} \left[\begin{array}{ccc:c} 1 & 1 & 1 & 0 \\ 0 & 1 & 2 & 1 \\ 0 & 0 & a-1 & c+1 \end{array}\right] \xrightarrow{r_1-r_2} \left[\begin{array}{ccc:c} 1 & 0 & -1 & -1 \\ 0 & 1 & 2 & 1 \\ 0 & 0 & a-1 & c+1 \end{array}\right].$$

所以

(1) 当 $a \neq 1$ 时, 有 $R(\overline{\boldsymbol{A}}) = R(\boldsymbol{A}) = 3$ (未知量的个数也是 3), 故原方程组有唯一解;

(2) 当 $a = 1$ 且 $c \neq -1$ 时, $R(\boldsymbol{A}) = 2 < R(\overline{\boldsymbol{A}}) = 3$, 方程组无解;

(3) 当 $a = 1$ 且 $c = -1$ 时, $R(\boldsymbol{A}) = R(\overline{\boldsymbol{A}}) = 2$, 方程组有无穷多解, 方程组的增广矩阵 $\overline{\boldsymbol{A}}$ 可作初等行变换为 $\overline{\boldsymbol{A}} \xrightarrow{r} \left[\begin{array}{ccc:c} 1 & 0 & -1 & -1 \\ 0 & 1 & 2 & 1 \\ 0 & 0 & 0 & 0 \end{array}\right]$, 得与原方程组同解的方程组为 $\begin{cases} x_1 - x_3 = -1, \\ x_2 + 2x_3 = 1. \end{cases}$ 令自由未知量 $x_3 = k$, 则通解为

$$\begin{bmatrix} x_1 \\ x_2 \\ x_3 \end{bmatrix} = \begin{bmatrix} k-1 \\ -2k+1 \\ k \end{bmatrix} = k\begin{bmatrix} 1 \\ -2 \\ 1 \end{bmatrix} + \begin{bmatrix} -1 \\ 1 \\ 0 \end{bmatrix} (k\text{ 为任意常数}).$$

例 3.4.5　设四元非齐次线性方程组 $\boldsymbol{Ax} = \boldsymbol{b}$, 且 $R(\boldsymbol{A}) = 3$, $\boldsymbol{\alpha}_1, \boldsymbol{\alpha}_2, \boldsymbol{\alpha}_3$ 是 $\boldsymbol{Ax} = \boldsymbol{b}$ 的三个解向量, 其中 $\boldsymbol{\alpha}_1 = \begin{bmatrix} 2 \\ 0 \\ 0 \\ 5 \end{bmatrix}$, $\boldsymbol{\alpha}_2 + \boldsymbol{\alpha}_3 = \begin{bmatrix} 2 \\ 0 \\ 0 \\ 6 \end{bmatrix}$, 求 $\boldsymbol{Ax} = \boldsymbol{b}$ 的通解.

解 因为 $R(\boldsymbol{A})=3$, 所以 $\boldsymbol{Ax}=\boldsymbol{b}$ 所对应的齐次线性方程组 $\boldsymbol{Ax}=\boldsymbol{0}$ 的基础解系所含向量的个数为 $n-R(\boldsymbol{A})=4-3=1$. 由线性方程组解的性质知, $\dfrac{\boldsymbol{\alpha}_2+\boldsymbol{\alpha}_3}{2}$ 也是 $\boldsymbol{Ax}=\boldsymbol{b}$ 的一个解, $\boldsymbol{\xi}=\boldsymbol{\alpha}_1-\dfrac{\boldsymbol{\alpha}_2+\boldsymbol{\alpha}_3}{2}=\begin{bmatrix}2\\0\\0\\5\end{bmatrix}-\begin{bmatrix}1\\0\\0\\3\end{bmatrix}=\begin{bmatrix}1\\0\\0\\2\end{bmatrix}$ 是 $\boldsymbol{Ax}=\boldsymbol{0}$ 的一个解, 且线性无关, 所以 $\boldsymbol{\xi}=\begin{bmatrix}1\\0\\0\\2\end{bmatrix}$ 是 $\boldsymbol{Ax}=\boldsymbol{0}$ 的基础解系, 故 $\boldsymbol{Ax}=\boldsymbol{b}$ 的通解为 $\boldsymbol{x}=\boldsymbol{\alpha}_1+k\boldsymbol{\xi}=\begin{bmatrix}2\\0\\0\\5\end{bmatrix}+k\begin{bmatrix}1\\0\\0\\2\end{bmatrix}$ (k 为任意常数).

习 题 3.4

1. 求齐次线性方程组的基础解系和通解:

$$\begin{cases}x_1+2x_2-x_3+2x_4=0,\\2x_1+4x_2+x_3+x_4=0,\\-x_1-2x_2-2x_3+x_4=0.\end{cases}$$

2. 求下列非齐次线性方程组的通解 (用特解和基础解系表示):

(1) $\begin{cases}2x_1+3x_2+x_3=4,\\x_1-2x_2+4x_3=-5,\\3x_1+8x_2-2x_3=13,\\4x_1-x_2+9x_3=-6;\end{cases}$ (2) $\begin{cases}2x_1+x_2-x_3+x_4=1,\\4x_1+2x_2-2x_3+x_4=2,\\2x_1+x_2-x_3-x_4=1.\end{cases}$

3. 已知齐次线性方程组 $\begin{cases}x_1+2x_2+x_3+2x_4=0,\\x_2+ax_3+ax_4=0,\\2x_1+ax_2-x_3+x_4=0\end{cases}$ 的基础解系含有两个向量, 求 a 的值及方程组的通解.

4. 已知线性方程组 $\begin{cases}x_1+x_2+x_3+x_4+x_5=1,\\3x_1+2x_2+x_3+x_4-3x_5=m,\\x_2+2x_3+2x_4+6x_5=3,\\5x_1+4x_2+3x_3+3x_4-x_5=n.\end{cases}$ 讨论 m,n 取什么值时该方程组有解, 并用对应齐次方程组的基础解系表示原方程组的通解.

5. λ 取何值时, 非齐次线性方程组 $\begin{cases}\lambda x_1+x_2+x_3=1,\\ x_1+\lambda x_2+x_3=\lambda,\\ x_1+x_2+\lambda x_3=\lambda^2,\end{cases}$ (1) 有唯一解; (2) 无解; (3) 有无穷多解, 并求其通解 (用特解和基础解系表示).

6. 设 $\boldsymbol{A}=\begin{bmatrix}2&1&1&2\\0&1&3&1\\1&a&c&1\end{bmatrix}$, $\boldsymbol{b}=\begin{bmatrix}0\\1\\0\end{bmatrix}$, $\boldsymbol{\eta}=\begin{bmatrix}1\\-1\\1\\-1\end{bmatrix}$, $\boldsymbol{\eta}$ 是方程组 $\boldsymbol{Ax}=\boldsymbol{b}$ 的一个解, 求 $\boldsymbol{Ax}=\boldsymbol{b}$ 的通解.

7. 设四元非齐次线性方程组 $\boldsymbol{Ax}=\boldsymbol{b}$ 的系数矩阵 $\boldsymbol{A}$ 的秩是 3, 已知它的三个解向量为 $\boldsymbol{\eta}_1,\boldsymbol{\eta}_2,\boldsymbol{\eta}_3$, 其中 $\boldsymbol{\eta}_1=\begin{bmatrix}3\\-4\\1\\2\end{bmatrix}$, $\boldsymbol{\eta}_2+\boldsymbol{\eta}_3=\begin{bmatrix}4\\6\\8\\0\end{bmatrix}$, 求该方程组的通解.

8. 设四元非齐次线性方程组 $\boldsymbol{Ax}=\boldsymbol{b}$ 的系数矩阵 $\boldsymbol{A}$ 的秩是 2, 已知它的三个解向量为 $\boldsymbol{\eta}_1,\boldsymbol{\eta}_2,\boldsymbol{\eta}_3$, 其中 $\boldsymbol{\eta}_1=\begin{bmatrix}4\\3\\2\\1\end{bmatrix}$, $\boldsymbol{\eta}_2=\begin{bmatrix}1\\3\\5\\1\end{bmatrix}$, $\boldsymbol{\eta}_3=\begin{bmatrix}-2\\6\\3\\2\end{bmatrix}$, 求该方程组的通解.

9. 设矩阵 $\boldsymbol{A}=[\boldsymbol{\alpha}_1,\boldsymbol{\alpha}_2,\boldsymbol{\alpha}_3,\boldsymbol{\alpha}_4]$ 的列向量 $\boldsymbol{\alpha}_2,\boldsymbol{\alpha}_3,\boldsymbol{\alpha}_4$ 线性无关, 且 $\boldsymbol{\alpha}_1=2\boldsymbol{\alpha}_2-\boldsymbol{\alpha}_3$, $\boldsymbol{\beta}=\boldsymbol{\alpha}_1+\boldsymbol{\alpha}_2+\boldsymbol{\alpha}_3+\boldsymbol{\alpha}_4$, 试求 $\boldsymbol{Ax}=\boldsymbol{\beta}$ 的通解.

10. 设 $\boldsymbol{\eta}_1,\boldsymbol{\eta}_2,\cdots,\boldsymbol{\eta}_s$ 是非齐次线性方程组 $\boldsymbol{Ax}=\boldsymbol{b}$ 的 s 个解, $k_1,k_2,\cdots,k_s$ 为常数, 满足 $k_1+k_2+\cdots+k_s=1$, 证明 $\boldsymbol{x}=k_1\boldsymbol{\eta}_1+k_2\boldsymbol{\eta}_2+\cdots+k_s\boldsymbol{\eta}_s$ 也是方程组 $\boldsymbol{Ax}=\boldsymbol{b}$ 的解.

11. 设 $\boldsymbol{\alpha}_1,\boldsymbol{\alpha}_2$ 是非齐次线性方程组 $\boldsymbol{Ax}=\boldsymbol{\beta}$ 的两个解, 问线性组合 $k_1\boldsymbol{\alpha}_1+k_2\boldsymbol{\alpha}_2$ 何时是 $\boldsymbol{Ax}=\boldsymbol{\beta}$ 的解? 何时是 $\boldsymbol{Ax}=\boldsymbol{0}$ 的解? 说明理由.

12. 求一个齐次线性方程组, 使它的基础解系为 $\boldsymbol{\xi}_1=\begin{bmatrix}0\\1\\3\\2\end{bmatrix}$, $\boldsymbol{\xi}_2=\begin{bmatrix}3\\2\\0\\1\end{bmatrix}$.

13. 设 $\boldsymbol{\beta}$ 是非齐次线性方程组 $\boldsymbol{Ax}=\boldsymbol{b}$ 的一个解, $\boldsymbol{\alpha}_1,\boldsymbol{\alpha}_2,\cdots,\boldsymbol{\alpha}_s$ 是 $\boldsymbol{Ax}=\boldsymbol{0}$ 的一个基础解系, 判断向量组 $\boldsymbol{\alpha}_1,\boldsymbol{\alpha}_2,\cdots,\boldsymbol{\alpha}_s,\boldsymbol{\beta}$ 线性相关? 线性无关? 说明理由.

复 习 题 3

1. 设向量组 $\boldsymbol{\alpha}_1=\begin{bmatrix}k\\1\\1\end{bmatrix}$, $\boldsymbol{\alpha}_2=\begin{bmatrix}1\\k\\1\end{bmatrix}$, $\boldsymbol{\alpha}_3=\begin{bmatrix}1\\1\\k\end{bmatrix}$, 问当 k 为何值时, $\boldsymbol{\alpha}_1,\boldsymbol{\alpha}_2,\boldsymbol{\alpha}_3$ 线性相关; 当 k 为何值时, $\boldsymbol{\alpha}_1,\boldsymbol{\alpha}_2,\boldsymbol{\alpha}_3$ 线性无关?

2. 设有向量组 $\boldsymbol{A}:\boldsymbol{\alpha}_1=\begin{bmatrix}1\\0\\2\\3\end{bmatrix},\boldsymbol{\alpha}_2=\begin{bmatrix}1\\1\\3\\5\end{bmatrix},\boldsymbol{\alpha}_3=\begin{bmatrix}1\\-1\\a+2\\1\end{bmatrix},\boldsymbol{\alpha}_4=\begin{bmatrix}1\\2\\4\\a+9\end{bmatrix}$ 及向量 $\boldsymbol{\beta}=\begin{bmatrix}1\\1\\b+3\\5\end{bmatrix}$, 讨论 a,b 为何值时,

(1) 向量 $\boldsymbol{\beta}$ 不能由向量组 $\boldsymbol{A}$ 线性表示;

(2) 向量 $\boldsymbol{\beta}$ 能由向量组 $\boldsymbol{A}$ 线性表示, 且表示法唯一, 并写出线性表示式.

3. 设 $\boldsymbol{\alpha}_1,\boldsymbol{\alpha}_2,\cdots,\boldsymbol{\alpha}_n$ 是一组 n 维向量, 已知 n 维单位坐标向量 $\boldsymbol{e}_1,\boldsymbol{e}_2,\cdots,\boldsymbol{e}_n$ 能由它们线性表示, 证明 $\boldsymbol{\alpha}_1,\boldsymbol{\alpha}_2,\cdots,\boldsymbol{\alpha}_n$ 线性无关.

4. 设 $\boldsymbol{\alpha}_1,\boldsymbol{\alpha}_2,\cdots,\boldsymbol{\alpha}_n$ 是一组 n 维向量, 证明它们线性无关的充分必要条件是: 任一 n 维向量都可由它们线性表示.

5. 设直线 $l_1:\dfrac{x-a_2}{a_1}=\dfrac{y-b_2}{b_1}=\dfrac{z-c_2}{c_1},\quad l_2:\dfrac{x-a_3}{a_2}=\dfrac{y-b_3}{b_2}=\dfrac{z-c_3}{c_2}$ 相交于一点, 令 $\boldsymbol{\alpha}_i=[a_i,b_i,c_i],i=1,2,3$, 则 (　　).

(1) $\boldsymbol{\alpha}_1$ 可由 $\boldsymbol{\alpha}_2,\boldsymbol{\alpha}_3$ 线性表示;
(2) $\boldsymbol{\alpha}_2$ 可由 $\boldsymbol{\alpha}_1,\boldsymbol{\alpha}_3$ 线性表示;
(3) $\boldsymbol{\alpha}_3$ 可由 $\boldsymbol{\alpha}_1,\boldsymbol{\alpha}_2$ 线性表示;
(4) $\boldsymbol{\alpha}_1,\boldsymbol{\alpha}_2,\boldsymbol{\alpha}_3$ 线性无关.

6. 若向量组 $\boldsymbol{\alpha}_1,\boldsymbol{\alpha}_2,\boldsymbol{\alpha}_3$ 线性无关, 且 $\boldsymbol{\beta}_1=\boldsymbol{\alpha}_1-\boldsymbol{\alpha}_2+\boldsymbol{\alpha}_3,\boldsymbol{\beta}_2=\boldsymbol{\alpha}_1+\boldsymbol{\alpha}_2-\boldsymbol{\alpha}_3,\boldsymbol{\beta}_3=-\boldsymbol{\alpha}_1+\boldsymbol{\alpha}_2+\boldsymbol{\alpha}_3$, 证明 $\boldsymbol{\beta}_1,\boldsymbol{\beta}_2,\boldsymbol{\beta}_3$ 也线性无关.

7. 设 4 维向量组 $\boldsymbol{\alpha}_1=[1+a,1,1,1]^{\mathrm{T}},\boldsymbol{\alpha}_2=[2,2+a,2,2]^{\mathrm{T}},\boldsymbol{\alpha}_3=[3,3,3+a,3]^{\mathrm{T}},\boldsymbol{\alpha}_4=[4,4,4,4+a]^{\mathrm{T}}$, 问 a 为何值时, $\boldsymbol{\alpha}_1,\boldsymbol{\alpha}_2,\boldsymbol{\alpha}_3,\boldsymbol{\alpha}_4$ 线性相关? 当 $\boldsymbol{\alpha}_1,\boldsymbol{\alpha}_2,\boldsymbol{\alpha}_3,\boldsymbol{\alpha}_4$ 线性相关时, 求其一个最大无关组, 并将其余向量用该最大无关组线性表示.

8. 设 n 阶矩阵 $\boldsymbol{A}$ 满足 $\boldsymbol{A}^2=\boldsymbol{E}$, $\boldsymbol{E}$ 为 n 阶单位矩阵, 证明: $R(\boldsymbol{A}+\boldsymbol{E})+R(\boldsymbol{A}-\boldsymbol{E})=n$.

9. 设 $\boldsymbol{A}^*$ 是 n 阶矩阵 $\boldsymbol{A}$ 的伴随矩阵, 证明 $R(\boldsymbol{A}^*)=\begin{cases}n, & R(\boldsymbol{A})=n,\\ 1, & R(\boldsymbol{A})=n-1,\\ 0, & R(\boldsymbol{A})<n-1.\end{cases}$

10. 设方程组 $\begin{bmatrix}1&1&1\\a&b&c\\a^2&b^2&c^2\end{bmatrix}\begin{bmatrix}x_1\\x_2\\x_3\end{bmatrix}=\mathbf{0}$.

(1) 当 a,b,c 满足何关系时, 方程组仅有零解?

(2) 当 a,b,c 满足何关系时, 方程组有无穷解, 并用基础解系表示全部解.

11. 设齐次线性方程组

$$\begin{cases}ax_1+bx_2+bx_3+\cdots+bx_n=0,\\ bx_1+ax_2+bx_3+\cdots+bx_n=0,\\ \qquad\cdots\cdots\\ bx_1+bx_2+bx_3+\cdots+ax_n=0,\end{cases}$$

其中 $a\neq 0,b\neq 0,n\geqslant 2$. 试讨论 a,b 为何值时, 方程组仅有零解, 有无穷多解? 在有无穷多解时, 求出全部解, 并用基础解系表示全部解.

12. 设平面上三条不同直线的方程分别是

$$l_1:ax+2by+3c=0,\quad l_2:bx+2cy+3a=0,\quad l_3:cx+2ay+3b=0,$$

则这三线共点当且仅当 $a+b+c=0$.

13. 设 $\boldsymbol{\alpha}_1,\boldsymbol{\alpha}_2,\boldsymbol{\alpha}_3$ 为线性方程组 $\boldsymbol{Ax}=\boldsymbol{0}$ 的一个基础解系, 证明 $\boldsymbol{\alpha}_1+\boldsymbol{\alpha}_2,\boldsymbol{\alpha}_2+\boldsymbol{\alpha}_3$, $\boldsymbol{\alpha}_3+\boldsymbol{\alpha}_1$ 也是该方程组的一个基础解系.

14. 已知 $\boldsymbol{\alpha}_1,\boldsymbol{\alpha}_2$, $\boldsymbol{\alpha}_3,\boldsymbol{\alpha}_4$ 是线性方程组 $\boldsymbol{Ax}=\boldsymbol{0}$ 的一个基础解系, 若

$$\boldsymbol{\beta}_1=\boldsymbol{\alpha}_1+t\boldsymbol{\alpha}_2,\quad \boldsymbol{\beta}_2=\boldsymbol{\alpha}_2+t\boldsymbol{\alpha}_3,\quad \boldsymbol{\beta}_3=\boldsymbol{\alpha}_3+t\boldsymbol{\alpha}_4,\quad \boldsymbol{\beta}_4=\boldsymbol{\alpha}_4+t\boldsymbol{\alpha}_1,$$

讨论实数 t 满足什么关系时, $\boldsymbol{\beta}_1,\boldsymbol{\beta}_2$, $\boldsymbol{\beta}_3,\boldsymbol{\beta}_4$ 也是线性方程组 $\boldsymbol{Ax}=\boldsymbol{0}$ 的一个基础解系.

15. 设 $\boldsymbol{\alpha}_1,\boldsymbol{\alpha}_2,\cdots,\boldsymbol{\alpha}_n$ 是 n 阶矩阵 $\boldsymbol{A}$ 的列向量组, 令矩阵

$$\boldsymbol{B}=[\boldsymbol{\alpha}_1+\boldsymbol{\alpha}_2,\boldsymbol{\alpha}_2+\boldsymbol{\alpha}_3,\cdots,\boldsymbol{\alpha}_{n-1}+\boldsymbol{\alpha}_n,\boldsymbol{\alpha}_n+\boldsymbol{\alpha}_1].$$

如果线性方程组 $\boldsymbol{Ax}=\boldsymbol{0}$ 只有零解, 试说明线性方程组 $\boldsymbol{Bx}=\boldsymbol{0}$ 解的情况.

16. 已知齐次线性方程组 (I) $\begin{cases}x_1+2x_2+3x_3=0,\\2x_1+3x_2+5x_3=0,\\x_1+x_2+ax_3=0\end{cases}$ 和 (Ⅱ) $\begin{cases}x_1+bx_2+cx_3=0,\\2x_1+b^2x_2+(c+1)x_3=0\end{cases}$ 同解, 求 a,b,c 的值.

17. 设 $\boldsymbol{A}=\begin{bmatrix}-2&1&1\\1&-2&1\\1&1&-2\end{bmatrix},\boldsymbol{\beta}=\begin{bmatrix}-2\\k\\k^2\end{bmatrix}$, 且矩阵 $\boldsymbol{B}=[\boldsymbol{A},\boldsymbol{\beta}]$ 的秩为 2.

(1) 确定 k 的值; (2) 求线性方程组 $\boldsymbol{Ax}=\boldsymbol{\beta}$ 的通解 (用基础解系形式表示).

18. 设以下线性方程组有三个线性无关的解

$$\begin{cases}x_1+x_2+x_3+x_4=-1,\\4x_1+3x_2+5x_3-x_4=-1,\\ax_1+x_2+3x_3+bx_4=1.\end{cases}$$

(1) 证明方程组系数矩阵 $\boldsymbol{A}$ 的秩等于 2; (2) 求 a,b 的值及方程组的通解.

19. 设 n 阶矩阵 $\boldsymbol{A}=[\boldsymbol{\alpha}_1,\boldsymbol{\alpha}_2,\cdots,\boldsymbol{\alpha}_n]$ 的前 $n-1$ 个列向量线性相关, 后 $n-1$ 个列向量线性无关, $\boldsymbol{\beta}=\boldsymbol{\alpha}_1+\boldsymbol{\alpha}_2+\cdots+\boldsymbol{\alpha}_n$.

(1) 证明 $\boldsymbol{Ax}=\boldsymbol{\beta}$ 必有无穷多解; (2) 求 $\boldsymbol{Ax}=\boldsymbol{\beta}$ 的通解.

20. 已知 4 阶方阵 $\boldsymbol{A}=[\boldsymbol{\alpha}_1,\boldsymbol{\alpha}_2,\boldsymbol{\alpha}_3,\boldsymbol{\alpha}_4]$, $\boldsymbol{\alpha}_1,\boldsymbol{\alpha}_2,\boldsymbol{\alpha}_3,\boldsymbol{\alpha}_4$ 均为 4 维列向量, 其中 $\boldsymbol{\alpha}_2,\boldsymbol{\alpha}_3,\boldsymbol{\alpha}_4$ 线性无关, $\boldsymbol{\alpha}_1=2\boldsymbol{\alpha}_2-\boldsymbol{\alpha}_3$, 如果 $\boldsymbol{\beta}=\boldsymbol{\alpha}_1+\boldsymbol{\alpha}_2+\boldsymbol{\alpha}_3+\boldsymbol{\alpha}_4$, 求线性方程组 $\boldsymbol{Ax}=\boldsymbol{\beta}$ 的通解.

21. 已知线性方程组 $\begin{cases}x_1+x_2+x_3+x_4=0,\\x_2+2x_3+2x_4=1,\\-x_2+(a-3)x_3-2x_4=b,\\3x_1+2x_2+x_3+ax_4=-1,\end{cases}$ 讨论参数 a,b 取何值时, 线性方程组无解, 有唯一解, 有无穷多解? 在有无穷多解时, 试用对应齐次线性方程组的基础解系表示线性方程组的通解.

22. 求一个非齐次线性方程组, 使其通解为 $\boldsymbol{x}=\begin{bmatrix}1\\2\\0\\0\end{bmatrix}+k_1\begin{bmatrix}1\\5\\8\\0\end{bmatrix}+k_2\begin{bmatrix}-1\\11\\0\\8\end{bmatrix}$, 其中 k_1,k_2 为任意常数.

第 4 章　矩阵的特征值与特征向量

一些工程技术和经济管理问题, 如振动问题和稳定性问题, 常常可归结为方阵的特征值和特征向量的问题. 特征值与特征向量有着很强的应用背景, 它们是研究动力系统和生态系统的有力工具, 也是评价方法、网页检索等研究需要涉及的两个重要概念, 还被广泛应用于计算机视觉与图像处理、数据挖掘和机器学习等研究领域中. 此外, 数学中方阵的对角化及求解微分方程组等问题, 也要用到特征值的理论.

4.1　矩阵的特征值与特征向量的概念、求法及其性质

本节介绍矩阵的特征值与特征向量的概念、求法以及基本性质.

4.1.1　特征值与特征向量的概念与求法

设 $\boldsymbol{A}$ 是 n 阶矩阵, $\boldsymbol{Ax}=\boldsymbol{y}$ 可以理解成变换矩阵 $\boldsymbol{A}$ 把列向量 $\boldsymbol{x}$ 变成列向量 $\boldsymbol{y}$. 一般情况下, 向量 $\boldsymbol{x}$ 与其像向量 $\boldsymbol{y}$ 具有不同的长度和方向. 如果存在这样的向量 $\boldsymbol{x}$, 它在变换下的像 $\boldsymbol{Ax}$ 与 $\boldsymbol{x}$ 共线, 这样的向量就很有研究意义.

定义 4.1.1　设 $\boldsymbol{A}$ 是 n 阶矩阵, 如果存在数 λ 和 n 维列向量 $\boldsymbol{x}\neq\boldsymbol{0}$ 满足关系式

$$\boldsymbol{Ax}=\lambda\boldsymbol{x}, \tag{4.1.1}$$

则称 λ 为矩阵 $\boldsymbol{A}$ 的**特征值**, 非零向量 $\boldsymbol{x}$ 为 $\boldsymbol{A}$ 的属于特征值 λ 的**特征向量**.

注意, 特征向量必须是非零向量.

显然, 当 $\boldsymbol{x}$ 为矩阵 $\boldsymbol{A}$ 的属于特征值 λ 的特征向量时, 则对任意非零常数 k, $k\boldsymbol{x}$ 也是 $\boldsymbol{A}$ 的属于特征值 λ 的特征向量.

> **想一想**: 一个特征向量能不能属于不同的特征值?

从几何上看, 一个矩阵 $\boldsymbol{A}$ 的特征向量就是经过线性变换 $\boldsymbol{y}=\boldsymbol{Ax}$ 之后, 保持共线的向量, 换言之, 就是那些只发生伸缩变形而不产生旋转效果的向量, 其伸缩的比例就是特征值. 特征值描述了特征向量的伸缩程度.

定义式 (4.1.1) 改写为

$$(\lambda\boldsymbol{E}-\boldsymbol{A})\boldsymbol{x}=\boldsymbol{0},$$

它是含 n 个未知数、n 个方程的齐次线性方程组, 有非零解的充分必要条件是系数行列式

$$|\lambda \boldsymbol{E}-\boldsymbol{A}|=0,$$

即

$$\begin{vmatrix} \lambda-a_{11} & -a_{12} & \cdots & -a_{1n} \\ -a_{21} & \lambda-a_{22} & \cdots & -a_{2n} \\ \vdots & \vdots & & \vdots \\ -a_{n1} & -a_{n2} & \cdots & \lambda-a_{nn} \end{vmatrix}=0. \tag{4.1.2}$$

$|\lambda \boldsymbol{E}-\boldsymbol{A}|$ 是关于 λ 的 n 次多项式, 称为矩阵 $\boldsymbol{A}$ 的**特征多项式**, 式 (4.1.2) 称为**特征方程**. 因此, $\boldsymbol{A}$ 的特征值就是特征多项式的根, 应用上也称 $\boldsymbol{A}$ 的特征值为特征根, 对应于特征值 λ_0 的所有特征向量就是齐次线性方程组

$$(\lambda_0 \boldsymbol{E}-\boldsymbol{A})\boldsymbol{x}=\mathbf{0}$$

的基础解系.

求 n 阶方阵 $\boldsymbol{A}$ 的特征值与特征向量的一般步骤如下:

(1) 由 $|\lambda \boldsymbol{E}-\boldsymbol{A}|=0$ 求出 $\boldsymbol{A}$ 的全部特征值 $\lambda_1, \lambda_2, \cdots, \lambda_k$;

(2) 对每个特征值 λ_i, 求出齐次线性方程组 $(\lambda_i \boldsymbol{E}-\boldsymbol{A})\boldsymbol{x}=\mathbf{0}$ 的一个基础解系 $\boldsymbol{\alpha}_{i_1}, \boldsymbol{\alpha}_{i_2}, \cdots, \boldsymbol{\alpha}_{i_s}$, 其中 $i_s=n-R(\lambda_i \boldsymbol{E}-\boldsymbol{A})$. 于是, 方阵 $\boldsymbol{A}$ 的属于特征值 λ_i 的所有特征向量为

$$k_1 \boldsymbol{\alpha}_{i_1}+k_2 \boldsymbol{\alpha}_{i_2}+\cdots+k_s \boldsymbol{\alpha}_{i_s},$$

其中 $k_1, k_2, \cdots, k_s$ 为不全为零的任意常数.

例 4.1.1 求矩阵

$$\boldsymbol{A}=\begin{bmatrix} -1 & 1 & 0 \\ -4 & 3 & 0 \\ 1 & 0 & 2 \end{bmatrix}$$

的特征值和特征向量.

解 $\boldsymbol{A}$ 的特征多项式按最后一列展开, 可得

$$|\lambda \boldsymbol{E}-\boldsymbol{A}|=\begin{vmatrix} \lambda+1 & -1 & 0 \\ 4 & \lambda-3 & 0 \\ -1 & 0 & \lambda-2 \end{vmatrix}=(\lambda-2)(\lambda-1)^2,$$

所以 $\boldsymbol{A}$ 的特征值为 $\lambda_1=2, \lambda_2=\lambda_3=1$.

当 $\lambda_1=2$ 时, 由 $(2\boldsymbol{E}-\boldsymbol{A})\boldsymbol{x}=\boldsymbol{0}$, 得

$$2\boldsymbol{E}-\boldsymbol{A}=\begin{bmatrix}3&-1&0\\4&-1&0\\-1&0&0\end{bmatrix}\to\begin{bmatrix}1&0&0\\0&1&0\\0&0&0\end{bmatrix},$$

求得基础解系

$$\boldsymbol{\alpha}_1=\begin{bmatrix}0\\0\\1\end{bmatrix},$$

所以属于特征值 $\lambda_1=2$ 的全部特征向量为 $k\boldsymbol{\alpha}_1(k\neq0)$.

当 $\lambda_2=\lambda_3=1$ 时, 由 $(\boldsymbol{E}-\boldsymbol{A})\boldsymbol{x}=\boldsymbol{0}$, 得

$$\boldsymbol{E}-\boldsymbol{A}=\begin{bmatrix}2&-1&0\\4&-2&0\\-1&0&-1\end{bmatrix}\to\begin{bmatrix}1&0&1\\0&1&2\\0&0&0\end{bmatrix},$$

求得基础解系

$$\boldsymbol{\alpha}_2=\begin{bmatrix}-1\\-2\\1\end{bmatrix},$$

所以属于特征值 $\lambda_2=\lambda_3=1$ 的全部特征向量为 $k\boldsymbol{\alpha}_2(k\neq0)$.

例 4.1.2 求矩阵

$$\boldsymbol{A}=\begin{bmatrix}3&2&-1\\-2&-2&2\\3&6&-1\end{bmatrix}$$

的所有特征值和特征向量.

解 化简 $\boldsymbol{A}$ 的特征多项式, 可得

$$|\lambda\boldsymbol{E}-\boldsymbol{A}|=\begin{vmatrix}\lambda-3&-2&1\\2&\lambda+2&-2\\-3&-6&\lambda+1\end{vmatrix}=(\lambda-2)^2(\lambda+4).$$

> **想一想**: 能不能先化简 $\boldsymbol{A}\to\boldsymbol{D}$, 再由 $|\lambda\boldsymbol{E}-\boldsymbol{D}|=0$ 求 $\boldsymbol{A}$ 的特征值?

当 $\lambda_1=-4$ 时, 由齐次线性方程组 $(-4\boldsymbol{E}-\boldsymbol{A})\boldsymbol{x}=\boldsymbol{0}$ 求得基础解系

$$\boldsymbol{\alpha}_1=\begin{bmatrix}1\\-2\\3\end{bmatrix},$$

所以属于特征值 $\lambda_1=-4$ 的全部特征向量为 $k_1\boldsymbol{\alpha}_1(k_1\neq 0)$.

当 $\lambda_2=\lambda_3=2$ 时, 由齐次线性方程组 $(2\boldsymbol{E}-\boldsymbol{A})\boldsymbol{x}=\boldsymbol{0}$ 求得基础解系

$$\boldsymbol{\alpha}_2=\begin{bmatrix}-2\\1\\0\end{bmatrix},\quad \boldsymbol{\alpha}_3=\begin{bmatrix}1\\0\\1\end{bmatrix},$$

想一想: 为什么要求 k_2, k_3不全为零?

所以属于特征值 $\lambda_2=\lambda_3=2$ 的全部特征向量为 $k_2\boldsymbol{\alpha}_2+k_3\boldsymbol{\alpha}_3$ (k_2,k_3 是不全为零的常数).

从以上两例可知, 二重根的特征值对应的线性无关特征向量个数未必等于 2. 一般地, 可以证明 k 重根的特征值对应的线性无关特征向量个数 $\leqslant k$.

例 4.1.3 设 $\boldsymbol{A}$ 是 n 阶矩阵, 且 $2\boldsymbol{E}+3\boldsymbol{A}$ 不可逆, 求 $\boldsymbol{A}$ 的一个特征值.

解 由条件知 $|2\boldsymbol{E}+3\boldsymbol{A}|=0$, 则有

$$0=|2\boldsymbol{E}+3\boldsymbol{A}|=\left|-3\left(-\frac{2}{3}\boldsymbol{E}-\boldsymbol{A}\right)\right|=(-3)^n\left|-\frac{2}{3}\boldsymbol{E}-\boldsymbol{A}\right|,$$

可见 $-\dfrac{2}{3}$ 是 $\boldsymbol{A}$ 的一个特征值.

例 4.1.4 设 λ 为方阵 $\boldsymbol{A}$ 的特征值, 证明

(1) λ^2 为方阵 $\boldsymbol{A}^2$ 的特征值;

(2) 若 $\boldsymbol{A}$ 是可逆矩阵, 则 $\dfrac{1}{\lambda}$ 是 $\boldsymbol{A}^{-1}$ 的特征值.

证明 依题意, 有非零向量 $\boldsymbol{\alpha}$ 满足 $\boldsymbol{A}\boldsymbol{\alpha}=\lambda\boldsymbol{\alpha}$.

(1) $\boldsymbol{A}^2\boldsymbol{\alpha}=\boldsymbol{A}(\boldsymbol{A}\boldsymbol{\alpha})=\boldsymbol{A}(\lambda\boldsymbol{\alpha})=\lambda\boldsymbol{A}\boldsymbol{\alpha}=\lambda^2\boldsymbol{\alpha}$, 所以 λ^2 为 $\boldsymbol{A}^2$ 的特征值;

(2) 因 $\boldsymbol{A}^{-1}$ 存在, 则由 $\boldsymbol{A}\boldsymbol{\alpha}=\lambda\boldsymbol{\alpha}$ 得 $\boldsymbol{A}^{-1}\boldsymbol{A}\boldsymbol{\alpha}=\lambda\boldsymbol{A}^{-1}\boldsymbol{\alpha}$, 即 $\lambda\boldsymbol{A}^{-1}\boldsymbol{\alpha}=\boldsymbol{\alpha}\neq\boldsymbol{0}$, 则 $\lambda\neq 0$, 于是 $\boldsymbol{A}^{-1}\boldsymbol{\alpha}=\dfrac{1}{\lambda}\boldsymbol{\alpha}$, 按定义即得 $\dfrac{1}{\lambda}$ 是 $\boldsymbol{A}^{-1}$ 的特征值. 注意此时 $\boldsymbol{\alpha}$ 也是 $\boldsymbol{A}^{-1}$ 的特征向量.

进一步可以证明: 若 λ 为方阵 $\boldsymbol{A}$ 的特征值, 则 λ^k 为 $\boldsymbol{A}^k$ 的特征值; $\varphi(\lambda)$ 为 $\varphi(\boldsymbol{A})$ 的特征值, 其中 $\varphi(\lambda)=a_m\lambda^m+\cdots+a_1\lambda+a_0$ 是关于 λ 的多项式, $\varphi(\boldsymbol{A})=a_m\boldsymbol{A}^m+\cdots+a_1\boldsymbol{A}+a_0\boldsymbol{E}$ 是方阵 $\boldsymbol{A}$ 的多项式. 这个结论很常用.

4.1.2 特征值和特征向量的性质

接下来介绍特征值和特征向量的一些性质.

首先, 特征多项式在复数范围内一定有复数根, 根的个数等于多项式的次数 (重根按重数计算), 所以 n 阶矩阵在复数范围内有 n 个特征值.

定理 4.1.1 设 n 阶矩阵 $\boldsymbol{A}=[a_{ij}]$ 的 n 个特征值为 $\lambda_1,\lambda_2,\cdots,\lambda_n$ (重根按重数计算), 则有

(1) $\lambda_1+\lambda_2+\cdots+\lambda_n=a_{11}+a_{22}+\cdots+a_{nn}$,

其中对角元之和 $\sum\limits_{i=1}^{n}a_{ii}=a_{11}+a_{22}+\cdots+a_{nn}$ 称为方阵 $\boldsymbol{A}$ 的**迹**, 记为 $\operatorname{tr}(\boldsymbol{A})$.

(2) $\lambda_1\lambda_2\cdots\lambda_n=|\boldsymbol{A}|$.

***证明** $\boldsymbol{A}$ 的特征多项式为

$$\begin{aligned}|\lambda\boldsymbol{E}-\boldsymbol{A}|&=(\lambda-\lambda_1)(\lambda-\lambda_2)\cdots(\lambda-\lambda_n)\\&=\lambda^n-(\lambda_1+\lambda_2+\cdots+\lambda_n)\lambda^{n-1}+\cdots+(-1)^n\lambda_1\lambda_2\cdots\lambda_n.\end{aligned}$$

令 $\lambda=0$, 得 $|-\boldsymbol{A}|=(-1)^n\lambda_1\lambda_2\cdots\lambda_n$, 即 $|\boldsymbol{A}|=\lambda_1\lambda_2\cdots\lambda_n$.

另一方面, n 阶行列式 $|\lambda\boldsymbol{E}-\boldsymbol{A}|$ 是不同行不同列的 n 个元素乘积的代数和, 其中, 除了主对角线元素的乘积 $(\lambda-a_{11})(\lambda-a_{22})\cdots(\lambda-a_{nn})$, 其他展开式至多含 $n-2$ 个主对角线上的元素, 也就是说次数大于 $n-2$ 的展开式只出现在 $(\lambda-a_{11})(\lambda-a_{22})\cdots(\lambda-a_{nn})$ 里. 所以

$$|\lambda\boldsymbol{E}-\boldsymbol{A}|=\lambda^n-(a_{11}+a_{22}+\cdots+a_{nn})\lambda^{n-1}+\cdots+(-1)^n|\boldsymbol{A}|.$$

比较系数得 $\lambda_1+\lambda_2+\cdots+\lambda_n=a_{11}+a_{22}+\cdots+a_{nn}$.

推论 4.1.1 方阵 $\boldsymbol{A}$ 可逆的充分必要条件是 $\boldsymbol{A}$ 的所有特征值全不为零.

值得注意的是, 某些矩阵的行列式往往可以转化为特征值的乘积来计算.

例 4.1.5 设三阶矩阵 $\boldsymbol{A}$ 的特征值为 $-1,1,2$, 求行列式 $|\boldsymbol{A}^*+3\boldsymbol{A}-2\boldsymbol{E}|$.

解 $|\boldsymbol{A}|=-1\times1\times2=-2\neq0$, 所以 $\boldsymbol{A}$ 可逆, 且 $\boldsymbol{A}^*=|\boldsymbol{A}|\boldsymbol{A}^{-1}=-2\boldsymbol{A}^{-1}$. 此时, $\varphi(\boldsymbol{A})=\boldsymbol{A}^*+3\boldsymbol{A}-2\boldsymbol{E}=-2\boldsymbol{A}^{-1}+3\boldsymbol{A}-2\boldsymbol{E}$.

对 $\boldsymbol{A}$ 的特征值 -1, $\varphi(\boldsymbol{A})$ 对应的特征值为 $\varphi(-1)=-2\times\left(\dfrac{1}{-1}\right)+3\times(-1)-2\times1=-3$;

对 $\boldsymbol{A}$ 的特征值 1, $\varphi(\boldsymbol{A})$ 对应的特征值为 $\varphi(1)=-2\times\dfrac{1}{1}+3\times1-2\times1=-1$;

对 $\boldsymbol{A}$ 的特征值为 2, $\varphi(\boldsymbol{A})$ 对应的特征值为 $\varphi(2)=-2\times\dfrac{1}{2}+3\times2-2\times1=3$;

可见, $|\boldsymbol{A}^*+3\boldsymbol{A}-2\boldsymbol{E}|=(-3)\times(-1)\times3=9$.

定理 4.1.2 矩阵 $\boldsymbol{A}$ 的属于不同特征值的特征向量必线性无关.

***证明** 设 $\lambda_1,\lambda_2,\cdots,\lambda_m$ 是 $\boldsymbol{A}$ 的 m 个互不相同的特征值, 对应的特征向量分别为 $\boldsymbol{\alpha}_1,\boldsymbol{\alpha}_2,\cdots,\boldsymbol{\alpha}_m$. 接下来利用数学归纳法证明它们线性无关.

当 $m=1$ 时, $\boldsymbol{\alpha}_1\neq\boldsymbol{0}$ 显然线性无关.

假设 $m=k-1$ 时结论成立, 即 $\boldsymbol{\alpha}_1,\boldsymbol{\alpha}_2,\cdots,\boldsymbol{\alpha}_{k-1}$ 线性无关, 要证 $\boldsymbol{\alpha}_1,\boldsymbol{\alpha}_2,\cdots,\boldsymbol{\alpha}_k$ 也线性无关. 设

$$l_1\boldsymbol{\alpha}_1+l_2\boldsymbol{\alpha}_2+\cdots+l_k\boldsymbol{\alpha}_k=\mathbf{0}, \tag{4.1.3}$$

左乘以 $\boldsymbol{A}$, 可得

$$l_1\lambda_1\boldsymbol{\alpha}_1+l_2\lambda_2\boldsymbol{\alpha}_2+\cdots+l_k\lambda_k\boldsymbol{\alpha}_k=\mathbf{0}, \tag{4.1.4}$$

式 (4.1.3) 的 λ_k 倍减去式 (4.1.4), 得

$$l_1(\lambda_k-\lambda_1)\boldsymbol{\alpha}_1+l_2(\lambda_k-\lambda_2)\boldsymbol{\alpha}_2+\cdots+l_{k-1}(\lambda_k-\lambda_{k-1})\boldsymbol{\alpha}_{k-1}=\mathbf{0}.$$

由归纳假设, $\boldsymbol{\alpha}_1,\boldsymbol{\alpha}_2,\cdots,\boldsymbol{\alpha}_{k-1}$ 线性无关, 故 $l_i(\lambda_k-\lambda_i)=0$, $i=1,2,\cdots,k-1$. 而 $\lambda_k-\lambda_i\neq 0$, 所以 $l_i=0$, $i=1,2,\cdots,k-1$. 代入式 (4.1.3) 得 $l_k\boldsymbol{\alpha}_k=\mathbf{0}$, 又 $\boldsymbol{\alpha}_k\neq\mathbf{0}$, 故 $l_k=0$. 于是, $\boldsymbol{\alpha}_1,\boldsymbol{\alpha}_2,\cdots,\boldsymbol{\alpha}_k$ 线性无关.

进一步还可证明, 如果矩阵 A 的每个不同特征值对应有若干个线性无关的特征向量, 那么所有这些特征向量合起来的向量组仍线性无关.

习　题　4.1

1. 求对角矩阵 $\operatorname{diag}(a_1,a_2,\cdots,a_n)$ 的所有特征值.

2. 求下列矩阵的特征值与特征向量:

(1) $\boldsymbol{A}=\begin{bmatrix}2&1&1\\0&2&0\\0&-1&1\end{bmatrix}$;　　(2) $\boldsymbol{A}=\begin{bmatrix}3&2&4\\2&0&2\\4&2&3\end{bmatrix}$.

3. 设三阶矩阵 $\boldsymbol{A}=[\boldsymbol{\alpha}_1,\boldsymbol{\alpha}_2,\boldsymbol{\alpha}_3]$ 满足 $\boldsymbol{\alpha}_3=\boldsymbol{\alpha}_1+2\boldsymbol{\alpha}_2$, 求 $\boldsymbol{A}$ 的一个特征值与对应的特征向量.

4. 证明: 可逆矩阵 $\boldsymbol{A}$ 与 $\boldsymbol{A}^{-1}$ 有相同的特征向量.

5. 设矩阵 $\boldsymbol{A}=\begin{bmatrix}2&1&1\\1&2&1\\1&1&2\end{bmatrix}$ 的逆矩阵 $\boldsymbol{A}^{-1}$ 的一个特征向量为 $\boldsymbol{\alpha}=[1,k,1]^{\mathrm{T}}$, 求 k 的值.

6. 设 $\boldsymbol{A}$ 是 n 阶矩阵, $f(x)$ 是多项式, 完成下表填空, 并说明理由.

矩阵	$\boldsymbol{A}$	$k\boldsymbol{A}$	$\boldsymbol{A}^k$	$f(\boldsymbol{A})$	$\boldsymbol{A}^{-1}$	$\boldsymbol{A}^*$ ($\boldsymbol{A}$ 可逆时)	$\boldsymbol{P}^{-1}\boldsymbol{AP}$
特征值	λ						
特征向量	$\boldsymbol{\alpha}$						

7. 设三阶矩阵 $\boldsymbol{A}$ 的特征值为 $-1,0,1$, 求行列式 $\left|\boldsymbol{A}^2+2\boldsymbol{A}-4\boldsymbol{E}\right|$.

8. 设三阶方阵 $\boldsymbol{A}$ 的行列式为 36, 两个特征值为 2, 3, 求 $\boldsymbol{A}$ 的第三个特征值.

9. 若矩阵 $\boldsymbol{A}$ 的每行元素之和都是 a, 分别求 $\boldsymbol{A}$ 与 $\boldsymbol{A}^k$ 的一个特征值与特征向量.

10. 设 λ_1, λ_2 是 n 阶矩阵 $\boldsymbol{A}$ 的两个互不相同的特征值, 对应的特征向量分别为 $\boldsymbol{\alpha}_1, \boldsymbol{\alpha}_2$.
(1) 证明 $\boldsymbol{\alpha}_1 + \boldsymbol{\alpha}_2$ 一定不是 $\boldsymbol{A}$ 的特征向量.
(2) 问线性组合 $c_1\boldsymbol{\alpha}_1 + c_2\boldsymbol{\alpha}_2$ 何时是 $\boldsymbol{A}$ 的特征向量?
(提示: (1) 反证法, 注意 $\boldsymbol{\alpha}_1, \boldsymbol{\alpha}_2$ 线性无关; (2) 讨论 c_1, c_2 是否为零)

4.2 相似矩阵与矩阵的可对角化

对角矩阵可以认为是最简单的一类矩阵. 那么, 哪些方阵与对角矩阵联系密切呢? 探讨这一问题在理论和应用方面都具有重要意义.

4.2.1 相似矩阵及其性质

定义 4.2.1 设 $\boldsymbol{A}, \boldsymbol{B}$ 都是 n 阶矩阵, 若有可逆矩阵 $\boldsymbol{P}$, 满足 $\boldsymbol{P}^{-1}\boldsymbol{A}\boldsymbol{P} = \boldsymbol{B}$, 则称矩阵 $\boldsymbol{A}$ 与 $\boldsymbol{B}$ **相似**, 记作 $\boldsymbol{A} \sim \boldsymbol{B}$. 或者说 $\boldsymbol{B}$ 是 $\boldsymbol{A}$ 的**相似矩阵**.

显然, 相似矩阵有下列基本性质.

(1) 自反性: $\boldsymbol{A}$ 与 $\boldsymbol{A}$ 相似.

(2) 对称性: 若 $\boldsymbol{A}$ 与 $\boldsymbol{B}$ 相似, 则 $\boldsymbol{B}$ 与 $\boldsymbol{A}$ 也相似.

(3) 传递性: 若 $\boldsymbol{A}$ 与 $\boldsymbol{B}$ 相似, $\boldsymbol{B}$ 与 $\boldsymbol{C}$ 相似, 则 $\boldsymbol{A}$ 与 $\boldsymbol{C}$ 也相似.

此外, 相似矩阵还有许多共同的特性.

定理 4.2.1 若 $\boldsymbol{A}$ 与 $\boldsymbol{B}$ 相似, 则

(1) $\boldsymbol{A}$ 与 $\boldsymbol{B}$ 有相同的特征多项式、特征值、迹;

(2) $\boldsymbol{A}$ 与 $\boldsymbol{B}$ 有相同的行列式和秩;

(3) $\boldsymbol{A}^k$ 与 $\boldsymbol{B}^k$ 也相似, 其中 k 为任意正整数.

> **想一想**: 若同阶方阵 $\boldsymbol{A}$ 与 $\boldsymbol{B}$ 有相同的特征值, 能否得到 $\boldsymbol{A}$ 与 $\boldsymbol{B}$ 相似?

证明 由条件存在可逆矩阵 $\boldsymbol{P}$, 满足 $\boldsymbol{P}^{-1}\boldsymbol{A}\boldsymbol{P} = \boldsymbol{B}$.

$$
\begin{aligned}
(1)\quad |\lambda\boldsymbol{E} - \boldsymbol{B}| &= \left|\lambda\boldsymbol{E} - \boldsymbol{P}^{-1}\boldsymbol{A}\boldsymbol{P}\right| = \left|\boldsymbol{P}^{-1}(\lambda\boldsymbol{E} - \boldsymbol{A})\boldsymbol{P}\right| \\
&= \left|\boldsymbol{P}^{-1}\right| \cdot |\lambda\boldsymbol{E} - \boldsymbol{A}| \cdot |\boldsymbol{P}| = |\lambda\boldsymbol{E} - \boldsymbol{A}|,
\end{aligned}
$$

可见, $\boldsymbol{A}$ 与 $\boldsymbol{B}$ 有相同的特征多项式, 从而有相同的特征值, 迹是特征值总和也相同.

(2) $|\boldsymbol{B}| = \left|\boldsymbol{P}^{-1}\boldsymbol{A}\boldsymbol{P}\right| = \left|\boldsymbol{P}^{-1}\right| \cdot |\boldsymbol{A}| \cdot |\boldsymbol{P}| = |\boldsymbol{A}|$, 又由矩阵 $\boldsymbol{P}$ 的可逆性以及秩的性质, 得

$$
R(\boldsymbol{B}) = R(\boldsymbol{P}^{-1}\boldsymbol{A}\boldsymbol{P}) = R(\boldsymbol{A}).
$$

(3) $\boldsymbol{B}^k = (\boldsymbol{P}^{-1}\boldsymbol{A}\boldsymbol{P})^k = (\boldsymbol{P}^{-1}\boldsymbol{A}\boldsymbol{P})(\boldsymbol{P}^{-1}\boldsymbol{A}\boldsymbol{P})\cdots(\boldsymbol{P}^{-1}\boldsymbol{A}\boldsymbol{P}) = \boldsymbol{P}^{-1}\boldsymbol{A}^k\boldsymbol{P}$, 所以, $\boldsymbol{A}^k$ 与 $\boldsymbol{B}^k$ 相似.

4.2.2 矩阵的可对角化

定义 4.2.2 若方阵 $\boldsymbol{A}$ 相似于某个对角矩阵, 则称 $\boldsymbol{A}$ **可对角化**. 显然, 这个对角矩阵的对角元就是 $\boldsymbol{A}$ 的所有特征值.

定理 4.2.2 n 阶矩阵 $\boldsymbol{A}$ 可对角化的充分必要条件是 $\boldsymbol{A}$ 有 n 个线性无关的特征向量.

证明 设 $\boldsymbol{A}$ 相似于对角矩阵

$$\boldsymbol{\Lambda}=\begin{bmatrix}\lambda_1 & & & \\ & \lambda_2 & & \\ & & \ddots & \\ & & & \lambda_n\end{bmatrix},$$

则有可逆矩阵 $\boldsymbol{P}$, 满足 $\boldsymbol{P}^{-1}\boldsymbol{A}\boldsymbol{P}=\boldsymbol{\Lambda}$, 即 $\boldsymbol{A}\boldsymbol{P}=\boldsymbol{P}\boldsymbol{\Lambda}$.

把矩阵 $\boldsymbol{P}$ 按列分块, 令 $\boldsymbol{P}=[\boldsymbol{\alpha}_1,\boldsymbol{\alpha}_2,\cdots,\boldsymbol{\alpha}_n]$, 则

$$\begin{aligned}\boldsymbol{A}\boldsymbol{P}=[\boldsymbol{A}\boldsymbol{\alpha}_1,\boldsymbol{A}\boldsymbol{\alpha}_2,\cdots,\boldsymbol{A}\boldsymbol{\alpha}_n]=\boldsymbol{P}\boldsymbol{\Lambda}&=[\boldsymbol{\alpha}_1,\boldsymbol{\alpha}_2,\cdots,\boldsymbol{\alpha}_n]\begin{bmatrix}\lambda_1 & & & \\ & \lambda_2 & & \\ & & \ddots & \\ & & & \lambda_n\end{bmatrix}\\ &=[\lambda_1\boldsymbol{\alpha}_1,\lambda_2\boldsymbol{\alpha}_2,\cdots,\lambda_n\boldsymbol{\alpha}_n],\end{aligned}$$

所以 $\boldsymbol{A}\boldsymbol{\alpha}_i=\lambda_i\boldsymbol{\alpha}_i\ (i=1,2,\cdots,n)$, 其中 $\boldsymbol{\alpha}_1,\boldsymbol{\alpha}_2,\cdots,\boldsymbol{\alpha}_n$ 是可逆矩阵 $\boldsymbol{P}$ 的列向量, 必线性无关且非零, 可见 $\boldsymbol{\alpha}_1,\boldsymbol{\alpha}_2,\cdots,\boldsymbol{\alpha}_n$ 是 $\boldsymbol{A}$ 的 n 个线性无关的特征向量.

反之, 把以上步骤逆推即知 $\boldsymbol{A}$ 相似于以特征值为对角元的对角矩阵.

以上推导过程还给出了当矩阵 $\boldsymbol{A}$ 可对角化时, 求一个可逆矩阵 $\boldsymbol{P}$ 使 $\boldsymbol{P}^{-1}\boldsymbol{A}\boldsymbol{P}$ 为对角形的方法:

(1) 先求矩阵 $\boldsymbol{A}$ 的所有特征值;

(2) 再求每个特征值对应的线性无关的特征向量, 共 n 个, 设为 $\boldsymbol{\alpha}_1,\boldsymbol{\alpha}_2,\cdots,\boldsymbol{\alpha}_n$;

> **想一想**: 这里的可逆矩阵 $\boldsymbol{P}$ 的选取是否唯一?

(3) 令矩阵 $\boldsymbol{P}=[\boldsymbol{\alpha}_1,\boldsymbol{\alpha}_2,\cdots,\boldsymbol{\alpha}_n]$, 则 $\boldsymbol{P}$ 可逆, 且满足 $\boldsymbol{P}^{-1}\boldsymbol{A}\boldsymbol{P}=\mathrm{diag}(\lambda_1,\lambda_2,\cdots,\lambda_n)$. 需要注意的是, 矩阵 $\boldsymbol{P}$ 的列向量 $\boldsymbol{\alpha}_i$ 排列次序要与对角矩阵的对角元 λ_i 排列次序保持一致.

推论 4.2.1 如果 n 阶矩阵 $\boldsymbol{A}$ 有 n 个互不相同的特征值, 那么 $\boldsymbol{A}$ 必可对角化.

反之不然! 比如单位矩阵 $\boldsymbol{E}$ 显然可对角化, 但它的特征值却都相等.

如果矩阵 $\boldsymbol{A}$ 的特征方程有重根, 那么 $\boldsymbol{A}$ 是否就不可对角化呢? 从上节例题发现, 此时可能可对角化, 也可能不可对角化.

我们已知, k 重根的特征值对应的线性无关特征向量个数 $\leqslant k$. 因为 n 阶矩阵 $\boldsymbol{A}$ 的各个特征值的重数之和等于特征方程的次数 n, 所以 $\boldsymbol{A}$ 有 n 个线性无关的特征向量的条件是每个 k 重根的特征值对应的线性无关特征向量个数达到最大化, 即等于 k. 这样就有以下常用的结论.

定理 4.2.3 n 阶矩阵 $\boldsymbol{A}$ 可对角化的充分必要条件是 $\boldsymbol{A}$ 的每个 k 重根的特征值 λ 对应恰有 k 个线性无关的特征向量, 即 $k = n - R(\lambda\boldsymbol{E} - \boldsymbol{A})$.

例 4.2.1 设矩阵 $\boldsymbol{A} = \begin{bmatrix} -2 & 0 & 0 \\ 2 & x & 2 \\ 3 & 1 & 1 \end{bmatrix}$ 与 $\boldsymbol{B} = \begin{bmatrix} -1 & 0 & 0 \\ 0 & 2 & 0 \\ 0 & 0 & y \end{bmatrix}$ 相似.

(1) 求 x 与 y;

(2) 求一个可逆矩阵 $\boldsymbol{P}$, 满足 $\boldsymbol{P}^{-1}\boldsymbol{AP} = \boldsymbol{B}$;

(3) 求 $\boldsymbol{A}^m$, m 为任意正整数.

解 (1) 由于相似矩阵有相同的迹、行列式, 所以 $\mathrm{tr}(\boldsymbol{A}) = \mathrm{tr}(\boldsymbol{B}), |\boldsymbol{A}| = |\boldsymbol{B}|$. 即有

$$\begin{cases} -2 + x + 1 = -1 + 2 + y, \\ -2(x-2) = -2y, \end{cases} \quad \text{解得} \quad x = 0, y = -2.$$

(2) $\boldsymbol{A}$ 的特征值等于 $\boldsymbol{B}$ 的特征值, 即 $-1, 2, -2$, 代入齐次线性方程组 $(\lambda\boldsymbol{E} - \boldsymbol{A})\boldsymbol{x} = \boldsymbol{0}$ 可分别求出对应的特征向量

$$\boldsymbol{\alpha}_1 = \begin{bmatrix} 0 \\ -2 \\ 1 \end{bmatrix}, \quad \boldsymbol{\alpha}_2 = \begin{bmatrix} 0 \\ 1 \\ 1 \end{bmatrix}, \quad \boldsymbol{\alpha}_3 = \begin{bmatrix} -1 \\ 0 \\ 1 \end{bmatrix}.$$

令矩阵 $\boldsymbol{P} = [\boldsymbol{\alpha}_1, \boldsymbol{\alpha}_2, \boldsymbol{\alpha}_3] = \begin{bmatrix} 0 & 0 & -1 \\ -2 & 1 & 0 \\ 1 & 1 & 1 \end{bmatrix}$, 满足 $\boldsymbol{P}^{-1}\boldsymbol{AP} = \boldsymbol{B}$.

(3) 由 $\boldsymbol{P}^{-1}\boldsymbol{AP} = \boldsymbol{B}$, 得 $\boldsymbol{A} = \boldsymbol{PBP}^{-1}$, 于是 $\boldsymbol{A}^m = \boldsymbol{PB}^m\boldsymbol{P}^{-1}$, 所以

$$\begin{aligned} \boldsymbol{A}^m &= \begin{bmatrix} 0 & 0 & -1 \\ -2 & 1 & 0 \\ 1 & 1 & 1 \end{bmatrix} \begin{bmatrix} (-1)^m & 0 & 0 \\ 0 & 2^m & 0 \\ 0 & 0 & (-2)^m \end{bmatrix} \frac{1}{3} \begin{bmatrix} 1 & -1 & 1 \\ 2 & 1 & 2 \\ -3 & 0 & 0 \end{bmatrix} \\ &= \frac{1}{3} \begin{bmatrix} 3(-2)^m & 0 & 0 \\ 2^{m+1} - 2(-1)^m & 2^m + 2(-1)^m & 2^{m+1} - 2(-1)^m \\ 2^{m+1} - 3(-2)^m + (-1)^m & 2^m + (-1)^{m+1} & 2^{m+1} + (-1)^m \end{bmatrix}. \end{aligned}$$

本例说明, 当 $\boldsymbol{A}$ 相似于对角矩阵 $\boldsymbol{\Lambda}$ 时, 由 $\boldsymbol{A}^k=\boldsymbol{P}\boldsymbol{\Lambda}^k\boldsymbol{P}^{-1}$ 较容易计算方幂 $\boldsymbol{A}^k$.

例 4.2.2 问 k 取何值时, 矩阵 $\boldsymbol{A}=\begin{bmatrix}1&1&0\\4&1&k\\0&0&3\end{bmatrix}$ 可对角化?

解 $\boldsymbol{A}$ 的特征多项式

$$|\lambda\boldsymbol{E}-\boldsymbol{A}|=\begin{vmatrix}\lambda-1&-1&0\\-4&\lambda-1&-k\\0&0&\lambda-3\end{vmatrix}=(\lambda-3)^2(\lambda+1),$$

$\boldsymbol{A}$ 可对角化的条件是二重根的特征值 3 对应有 2 个线性无关的特征向量, 也就是 $2=n-R(3\boldsymbol{E}-\boldsymbol{A})$, 即 $R(3\boldsymbol{E}-\boldsymbol{A})=1$.

此时 $3\boldsymbol{E}-\boldsymbol{A}=\begin{bmatrix}2&-1&0\\-4&2&-k\\0&0&0\end{bmatrix}\to\begin{bmatrix}2&-1&0\\0&0&-k\\0&0&0\end{bmatrix}$, 所以 $k=0$.

例 4.2.3 若 n 阶矩阵 $\boldsymbol{A}$ 满足 $\boldsymbol{A}^2=\boldsymbol{A}$, 则称 $\boldsymbol{A}$ 为**幂等矩阵**. 证明: 幂等矩阵必可对角化.

***证明** 若 $R(\boldsymbol{A})=0$, 则 $\boldsymbol{A}=\boldsymbol{O}$; 若 $R(\boldsymbol{A})=n$, 则 $\boldsymbol{A}$ 可逆, 由 $\boldsymbol{A}^2=\boldsymbol{A}$ 得 $\boldsymbol{A}=\boldsymbol{E}$. 这两种情况 $\boldsymbol{A}$ 都可对角化.

设 $0<R(\boldsymbol{A})=r<n$, 有 $|\boldsymbol{A}|=0$, 所以 0 是 $\boldsymbol{A}$ 的特征值, 属于 0 有 $n-r$ 个线性无关的特征向量. 由 $\boldsymbol{A}^2=\boldsymbol{A}$ 知, $R(\boldsymbol{A})+R(\boldsymbol{A}-\boldsymbol{E})=n$, 所以 $R(\boldsymbol{A}-\boldsymbol{E})=n-r$, 此时 $0<n-r<n$, 所以 $|\boldsymbol{A}-\boldsymbol{E}|=0$, 得 1 是 $\boldsymbol{A}$ 的特征值, 且属于 1 有 $n-(n-r)=r$ 个线性无关的特征向量.

综上, $\boldsymbol{A}$ 恰好有 n 个线性无关特征向量, 故 $\boldsymbol{A}$ 可对角化, 且 $\boldsymbol{A}\sim\begin{bmatrix}\boldsymbol{E}_r&\boldsymbol{O}\\\boldsymbol{O}&\boldsymbol{O}\end{bmatrix}$.

同理可证, 满足 $\boldsymbol{A}^2=k\boldsymbol{A}\ (k\neq 0)$ 的方阵 $\boldsymbol{A}$ 必可对角化.

最后, 再给出矩阵可对角化的一个应用. 把相似理论应用于实际问题, 增强应用意识.

例 4.2.4 (人口流动问题) 设某地区人口流动状态的统计规律是每年有十分之一的城市人口流向农村, 十分之二的农村人口流入城市. 假定人口总数不变, 则经过许多年以后, 该地区人口将会集中在城市吗?

解 设最初城市、农村人口分别为 x_0,y_0, 第 k 年末人口分别为 x_k,y_k, 则

$$\begin{bmatrix}x_1\\y_1\end{bmatrix}=\begin{bmatrix}0.9&0.2\\0.1&0.8\end{bmatrix}\begin{bmatrix}x_0\\y_0\end{bmatrix},\quad \begin{bmatrix}x_k\\y_k\end{bmatrix}=\begin{bmatrix}0.9&0.2\\0.1&0.8\end{bmatrix}\begin{bmatrix}x_{k-1}\\y_{k-1}\end{bmatrix}.$$

记 $\boldsymbol{A}=\begin{bmatrix}0.9 & 0.2\\ 0.1 & 0.8\end{bmatrix}$, 可得 $\begin{bmatrix}x_k\\ y_k\end{bmatrix}=\boldsymbol{A}^k\begin{bmatrix}x_0\\ y_0\end{bmatrix}$.

为了计算 $\boldsymbol{A}^k$, 可考虑把 $\boldsymbol{A}$ 相似对角化. 特征多项式 $|\lambda\boldsymbol{E}-\boldsymbol{A}|=(\lambda-1)(\lambda-0.7)$, 特征值 $\lambda=1$ 对应的特征向量为 $\boldsymbol{\alpha}_1=[2,1]^{\mathrm{T}}$; $\lambda=0.7$ 对应的特征向量为 $\boldsymbol{\alpha}_2=[1,-1]^{\mathrm{T}}$.

取 $\boldsymbol{P}=[\boldsymbol{\alpha}_1,\boldsymbol{\alpha}_2]=\begin{bmatrix}2 & 1\\ 1 & -1\end{bmatrix}$, 得 $\boldsymbol{P}^{-1}=\dfrac{1}{3}\begin{bmatrix}1 & 1\\ 1 & -2\end{bmatrix}$, 所以

$$\boldsymbol{A}^k=\boldsymbol{P}\begin{bmatrix}1 & 0\\ 0 & 0.7\end{bmatrix}^k\boldsymbol{P}^{-1}=\frac{1}{3}\begin{bmatrix}2 & 1\\ 1 & -1\end{bmatrix}\begin{bmatrix}1 & 0\\ 0 & 0.7^k\end{bmatrix}\begin{bmatrix}1 & 1\\ 1 & -2\end{bmatrix}.$$

令 $k\to\infty$, 有 $0.7^k\to 0$, 得 $\boldsymbol{A}^k\to\dfrac{1}{3}\begin{bmatrix}2 & 1\\ 1 & -1\end{bmatrix}\begin{bmatrix}1 & 0\\ 0 & 0\end{bmatrix}\begin{bmatrix}1 & 1\\ 1 & -2\end{bmatrix}=\dfrac{1}{3}\begin{bmatrix}2 & 2\\ 1 & 1\end{bmatrix}$, 于是

$$\begin{bmatrix}x_k\\ y_k\end{bmatrix}\to\frac{1}{3}\begin{bmatrix}2 & 2\\ 1 & 1\end{bmatrix}\begin{bmatrix}x_0\\ y_0\end{bmatrix}=(x_0+y_0)\begin{bmatrix}\dfrac{2}{3}\\ \dfrac{1}{3}\end{bmatrix}.$$

可见, 当 $k\to\infty$ 时, 城市与农村人口比例稳定在 $2:1$.

利用对角化方法还可求解斐波那契 (Fibonacci) 数列的通项, 有兴趣的同学可自行查阅相关文献.

习 题 4.2

1. 设 $\boldsymbol{A},\boldsymbol{B}$ 都是 n 阶矩阵, 证明:

(1) $\boldsymbol{A}$ 与 $\boldsymbol{B}$ 相似当且仅当 $\boldsymbol{A}-\boldsymbol{E}$ 与 $\boldsymbol{B}-\boldsymbol{E}$ 相似;

(2) 若 $\boldsymbol{A}$ 与 $\boldsymbol{B}$ 相似, 且 $\boldsymbol{A}$ 可逆, 则 $\boldsymbol{B}$ 可逆, 且 $\boldsymbol{A}^{-1}$ 与 $\boldsymbol{B}^{-1}$ 相似.

2. 设矩阵 $\boldsymbol{A}=\begin{bmatrix}1 & 0 & 1\\ 2 & 2 & -2\\ 1 & 0 & 1\end{bmatrix}$, (1) 求 $\boldsymbol{A}$ 的所有特征值与特征向量; (2) 判断 $\boldsymbol{A}$ 是否相似于 $\begin{bmatrix}2 & 0 & 0\\ 0 & 2 & 0\\ 0 & 0 & 2\end{bmatrix}$? 说明理由.

3. 判断以下矩阵是否可对角化? 若可对角化, 试求一个可逆矩阵 $\boldsymbol{P}$ 使 $\boldsymbol{P}^{-1}\boldsymbol{A}\boldsymbol{P}$ 为对角形.

(1) $\boldsymbol{A}=\begin{bmatrix}-1 & 0 & 0\\ 4 & -3 & 0\\ -5 & -2 & 2\end{bmatrix}$; (2) $\boldsymbol{A}=\begin{bmatrix}3 & 2 & 4\\ 2 & 0 & 2\\ 4 & 2 & 3\end{bmatrix}$.

4. 设矩阵 $\boldsymbol{D}=\begin{bmatrix}1&0&0\\0&1&0\\0&0&2\end{bmatrix}$, 下列矩阵是否与 $\boldsymbol{D}$ 相似? 说明理由.

(1) $\boldsymbol{D}_1=\begin{bmatrix}2&0&0\\0&1&0\\0&0&1\end{bmatrix}$;　　(2) $\boldsymbol{D}_2=\begin{bmatrix}1&1&0\\0&1&0\\0&0&2\end{bmatrix}$;

(3) $\boldsymbol{D}_3=\begin{bmatrix}1&0&1\\0&1&0\\0&0&2\end{bmatrix}$;　　(4) $\boldsymbol{D}_4=\begin{bmatrix}1&1&0\\0&1&1\\0&0&2\end{bmatrix}$.

5. 设 n 阶矩阵 $\boldsymbol{A}$ 可对角化, 证明:

(1) 对任意的自然数 k, $\boldsymbol{A}^k$ 也可对角化;

(2) 若 $\boldsymbol{A}$ 可逆, 则 $\boldsymbol{A}^{-1},\boldsymbol{A}^*$ 也可对角化.

6. 求 $n(n\geqslant 2)$ 阶矩阵 $\boldsymbol{A}=\begin{bmatrix}0&a_1&&\\&0&\ddots&\\&&\ddots&a_{n-1}\\&&&0\end{bmatrix}$ 可对角化的充分必要条件.

7. 证明: n 阶矩阵 $\boldsymbol{A}=\begin{bmatrix}1&1&\cdots&1\\1&1&\cdots&1\\\vdots&\vdots&&\vdots\\1&1&\cdots&1\end{bmatrix}$ 与 $\boldsymbol{B}=\begin{bmatrix}0&\cdots&0&1\\0&\cdots&0&2\\\vdots&&\vdots&\vdots\\0&\cdots&0&n\end{bmatrix}$ 相似.

(提示: 只需证明 $\boldsymbol{A},\boldsymbol{B}$ 相似于同一个对角矩阵)

8. 设矩阵 $\boldsymbol{A}=\begin{bmatrix}2&0&0\\0&2&1\\0&0&1\end{bmatrix}$, $\boldsymbol{B}=\begin{bmatrix}2&1&0\\0&2&0\\0&0&1\end{bmatrix}$, $\boldsymbol{C}=\begin{bmatrix}1&0&0\\0&2&0\\0&0&2\end{bmatrix}$, 则 (　　).

(1) $\boldsymbol{A},\boldsymbol{C}$ 相似, $\boldsymbol{B},\boldsymbol{C}$ 相似;　　(2) $\boldsymbol{A},\boldsymbol{C}$ 相似, $\boldsymbol{B},\boldsymbol{C}$ 不相似;

(3) $\boldsymbol{A},\boldsymbol{C}$ 不相似, $\boldsymbol{B},\boldsymbol{C}$ 相似;　　(4) $\boldsymbol{A},\boldsymbol{C}$ 不相似, $\boldsymbol{B},\boldsymbol{C}$ 不相似.

(提示: 考虑是否可对角化)

9. 设 $\boldsymbol{\alpha}=[a_1,a_2,\cdots,a_n]^{\mathrm{T}}$ 是非零向量, 证明 $\boldsymbol{A}=\boldsymbol{\alpha}\boldsymbol{\alpha}^{\mathrm{T}}$ 相似于某个对角矩阵, 并求此对角矩阵.

10. 设三阶矩阵 $\boldsymbol{A}$ 的特征值为 4, 4, 2, 对应的特征向量分别如下, 求 $\boldsymbol{A}^n$.

$$\boldsymbol{\alpha}_1=[1,0,0]^{\mathrm{T}},\quad \boldsymbol{\alpha}_2=[0,1,0]^{\mathrm{T}},\quad \boldsymbol{\alpha}_3=[1,0,-1]^{\mathrm{T}}.$$

4.3　实对称矩阵的对角化

上一节内容表明, 矩阵可对角化是需要一定条件的. 本节主要讨论实对称矩阵的对角化问题, 我们将发现, 实对称矩阵一定可对角化. 实对称矩阵的对角化问题可应用于直角坐标系下二次曲线 (曲面) 的方程简化问题, 以及一些领域的定量分析问题.

4.3.1 n 维实向量的内积与长度

首先把几何空间的内积概念推广到 n 维实向量, 进一步研究 n 维向量的长度、夹角等度量性质.

定义 4.3.1 n 维实向量 $\boldsymbol{\alpha}=[x_1,x_2,\cdots,x_n]^{\mathrm{T}},\boldsymbol{\beta}=[y_1,y_2,\cdots,y_n]^{\mathrm{T}}$, 称

$$(\boldsymbol{\alpha},\boldsymbol{\beta})=x_1y_1+x_2y_2+\cdots+x_ny_n \tag{4.3.1}$$

为向量 $\boldsymbol{\alpha},\boldsymbol{\beta}$ 的**内积**. 也可用矩阵的乘积表示成 $(\boldsymbol{\alpha},\boldsymbol{\beta})=\boldsymbol{\alpha}^{\mathrm{T}}\boldsymbol{\beta}$.

利用式 (4.3.1) 容易验证, 向量的内积满足以下运算性质.

性质 4.3.1 对 n 维实向量 $\boldsymbol{\alpha},\boldsymbol{\beta},\boldsymbol{\gamma}$ 及实数 k, 有

(1) $(\boldsymbol{\alpha},\boldsymbol{\beta})=(\boldsymbol{\beta},\boldsymbol{\alpha})$;

(2) $(k\boldsymbol{\alpha},\boldsymbol{\beta})=k(\boldsymbol{\alpha},\boldsymbol{\beta})$;

(3) $(\boldsymbol{\alpha}+\boldsymbol{\beta},\boldsymbol{\gamma})=(\boldsymbol{\alpha},\boldsymbol{\gamma})+(\boldsymbol{\beta},\boldsymbol{\gamma})$;

(4) $(\boldsymbol{\alpha},\boldsymbol{\alpha})\geqslant 0$, 且 $(\boldsymbol{\alpha},\boldsymbol{\alpha})=0$ 当且仅当 $\boldsymbol{\alpha}=\mathbf{0}$.

Cauchy 不等式

$$|x_1y_1+x_2y_2+\cdots+x_ny_n|\leqslant\sqrt{x_1^2+x_2^2+\cdots+x_n^2}\cdot\sqrt{y_1^2+y_2^2+\cdots+y_n^2}$$

可以用内积表示成

$$|(\boldsymbol{\alpha},\boldsymbol{\beta})|\leqslant\sqrt{(\boldsymbol{\alpha},\boldsymbol{\alpha})}\cdot\sqrt{(\boldsymbol{\beta},\boldsymbol{\beta})}.$$

利用内积, 可以进一步定义 n 维实向量的长度、夹角、正交性.

定义 4.3.2 n 维实向量 $\boldsymbol{\alpha}=[x_1,x_2,\cdots,x_n]^{\mathrm{T}}$ 的**长度**定义为

$$|\boldsymbol{\alpha}|=\sqrt{(\boldsymbol{\alpha},\boldsymbol{\alpha})}=\sqrt{x_1^2+x_2^2+\cdots+x_n^2}. \tag{4.3.2}$$

长度为 1 的向量称为单位向量.

Cauchy 不等式还可用长度表示成 $|(\boldsymbol{\alpha},\boldsymbol{\beta})|\leqslant|\boldsymbol{\alpha}|\cdot|\boldsymbol{\beta}|$.

向量的长度具有下列性质.

性质 4.3.2 对 n 维实向量 $\boldsymbol{\alpha},\boldsymbol{\beta}$ 及实数 k, 有

(1) 非负性: $|\boldsymbol{\alpha}|\geqslant 0$, 且 $|\boldsymbol{\alpha}|=0$ 当且仅当 $\boldsymbol{\alpha}=\mathbf{0}$;

(2) 齐次性: $|k\boldsymbol{\alpha}|=|k|\cdot|\boldsymbol{\alpha}|$;

(3) 三角不等式: $|\boldsymbol{\alpha}+\boldsymbol{\beta}|\leqslant|\boldsymbol{\alpha}|+|\boldsymbol{\beta}|$.

证明　利用内积的性质及式 (4.3.2), 容易验证 (1) 和 (2).

(3) 把长度问题转化为内积问题, 因为

$$|\boldsymbol{\alpha}+\boldsymbol{\beta}|^2=(\boldsymbol{\alpha}+\boldsymbol{\beta},\boldsymbol{\alpha}+\boldsymbol{\beta})=(\boldsymbol{\alpha},\boldsymbol{\alpha})+2(\boldsymbol{\alpha},\boldsymbol{\beta})+(\boldsymbol{\beta},\boldsymbol{\beta}),$$

又

$$(\boldsymbol{\alpha},\boldsymbol{\alpha})=|\boldsymbol{\alpha}|^2,\quad (\boldsymbol{\beta},\boldsymbol{\beta})=|\boldsymbol{\beta}|^2,\quad (\boldsymbol{\alpha},\boldsymbol{\beta})\leqslant|\boldsymbol{\alpha}|\cdot|\boldsymbol{\beta}|,$$

所以

$$|\boldsymbol{\alpha}+\boldsymbol{\beta}|^2\leqslant|\boldsymbol{\alpha}|^2+2|\boldsymbol{\alpha}|\cdot|\boldsymbol{\beta}|+|\boldsymbol{\beta}|^2=(|\boldsymbol{\alpha}|+|\boldsymbol{\beta}|)^2.$$

两边开方即得证.

当 $\boldsymbol{\alpha}$ 是非零向量, $\dfrac{1}{|\boldsymbol{\alpha}|}\boldsymbol{\alpha}$ 一定是单位向量. 求这个单位向量的过程称为将向量 $\boldsymbol{\alpha}$ 单位化.

定义 4.3.3　设 n 维向量 $\boldsymbol{\alpha},\boldsymbol{\beta}$ 均不为零, $\boldsymbol{\alpha},\boldsymbol{\beta}$ 的**夹角** θ 规定为

$$\cos\theta=\frac{(\boldsymbol{\alpha},\boldsymbol{\beta})}{|\boldsymbol{\alpha}|\cdot|\boldsymbol{\beta}|}\quad(0\leqslant\theta\leqslant\pi).$$

定义 4.3.4　若 n 维实向量 $\boldsymbol{\alpha},\boldsymbol{\beta}$ 的内积 $(\boldsymbol{\alpha},\boldsymbol{\beta})=0$, 则称 $\boldsymbol{\alpha},\boldsymbol{\beta}$ **正交**.

显然, 零向量与任意向量都正交, 两个非零向量正交当且仅当它们的夹角为 $\dfrac{\pi}{2}$.

4.3.2　正交向量组和施密特正交化方法

由两两正交的非零向量所构成的向量组称为**正交向量组**; 由两两正交的单位向量所构成的向量组称为**标准正交向量组**. 例如, n 维单位向量组是标准正交向量组.

定理 4.3.1　正交向量组必线性无关.

证明　设 $\boldsymbol{\alpha}_1,\boldsymbol{\alpha}_2,\cdots,\boldsymbol{\alpha}_m$ 是正交向量组, 且 $k_1\boldsymbol{\alpha}_1+k_2\boldsymbol{\alpha}_2+\cdots+k_m\boldsymbol{\alpha}_m=\mathbf{0}$, 此式两边与 $\boldsymbol{\alpha}_i\ (i=1,2,\cdots,m)$ 作内积可得

$$k_1(\boldsymbol{\alpha}_i,\boldsymbol{\alpha}_1)+k_2(\boldsymbol{\alpha}_i,\boldsymbol{\alpha}_2)+\cdots+k_m(\boldsymbol{\alpha}_i,\boldsymbol{\alpha}_m)=(\boldsymbol{\alpha}_i,\mathbf{0})=0.$$

因为 $\boldsymbol{\alpha}_1,\boldsymbol{\alpha}_2,\cdots,\boldsymbol{\alpha}_m$ 两两正交, 所以当 $i\neq j$ 时, $(\boldsymbol{\alpha}_i,\boldsymbol{\alpha}_j)=0$, 得 $k_i(\boldsymbol{\alpha}_i,\boldsymbol{\alpha}_i)=0$, 又 $\boldsymbol{\alpha}_i\neq\mathbf{0}$, 故 $k_i=0$, 于是 $\boldsymbol{\alpha}_1,\boldsymbol{\alpha}_2,\cdots,\boldsymbol{\alpha}_m$ 线性无关.

反之, 线性无关的向量组未必是正交向量组. 那么, 利用线性无关的向量组如何得到正交向量组呢? 下面介绍施密特 (Schmidt) 正交化方法.

已知向量组 $\boldsymbol{\alpha}_1,\boldsymbol{\alpha}_2,\cdots,\boldsymbol{\alpha}_m$ 线性无关, 作正交化, 令

$$\begin{aligned}
\boldsymbol{\beta}_1 &= \boldsymbol{\alpha}_1,\\
\boldsymbol{\beta}_2 &= \boldsymbol{\alpha}_2 - \frac{(\boldsymbol{\alpha}_2,\boldsymbol{\beta}_1)}{(\boldsymbol{\beta}_1,\boldsymbol{\beta}_1)}\boldsymbol{\beta}_1,\\
\boldsymbol{\beta}_3 &= \boldsymbol{\alpha}_3 - \frac{(\boldsymbol{\alpha}_3,\boldsymbol{\beta}_1)}{(\boldsymbol{\beta}_1,\boldsymbol{\beta}_1)}\boldsymbol{\beta}_1 - \frac{(\boldsymbol{\alpha}_3,\boldsymbol{\beta}_2)}{(\boldsymbol{\beta}_2,\boldsymbol{\beta}_2)}\boldsymbol{\beta}_2,\\
&\cdots\cdots\\
\boldsymbol{\beta}_m &= \boldsymbol{\alpha}_m - \frac{(\boldsymbol{\alpha}_m,\boldsymbol{\beta}_1)}{(\boldsymbol{\beta}_1,\boldsymbol{\beta}_1)}\boldsymbol{\beta}_1 - \frac{(\boldsymbol{\alpha}_m,\boldsymbol{\beta}_2)}{(\boldsymbol{\beta}_2,\boldsymbol{\beta}_2)}\boldsymbol{\beta}_2 - \cdots - \frac{(\boldsymbol{\alpha}_m,\boldsymbol{\beta}_{m-1})}{(\boldsymbol{\beta}_{m-1},\boldsymbol{\beta}_{m-1})}\boldsymbol{\beta}_{m-1}.
\end{aligned}$$

可以证明, 这样得到的向量组 $\boldsymbol{\beta}_1,\boldsymbol{\beta}_2,\cdots,\boldsymbol{\beta}_m$ 是正交向量组, 且与 $\boldsymbol{\alpha}_1,\boldsymbol{\alpha}_2,\cdots,\boldsymbol{\alpha}_m$ 等价.

若再单位化, 即取 $\boldsymbol{\gamma}_i = \dfrac{1}{|\boldsymbol{\beta}_i|}\boldsymbol{\beta}_i\ (i=1,2,\cdots,m)$, 则 $\boldsymbol{\gamma}_1,\boldsymbol{\gamma}_2,\cdots,\boldsymbol{\gamma}_m$ 是与 $\boldsymbol{\alpha}_1$, $\boldsymbol{\alpha}_2$, $\cdots$, $\boldsymbol{\alpha}_m$ 等价的标准正交向量组.

以上求解过程, 称为施密特正交化方法.

例 4.3.1 求与线性无关向量组

$$\boldsymbol{\alpha}_1 = [1,1,1,1]^{\mathrm{T}},\quad \boldsymbol{\alpha}_2 = [3,3,1,1]^{\mathrm{T}},\quad \boldsymbol{\alpha}_3 = [1,9,1,9]^{\mathrm{T}}$$

等价的标准正交向量组.

解 利用施密特正交化方法, 先把这个向量组正交化. 令

$$\begin{aligned}
\boldsymbol{\beta}_1 &= \boldsymbol{\alpha}_1 = [1,1,1,1]^{\mathrm{T}},\\
\boldsymbol{\beta}_2 &= \boldsymbol{\alpha}_2 - \frac{(\boldsymbol{\alpha}_2,\boldsymbol{\beta}_1)}{(\boldsymbol{\beta}_1,\boldsymbol{\beta}_1)}\boldsymbol{\beta}_1 = \boldsymbol{\alpha}_2 - \frac{8}{4}\boldsymbol{\beta}_1 = [1,1,-1,-1]^{\mathrm{T}},\\
\boldsymbol{\beta}_3 &= \boldsymbol{\alpha}_3 - \frac{(\boldsymbol{\alpha}_3,\boldsymbol{\beta}_1)}{(\boldsymbol{\beta}_1,\boldsymbol{\beta}_1)}\boldsymbol{\beta}_1 - \frac{(\boldsymbol{\alpha}_3,\boldsymbol{\beta}_2)}{(\boldsymbol{\beta}_2,\boldsymbol{\beta}_2)}\boldsymbol{\beta}_2 = \boldsymbol{\alpha}_3 - \frac{20}{4}\boldsymbol{\beta}_1 - \frac{0}{4}\boldsymbol{\beta}_2 = [-4,4,-4,4]^{\mathrm{T}}.
\end{aligned}$$

再把 $\boldsymbol{\beta}_1,\boldsymbol{\beta}_2,\boldsymbol{\beta}_3$ 单位化, 即得所求的标准正交向量组:

$$\begin{aligned}
\boldsymbol{\gamma}_1 &= \frac{1}{|\boldsymbol{\beta}_1|}\boldsymbol{\beta}_1 = \frac{1}{2}[1,1,1,1]^{\mathrm{T}},\\
\boldsymbol{\gamma}_2 &= \frac{1}{|\boldsymbol{\beta}_2|}\boldsymbol{\beta}_2 = \frac{1}{2}[1,1,-1,-1]^{\mathrm{T}},\\
\boldsymbol{\gamma}_3 &= \frac{1}{|\boldsymbol{\beta}_3|}\boldsymbol{\beta}_3 = \frac{1}{2}[-1,1,-1,1]^{\mathrm{T}}.
\end{aligned}$$

想一想: 如果先单位化，再正交化，所得结果一定是标准正交向量组吗?

4.3.3 正交矩阵

定义 4.3.5 如果 n 阶实矩阵 $\boldsymbol{A}$ 满足 $\boldsymbol{A}^{\mathrm{T}}\boldsymbol{A}=\boldsymbol{E}$, 则称 $\boldsymbol{A}$ 是**正交矩阵**.

容易验证, $\boldsymbol{A}=\begin{bmatrix}\cos\theta & \sin\theta\\ -\sin\theta & \cos\theta\end{bmatrix}$ 是正交矩阵.

正交矩阵 $\boldsymbol{A}$ 有下列性质:

(1) $\boldsymbol{A}$ 可逆, 且 $\boldsymbol{A}^{-1}=\boldsymbol{A}^{\mathrm{T}}$, 从而 $\boldsymbol{A}\boldsymbol{A}^{\mathrm{T}}=\boldsymbol{E}$;

(2) $\boldsymbol{A}^{-1},\boldsymbol{A}^{\mathrm{T}},\boldsymbol{A}^{*},\boldsymbol{A}^{k}$ (k 为任意正整数) 也是正交矩阵;

(3) $|\boldsymbol{A}|=\pm 1$;

(4) 正交矩阵的乘积还是正交矩阵.

证明留作练习.

正交矩阵是一类重要的矩阵, 可以用向量的内积来刻画.

定理 4.3.2 实方阵 $\boldsymbol{A}$ 是正交矩阵当且仅当 $\boldsymbol{A}$ 的列向量组标准正交.

证明 设 $\boldsymbol{A}=[\boldsymbol{\alpha}_1,\boldsymbol{\alpha}_2,\cdots,\boldsymbol{\alpha}_n]$, 由于

$$\boldsymbol{A}^{\mathrm{T}}\boldsymbol{A}=\begin{bmatrix}\boldsymbol{\alpha}_1^{\mathrm{T}}\\ \boldsymbol{\alpha}_2^{\mathrm{T}}\\ \vdots\\ \boldsymbol{\alpha}_n^{\mathrm{T}}\end{bmatrix}[\boldsymbol{\alpha}_1,\boldsymbol{\alpha}_2,\cdots,\boldsymbol{\alpha}_n]=\begin{bmatrix}\boldsymbol{\alpha}_1^{\mathrm{T}}\boldsymbol{\alpha}_1 & \boldsymbol{\alpha}_1^{\mathrm{T}}\boldsymbol{\alpha}_2 & \cdots & \boldsymbol{\alpha}_1^{\mathrm{T}}\boldsymbol{\alpha}_n\\ \boldsymbol{\alpha}_2^{\mathrm{T}}\boldsymbol{\alpha}_1 & \boldsymbol{\alpha}_2^{\mathrm{T}}\boldsymbol{\alpha}_2 & \cdots & \boldsymbol{\alpha}_2^{\mathrm{T}}\boldsymbol{\alpha}_n\\ \vdots & \vdots & & \vdots\\ \boldsymbol{\alpha}_n^{\mathrm{T}}\boldsymbol{\alpha}_1 & \boldsymbol{\alpha}_n^{\mathrm{T}}\boldsymbol{\alpha}_2 & \cdots & \boldsymbol{\alpha}_n^{\mathrm{T}}\boldsymbol{\alpha}_n\end{bmatrix},$$

由内积定义得 $\boldsymbol{\alpha}_i^{\mathrm{T}}\boldsymbol{\alpha}_j=(\boldsymbol{\alpha}_i,\boldsymbol{\alpha}_j)$, 则

$$\boldsymbol{A}^{\mathrm{T}}\boldsymbol{A}=\boldsymbol{E}\Leftrightarrow(\boldsymbol{\alpha}_i,\boldsymbol{\alpha}_j)=\boldsymbol{\alpha}_i^{\mathrm{T}}\boldsymbol{\alpha}_j=\begin{cases}1, & i=j,\\ 0, & i\neq j.\end{cases}$$

即 $\boldsymbol{A}$ 的列向量组 $\boldsymbol{\alpha}_1,\boldsymbol{\alpha}_2,\cdots,\boldsymbol{\alpha}_n$ 标准正交.

由于 $\boldsymbol{A}^{\mathrm{T}}\boldsymbol{A}=\boldsymbol{E}$ 当且仅当 $\boldsymbol{A}\boldsymbol{A}^{\mathrm{T}}=\boldsymbol{E}$, 用类似方法可证: 实方阵 $\boldsymbol{A}$ 是正交矩阵当且仅当 $\boldsymbol{A}$ 的行向量组标准正交.

4.3.4 实对称矩阵的对角化问题

一般地, 方阵的特征值未必是实数, 方阵的可对角化需要一定条件. 对于实对称矩阵, 我们将发现它的特征值一定是实数, 且正交相似于对角矩阵.

定理 4.3.3 实对称矩阵的特征值都是实数.

证明 设 $\boldsymbol{A}=[a_{ij}]_{nn}$ 是 n 阶实对称矩阵, λ 是 $\boldsymbol{A}$ 的任一特征值, 对应的特征向量为 $\boldsymbol{\alpha}=[x_1,x_2,\cdots,x_n]^{\mathrm{T}}$ (其中 x_i 是复数), 于是 $\boldsymbol{A}\boldsymbol{\alpha}=\lambda\boldsymbol{\alpha}$.

两边取共轭可得

$$A\overline{\alpha} = \overline{A\alpha} = \overline{\lambda\alpha} = \overline{\lambda}\,\overline{\alpha},$$

两边取转置可得

$$\overline{\alpha}^{\mathrm{T}}A = \overline{\lambda}\,\overline{\alpha}^{\mathrm{T}},$$

两边右乘 α, 得

$$\lambda\overline{\alpha}^{\mathrm{T}}\alpha = \overline{\alpha}^{\mathrm{T}}A\alpha = \overline{\lambda}\,\overline{\alpha}^{\mathrm{T}}\alpha, \quad (\lambda - \overline{\lambda})\overline{\alpha}^{\mathrm{T}}\alpha = \mathbf{0}.$$

因为 $\alpha \neq \mathbf{0}$, 所以 $\overline{\alpha}^{\mathrm{T}}\alpha = \sum_{i=1}^{n}\overline{x}_i x_i \neq 0$, 于是 $\lambda = \overline{\lambda}$, 即 λ 是实数.

显然, 当 λ 是实方阵 A 的实特征值时, $(\lambda E - A)x = \mathbf{0}$ 为实系数线性方程组, 因此, 对应的解向量都是实向量, 所以特征向量也是实向量.

类似可证, 实反对称矩阵的特征值必为 0 或纯虚数.

定理 4.3.4 实对称矩阵 A 的属于不同特征值的特征向量必正交.

证明 设 α_1, α_2 分别是 A 的属于不同特征值 λ_1, λ_2 的 (实) 特征向量, 则有

$$A\alpha_1 = \lambda_1\alpha_1, \quad A\alpha_2 = \lambda_2\alpha_2.$$

考虑内积

$$(A\alpha_1, \alpha_2) = (\lambda_1\alpha_1, \alpha_2) = \lambda_1(\alpha_1, \alpha_2),$$

另一方面

$$(A\alpha_1, \alpha_2) = (A\alpha_1)^{\mathrm{T}}\alpha_2 = \alpha_1^{\mathrm{T}}A^{\mathrm{T}}\alpha_2 = \alpha_1^{\mathrm{T}}A\alpha_2 = \lambda_2\alpha_1^{\mathrm{T}}\alpha_2 = \lambda_2(\alpha_1, \alpha_2),$$

所以 $\lambda_1(\alpha_1, \alpha_2) = \lambda_2(\alpha_1, \alpha_2)$, 而 $\lambda_1 \neq \lambda_2$, 故 $(\alpha_1, \alpha_2) = 0$, 即 α_1, α_2 正交.

下面给出实对称矩阵的常用结论.

定理 4.3.5 对任意实对称矩阵 A, 必存在正交矩阵 Q, 使得 $Q^{-1}AQ = Q^{\mathrm{T}}AQ$ 为对角矩阵, 且对角元恰好是 A 的所有特征值.

***证明** 对 A 的阶数 n 作数学归纳法.

当 $n = 1$ 时, 结论显然成立.

假设对 $n-1$ 阶实对称矩阵结论成立, 要证对 n 阶实对称矩阵 A 结论也成立.

设 λ_1 是 A 的一个特征值, 则 λ_1 是实数, 从而必有一个实特征向量, 设为 α, 将 α 单位化, 即有 $\alpha_1 = \dfrac{\alpha}{|\alpha|}$. 以 α_1 为第一列构造 n 阶正交矩阵 $Q_1 = [\alpha_1, S]$, 于是

$$Q_1^{-1}AQ_1 = Q_1^{\mathrm{T}}AQ_1 = \begin{bmatrix} \alpha_1^{\mathrm{T}} \\ S^{\mathrm{T}} \end{bmatrix} A\,[\alpha_1, S] = \begin{bmatrix} \alpha_1^{\mathrm{T}}A\alpha_1 & \alpha_1^{\mathrm{T}}AS \\ S^{\mathrm{T}}A\alpha_1 & S^{\mathrm{T}}AS \end{bmatrix}.$$

注意到 $A\alpha_1 = \lambda_1\alpha_1$, $\alpha_1^{\mathrm{T}}\alpha_1 = 1$ 及 α_1 与 S 的各列向量都正交, 可得

$$Q_1^{-1}AQ_1 = Q_1^{\mathrm{T}}AQ_1 = \begin{bmatrix} \lambda_1 & \mathbf{0} \\ \mathbf{0} & A_1 \end{bmatrix},$$

其中 $A_1 = S^{\mathrm{T}}AS$ 是 $n-1$ 阶实对称矩阵. 于是, 由归纳法假设, 存在 $n-1$ 阶正交矩阵 U, 使得

$$U^{-1}A_1U = U^{\mathrm{T}}A_1U = \mathrm{diag}(\lambda_2, \lambda_3, \cdots, \lambda_n).$$

取 n 阶正交矩阵 $Q_2 = \begin{bmatrix} 1 & \mathbf{0} \\ \mathbf{0} & U \end{bmatrix}$, 有

$$\begin{aligned} Q_2^{-1}(Q_1^{-1}AQ_1)Q_2 &= \begin{bmatrix} 1 & \mathbf{0} \\ \mathbf{0} & U^{-1} \end{bmatrix}\begin{bmatrix} \lambda_1 & \mathbf{0} \\ \mathbf{0} & A_1 \end{bmatrix}\begin{bmatrix} 1 & \mathbf{0} \\ \mathbf{0} & U \end{bmatrix} = \begin{bmatrix} \lambda_1 & \mathbf{0} \\ \mathbf{0} & U^{-1}A_1U \end{bmatrix} \\ &= \mathrm{diag}(\lambda_1, \lambda_2, \cdots, \lambda_n). \end{aligned}$$

显然, $Q = Q_1Q_2$ 仍是正交矩阵, 且满足

$$Q^{-1}AQ = Q^{\mathrm{T}}AQ = \mathrm{diag}(\lambda_1, \lambda_2, \cdots, \lambda_n).$$

由数学归纳法原理知, 定理成立.

由此可见, 实对称矩阵必可对角化. 下面给出正交矩阵 Q 的具体求法.

(1) 求出 A 的所有特征值 $\lambda_1, \lambda_2, \cdots, \lambda_s$ (可能有重根) 和每个 λ_i $(i = 1, 2, \cdots, s)$ 的对应的线性无关特征向量 $\alpha_{i1}, \alpha_{i2}, \cdots, \alpha_{ir_i}$.

(2) 将每一组特征向量 $\alpha_{i1}, \alpha_{i2}, \cdots, \alpha_{ir_i}(i = 1, 2, \cdots, s)$ 分别正交化、单位化 (思考: 为什么是“分别”?), 记为 $\eta_{i1}, \eta_{i2}, \cdots, \eta_{ir_i}(i = 1, 2, \cdots, s)$. 由于实对称矩阵 A 必可对角化, 所以 $r_1 + r_2 + \cdots + r_s = n$.

(3) 将以上 n 个两两正交的单位向量 $\eta_{i1}, \eta_{i2}, \cdots, \eta_{ir_i}(i = 1, 2, \cdots, s)$ 按列排成的矩阵 Q 就是所求的正交矩阵. 注意对角矩阵的对角元的排列次序要与 Q 的列向量的排列次序一致.

想一想: 能否按行排成 Q?

例 4.3.2 设矩阵

$$A=\begin{bmatrix}1&2&2\\2&1&2\\2&2&1\end{bmatrix},$$

求正交矩阵 $\boldsymbol{Q}$, 使得 $\boldsymbol{Q}^{-1}\boldsymbol{A}\boldsymbol{Q}$ 为对角矩阵.

解 化简 $\boldsymbol{A}$ 的特征多项式, 可得

$$|\lambda\boldsymbol{E}-\boldsymbol{A}|=\begin{vmatrix}\lambda-1&-2&-2\\-2&\lambda-1&-2\\-2&-2&\lambda-1\end{vmatrix}=(\lambda+1)^2(\lambda-5).$$

当 $\lambda_1=\lambda_2=-1$ 时, 由齐次线性方程组 $(-\boldsymbol{E}-\boldsymbol{A})\boldsymbol{x}=\boldsymbol{0}$ 求得基础解系

$$\boldsymbol{\alpha}_1=[0,1,-1]^{\mathrm{T}},\quad \boldsymbol{\alpha}_2=[1,0,-1]^{\mathrm{T}},$$

将 $\boldsymbol{\alpha}_1,\boldsymbol{\alpha}_2$ 正交化, 令

$$\boldsymbol{\beta}_1=\boldsymbol{\alpha}_1,$$

$$\boldsymbol{\beta}_2=\boldsymbol{\alpha}_2-\frac{(\boldsymbol{\alpha}_2,\boldsymbol{\beta}_1)}{(\boldsymbol{\beta}_1,\boldsymbol{\beta}_1)}\boldsymbol{\beta}_1=\left[1,-\frac{1}{2},-\frac{1}{2}\right]^{\mathrm{T}}.$$

再把 $\boldsymbol{\beta}_1,\boldsymbol{\beta}_2$ 单位化, 得

$$\boldsymbol{\eta}_1=\left[0,\frac{\sqrt{2}}{2},-\frac{\sqrt{2}}{2}\right]^{\mathrm{T}},\quad \boldsymbol{\eta}_2=\left[\frac{\sqrt{6}}{3},-\frac{\sqrt{6}}{6},-\frac{\sqrt{6}}{6}\right]^{\mathrm{T}}.$$

当 $\lambda_3=5$ 时, 求得特征向量 $\boldsymbol{\alpha}_3=[1,1,1]^{\mathrm{T}}$, 单位化得 $\boldsymbol{\eta}_3=\left[\frac{\sqrt{3}}{3},\frac{\sqrt{3}}{3},\frac{\sqrt{3}}{3}\right]^{\mathrm{T}}$.

令

$$\boldsymbol{Q}=\begin{bmatrix}0&\frac{\sqrt{6}}{3}&\frac{\sqrt{3}}{3}\\\frac{\sqrt{2}}{2}&-\frac{\sqrt{6}}{6}&\frac{\sqrt{3}}{3}\\-\frac{\sqrt{2}}{2}&-\frac{\sqrt{6}}{6}&\frac{\sqrt{3}}{3}\end{bmatrix},$$

> **想一想**: 所求的正交矩阵是否正确，如何验证?

则 $\boldsymbol{Q}$ 是正交矩阵, 且 $\boldsymbol{Q}^{-1}\boldsymbol{A}\boldsymbol{Q}=\mathrm{diag}(-1,-1,5)$.

例 4.3.3 设三阶实对称矩阵 $\boldsymbol{A}$ 的特征值 $\lambda_1=1,\lambda_2=2,\lambda_3=-2$, $\boldsymbol{\alpha}_1=[1,-1,1]^{\mathrm{T}}$ 是 $\boldsymbol{A}$ 的属于特征值 λ_1 的一个特征向量, 记 $\boldsymbol{B}=\boldsymbol{A}^5-4\boldsymbol{A}^3+\boldsymbol{E}$.

(1) 验证 $\boldsymbol{\alpha}_1$ 是矩阵 $\boldsymbol{B}$ 的特征向量, 并求 $\boldsymbol{B}$ 的全部特征值的特征向量;

(2) 求矩阵 $\boldsymbol{B}$.

解　(1) $\boldsymbol{B}\boldsymbol{\alpha}_1 = \boldsymbol{A}^5\boldsymbol{\alpha}_1 - 4\boldsymbol{A}^3\boldsymbol{\alpha}_1 + \boldsymbol{E}\boldsymbol{\alpha}_1 = \lambda_1^5\boldsymbol{\alpha}_1 - 4\lambda_1^3\boldsymbol{\alpha}_1 + \boldsymbol{\alpha}_1 = -2\boldsymbol{\alpha}_1$, 所以 $\boldsymbol{\alpha}_1$ 是矩阵 $\boldsymbol{B}$ 的属于特征值 -2 的特征向量.

$\boldsymbol{B}$ 的另外两个特征值为 $2^5 - 4\times 2^3 + 1 = 1$ 和 $(-2)^5 - 4\times(-2)^3 + 1 = 1$.

设 $\boldsymbol{\xi} = [x_1, x_2, x_3]^{\mathrm{T}}$ 是 $\boldsymbol{B}$ 的属于特征值 1 的特征向量, 由于实对称矩阵属于不同特征值的特征向量彼此正交, 所以 $\boldsymbol{\xi}$ 与 $\boldsymbol{\alpha}_1$ 正交, 即有 $x_1 - x_2 + x_3 = 0$, 基础解系为 $[1,1,0]^{\mathrm{T}}, [-1,0,1]^{\mathrm{T}}$. 于是 $\boldsymbol{B}$ 的全部特征向量是 $k_1[1,-1,1]^{\mathrm{T}}$ 与 $k_2[1,1,0]^{\mathrm{T}} + k_3[-1,0,1]^{\mathrm{T}}$, 其中 k_1 是非零的任意常数, k_2, k_3 是不全为零的任意常数.

(2) 取 $\boldsymbol{P}=\begin{bmatrix}1&1&-1\\-1&1&0\\1&0&1\end{bmatrix}$, 则有 $\boldsymbol{B}=\boldsymbol{P}\begin{bmatrix}-2&0&0\\0&1&0\\0&0&1\end{bmatrix}\boldsymbol{P}^{-1}=\begin{bmatrix}0&1&-1\\1&0&1\\-1&1&0\end{bmatrix}$.

习　题　4.3

1. 求向量 $\boldsymbol{\alpha} = [1,2,2,3]^{\mathrm{T}}$ 与 $\boldsymbol{\beta} = [3,1,5,1]^{\mathrm{T}}$ 的夹角.

2. 利用施密特正交化方法, 将下列各向量组化为标准正交向量组.

(1) $\boldsymbol{\alpha}_1 = [0,1,1]^{\mathrm{T}}, \boldsymbol{\alpha}_2 = [1,1,0]^{\mathrm{T}}, \boldsymbol{\alpha}_3 = [1,0,1]^{\mathrm{T}}$;

(2) $\boldsymbol{\alpha}_1 = [1,-2,2]^{\mathrm{T}}, \boldsymbol{\alpha}_2 = [-1,0,-1]^{\mathrm{T}}, \boldsymbol{\alpha}_3 = [5,-3,7]^{\mathrm{T}}$.

3. 证明: 若 $\boldsymbol{A}$ 是正交矩阵, 则 $|\boldsymbol{A}| = 1$ 或 -1, 且逆矩阵 $\boldsymbol{A}^{-1}$ 与伴随矩阵 $\boldsymbol{A}^*$ 也是正交矩阵.

4. 证明: 正交矩阵的乘积还是正交矩阵. 并问: 正交矩阵的和还是正交矩阵吗?

5. 若 $\boldsymbol{A}$ 是正交矩阵, 且 $|\boldsymbol{A}| = -1$, 证明 $\boldsymbol{E}+\boldsymbol{A}$ 不可逆.

6. 求出能使矩阵 $\boldsymbol{A} = \begin{bmatrix}2&2&-2\\2&5&-4\\-2&-4&5\end{bmatrix}$ 相似于对角矩阵的正交矩阵 $\boldsymbol{Q}$.

7. 设矩阵 $\boldsymbol{A} = \begin{bmatrix}1&1&a\\1&a&1\\a&1&1\end{bmatrix}$, $\boldsymbol{\beta} = \begin{bmatrix}1\\1\\-2\end{bmatrix}$. 已知线性方程组 $\boldsymbol{A}\boldsymbol{x} = \boldsymbol{\beta}$ 有解, 但不唯一. 试求: (1) a 的值; (2) 正交矩阵 $\boldsymbol{Q}$, 使得 $\boldsymbol{Q}^{-1}\boldsymbol{A}\boldsymbol{Q}$ 为对角矩阵.

8. 设 $\boldsymbol{A}$ 和 $\boldsymbol{B}$ 都是 n 阶实对称矩阵, 且 $\boldsymbol{A}$ 相似于 $\boldsymbol{B}$, 证明: 存在正交矩阵 $\boldsymbol{Q}$, 使得 $\boldsymbol{Q}^{-1}\boldsymbol{A}\boldsymbol{Q} = \boldsymbol{B}$.

复 习 题 4

1. 证明: 方阵 $\boldsymbol{A}$ 与它的转置矩阵 $\boldsymbol{A}^{\mathrm{T}}$ 有相同的特征值.

2. 如果矩阵 $\boldsymbol{A}$ 满足 $\boldsymbol{A}^2 = \boldsymbol{A}$, 则称 $\boldsymbol{A}$ 是幂等矩阵. 试证: 幂等矩阵的特征值只能是 0 或 1.

3. 设 $ab \neq 0$, 若行列式 $|a\boldsymbol{A} + b\boldsymbol{E}| = 0$, 求 $\boldsymbol{A}$ 的一个特征值.

4. 若 $\boldsymbol{A}$ 是三阶矩阵, 其特征值为 $1, -1, 2$, 求行列式 $\left|\boldsymbol{A}^{-1} + 3\boldsymbol{A} - 2\boldsymbol{E}\right|$.

5. 设 $\boldsymbol{A}$ 是三阶矩阵, 满足 $|\boldsymbol{A} + \boldsymbol{E}| = |\boldsymbol{A} + 2\boldsymbol{E}| = |\boldsymbol{A} + 3\boldsymbol{E}| = 0$, 求 $|\boldsymbol{A} + 4\boldsymbol{E}|$.

6. 二阶矩阵 $\boldsymbol{A}$ 有两个不同特征值, $\boldsymbol{\alpha}_1, \boldsymbol{\alpha}_2$ 是 $\boldsymbol{A}$ 的线性无关的特征向量, 且满足 $\boldsymbol{A}^2(\boldsymbol{\alpha}_1 + \boldsymbol{\alpha}_2) = \boldsymbol{\alpha}_1 + \boldsymbol{\alpha}_2$, 求 $|\boldsymbol{A}|$.

7. 设 n 阶矩阵 $\boldsymbol{A} = \begin{bmatrix} 1 & b & \cdots & b \\ b & 1 & \cdots & b \\ \vdots & \vdots & & \vdots \\ b & b & \cdots & 1 \end{bmatrix}$, (1) 求 $\boldsymbol{A}$ 的特征值和特征向量; (2) 求可逆矩阵 $\boldsymbol{P}$, 使得 $\boldsymbol{P}^{-1}\boldsymbol{A}\boldsymbol{P}$ 为对角矩阵. (提示: 讨论 b)

8. 设 $\boldsymbol{A}, \boldsymbol{B}$ 是任意两个同阶矩阵, 证明: $\boldsymbol{AB}$ 与 $\boldsymbol{BA}$ 有相同的特征值.

9. 设 $\boldsymbol{A}$ 是三阶矩阵, $\boldsymbol{\alpha}_1, \boldsymbol{\alpha}_2, \boldsymbol{\alpha}_3$ 为线性无关的三维列向量, 且满足 $\boldsymbol{A}\boldsymbol{\alpha}_1 = \boldsymbol{\alpha}_1 + \boldsymbol{\alpha}_2 + \boldsymbol{\alpha}_3$, $\boldsymbol{A}\boldsymbol{\alpha}_2 = 2\boldsymbol{\alpha}_2 + \boldsymbol{\alpha}_3$, $\boldsymbol{A}\boldsymbol{\alpha}_3 = 2\boldsymbol{\alpha}_2 + 3\boldsymbol{\alpha}_3$.

(1) 求矩阵 $\boldsymbol{B}$, 使得 $\boldsymbol{A}[\boldsymbol{\alpha}_1, \boldsymbol{\alpha}_2, \boldsymbol{\alpha}_3] = [\boldsymbol{\alpha}_1, \boldsymbol{\alpha}_2, \boldsymbol{\alpha}_3]\boldsymbol{B}$;

(2) 求 $\boldsymbol{A}$ 的特征值;

(3) 求可逆矩阵 $\boldsymbol{P}$, 使得 $\boldsymbol{P}^{-1}\boldsymbol{A}\boldsymbol{P}$ 为对角矩阵.

10. 设 $\boldsymbol{\alpha} = [a_1, a_2, \cdots, a_n]^{\mathrm{T}}$, $\boldsymbol{\alpha}^{\mathrm{T}}\boldsymbol{\alpha} = 1$, 求 $\boldsymbol{E} - 2\boldsymbol{\alpha}\boldsymbol{\alpha}^{\mathrm{T}}$ 的特征值.

11. 设 $\boldsymbol{e}$ 是三维单位列向量, $\boldsymbol{E}$ 为三阶单位矩阵, 证明矩阵 $\boldsymbol{E} - \boldsymbol{e}\boldsymbol{e}^{\mathrm{T}}$ 可对角化, 并求它的秩.

12. 如果 $\boldsymbol{A} = \begin{bmatrix} 1 & 2 & -3 \\ -1 & 4 & -3 \\ 1 & k & 5 \end{bmatrix}$ 的特征多项式有一个二重根, 试求 k 的值, 并讨论 $\boldsymbol{A}$ 是否可相似对角化.

13. 求 $\boldsymbol{A} = \begin{bmatrix} 1 & 0 & 0 & 0 \\ a & 1 & 0 & 0 \\ 2 & b & 2 & 0 \\ 2 & 3 & c & 2 \end{bmatrix}$ 可对角化的充分必要条件.

14. 设矩阵 $\boldsymbol{A} = \begin{bmatrix} 2 & 1 & 0 \\ 1 & 2 & 0 \\ 1 & a & b \end{bmatrix}$ 恰有两个不同的特征值, 若 $\boldsymbol{A}$ 相似于对角矩阵, 求 a, b 的值, 并求可逆矩阵 $\boldsymbol{P}$, 使 $\boldsymbol{P}^{-1}\boldsymbol{A}\boldsymbol{P}$ 为对角矩阵.

15. $\boldsymbol{A}$ 为三阶实对称矩阵, $R(\boldsymbol{A}) = 2$, 且 $\boldsymbol{A}\begin{bmatrix} 1 & 1 \\ 0 & 0 \\ -1 & 1 \end{bmatrix} = \begin{bmatrix} -1 & 1 \\ 0 & 0 \\ 1 & 1 \end{bmatrix}$.

(1) 求 $\boldsymbol{A}$ 的特征值与特征向量; (2) 求 $\boldsymbol{A}$.

16. 设 $\boldsymbol{A}$ 是 n 阶矩阵, $\boldsymbol{X}_1, \boldsymbol{X}_2, \cdots, \boldsymbol{X}_n$ 是 n 维列向量且 $\boldsymbol{X}_n \neq \boldsymbol{0}$, 满足

$$\boldsymbol{A}\boldsymbol{X}_1 = \boldsymbol{X}_2, \quad \boldsymbol{A}\boldsymbol{X}_2 = \boldsymbol{X}_3, \quad \cdots, \quad \boldsymbol{A}\boldsymbol{X}_{n-1} = \boldsymbol{X}_n, \quad \boldsymbol{A}\boldsymbol{X}_n = \boldsymbol{0}.$$

(1) 证明 $\boldsymbol{X}_1, \boldsymbol{X}_2, \cdots, \boldsymbol{X}_n$ 线性无关; (2) 求 $\boldsymbol{A}$ 的特征值和特征向量; (3) 问 $\boldsymbol{A}$ 是否可对角化?

17. 已知矩阵 $\boldsymbol{A} = \begin{bmatrix} 0 & -1 & 1 \\ 2 & -3 & 0 \\ 0 & 0 & 0 \end{bmatrix}$, (1) 求 $\boldsymbol{A}^{99}$; (2) 设三阶矩阵 $\boldsymbol{B} = [\boldsymbol{\alpha}_1, \boldsymbol{\alpha}_2, \boldsymbol{\alpha}_3]$ 满足 $\boldsymbol{B}^2 = \boldsymbol{BA}$, 记 $\boldsymbol{B}^{100} = [\boldsymbol{\beta}_1, \boldsymbol{\beta}_2, \boldsymbol{\beta}_3]$, 将 $\boldsymbol{\beta}_1, \boldsymbol{\beta}_2, \boldsymbol{\beta}_3$ 分别表示为 $\boldsymbol{\alpha}_1, \boldsymbol{\alpha}_2, \boldsymbol{\alpha}_3$ 的线性组合.

18. 设 n 阶矩阵 $\boldsymbol{A}, \boldsymbol{B}$ 满足 $\boldsymbol{A} + \boldsymbol{B} + \boldsymbol{AB} = \boldsymbol{O}$. 证明:

(1) $\boldsymbol{A}$ 与 $\boldsymbol{B}$ 的特征向量是公共的; (2) $\boldsymbol{A}$ 可对角化当且仅当 $\boldsymbol{B}$ 可对角化.

19. 设三阶实对称矩阵 $\boldsymbol{A}$ 的各行元素之和均为 3, 向量

$$\boldsymbol{\alpha}_1 = [-1, 2, -1]^{\mathrm{T}}, \quad \boldsymbol{\alpha}_2 = [0, -1, 1]^{\mathrm{T}}$$

是线性方程组 $\boldsymbol{Ax} = \boldsymbol{0}$ 的两个解.

(1) 求 $\boldsymbol{A}$ 的特征值与特征向量;

(2) 求正交矩阵 $\boldsymbol{Q}$ 和对角矩阵 $\boldsymbol{\varLambda}$, 使得 $\boldsymbol{Q}^{\mathrm{T}}\boldsymbol{AQ} = \boldsymbol{\varLambda}$;

(3) 求 $\boldsymbol{A}$ 及 $\left(\boldsymbol{A} - \dfrac{3}{2}\boldsymbol{E}\right)^6$.

20. 已知 $\boldsymbol{A}$ 是 n 阶矩阵, 且存在一个 n 维列向量 $\boldsymbol{\xi}$, 满足 $\boldsymbol{A}^k\boldsymbol{\xi} = \boldsymbol{0}$, 但 $\boldsymbol{A}^{k-1}\boldsymbol{\xi} \neq \boldsymbol{0}$, 试证:

(1) 向量组 $\boldsymbol{\xi}, \boldsymbol{A\xi}, \cdots, \boldsymbol{A}^{k-1}\boldsymbol{\xi}$ 线性无关;

(2) 当 $n \geqslant 2$ 时, $\boldsymbol{A}$ 不可对角化.

第 5 章　二　次　型

反比例函数 $y=\dfrac{1}{x}$ 所表示的图形为双曲线, 但其方程却不是我们熟知的双曲线标准方程 $\dfrac{(x')^2}{a^2}-\dfrac{(y')^2}{b^2}=1$. 事实上, 我们只需作一个简单变换 $\begin{cases} x=x'-y', \\ y=x'+y', \end{cases}$ 就可把方程 $y=\dfrac{1}{x}$ 化成 $(x')^2-(y')^2=1$. 一般地, 二次曲线 $Ax^2+Bxy+Cy^2=D$ 通过适当的坐标变换可以化为标准方程 $\dfrac{(x')^2}{a^2}\pm\dfrac{(y')^2}{b^2}=1$, 它只含平方项. 在处理许多实际问题时, 需采用类似的方法, 这就是本章要讨论的有关二次型的初步理论.

5.1　二次型及其矩阵表示

定义 5.1.1　含有 n 个变量 $x_1,x_2,\cdots,x_n$ 的二次齐次函数

$$\begin{aligned} f(x_1,x_2,\cdots,x_n)=&\ a_{11}x_1^2+a_{22}x_2^2+\cdots+a_{nn}x_n^2 \\ &+2a_{12}x_1x_2+2a_{13}x_1x_3+\cdots+2a_{1n}x_1x_n \\ &+\cdots+2a_{n-1,n}x_{n-1}x_n \end{aligned}$$

称为关于变量 $x_1,x_2,\cdots,x_n$ 的 n 元**实二次型**, 简称**二次型**, 其中 a_{ij} 为实数.

为了用更简单、更方便的形式表示二次型, 令 $a_{ji}=a_{ij}$, 并注意到 $2a_{ij}x_ix_j=a_{ij}x_ix_j+a_{ji}x_jx_i$. 于是二次型可表示成

$$\begin{aligned} f(x_1,x_2,\cdots,x_n)=&\ a_{11}x_1^2+a_{12}x_1x_2+a_{13}x_1x_3+\cdots+a_{1n}x_1x_n \\ &+a_{21}x_2x_1+a_{22}x_2^2+a_{23}x_2x_3+\cdots+a_{2n}x_2x_n \\ &+a_{31}x_3x_1+a_{32}x_3x_2+a_{33}x_3^2+\cdots+a_{3n}x_3x_n \\ &+\cdots \\ &+a_{n1}x_nx_1+a_{n2}x_nx_2+a_{n3}x_nx_3+\cdots+a_{nn}x_n^2. \end{aligned}$$

根据矩阵的乘法法则, 二次型可用矩阵表示如下

$$f(x_1,x_2,\cdots,x_n)=[x_1,x_2,\cdots,x_n]\begin{bmatrix}a_{11}&a_{12}&\cdots&a_{1n}\\a_{21}&a_{22}&\cdots&a_{2n}\\\vdots&\vdots&&\vdots\\a_{n1}&a_{n2}&\cdots&a_{nn}\end{bmatrix}\begin{bmatrix}x_1\\x_2\\\vdots\\x_n\end{bmatrix}.$$

记

$$\boldsymbol{A}=\begin{bmatrix}a_{11}&a_{12}&\cdots&a_{1n}\\a_{21}&a_{22}&\cdots&a_{2n}\\\vdots&\vdots&&\vdots\\a_{n1}&a_{n2}&\cdots&a_{nn}\end{bmatrix},\quad \boldsymbol{x}=\begin{bmatrix}x_1\\x_2\\\vdots\\x_n\end{bmatrix},$$

由 $a_{ji}=a_{ij}\ (i,j=1,2,\cdots,n)$ 知, $\boldsymbol{A}$ 为实对称矩阵, 并称 $\boldsymbol{A}$ 为**二次型 f 的矩阵**. 从而二次型

$$f(x_1,x_2,\cdots,x_n)=\boldsymbol{x}^{\mathrm{T}}\boldsymbol{A}\boldsymbol{x},$$

想一想: $\boldsymbol{x}^{\mathrm{T}}\boldsymbol{A}\boldsymbol{x}$何时表示二次型?

称 $\boldsymbol{x}^{\mathrm{T}}\boldsymbol{A}\boldsymbol{x}$ 为二次型 f 的**矩阵表示式**, 而 $\boldsymbol{A}$ 的秩 $R(\boldsymbol{A})$ 称为二次型 f 的**秩**.

由上述定义确定了二次型 f 与实对称矩阵 $\boldsymbol{A}$ 的一一对应关系: $\boldsymbol{A}$ 的主对角线上的元素 $a_{ii}\ (i=1,2,\cdots,n)$ 为 f 的平方项 $x_i^2\ (i=1,2,\cdots,n)$ 的系数; $\boldsymbol{A}$ 的非主对角线上的元素 $a_{ij}\ (i\neq j;i,j=1,2,\cdots,n)$ 为 f 的混合项 x_ix_j 系数的一半.

例 5.1.1 写出二次型 $f(x_1,x_2,x_3)=x_1^2-x_2^2-2x_3^2+4x_1x_2+6x_2x_3$ 的矩阵表示式, 并求 f 的秩.

解 f 的矩阵 $\boldsymbol{A}=\begin{bmatrix}1&2&0\\2&-1&3\\0&3&-2\end{bmatrix}$, f 的矩阵表示式为

$$f=[x_1,x_2,x_3]\begin{bmatrix}1&2&0\\2&-1&3\\0&3&-2\end{bmatrix}\begin{bmatrix}x_1\\x_2\\x_3\end{bmatrix}.$$

经计算得 $|\boldsymbol{A}|=1\neq 0$, 故 $\boldsymbol{A}$ 为满秩矩阵, $R(\boldsymbol{A})=3$, 即二次型 f 的秩等于 3.

例 5.1.2 若二次型 $f(x_1,x_2,x_3)$ 的矩阵为 $\begin{bmatrix}-3&2&1\\2&3&-4\\1&-4&-1\end{bmatrix}$, 写出二次型

$f(x_1, x_2, x_3)$.

解 $f(x_1, x_2, x_3) = -3x_1^2 + 3x_2^2 - x_3^2 + 4x_1x_2 + 2x_1x_3 - 8x_2x_3$.

习 题 5.1

1. 写出下列二次型的矩阵:

(1) $f(x_1, x_2, x_3) = x_1^2 + 2x_2^2 + 4x_3^2 + 6x_1x_2 + 2x_1x_3 - 6x_2x_3$;

(2) $f(x_1, x_2, x_3, x_4) = x_1x_3 + 2x_1x_4 + 4x_2x_4 + 6x_3x_4$;

(3) $f(x_1, x_2, \cdots, x_n) = \sum\limits_{i=1}^{n} ix_i^2 + \sum\limits_{i=1}^{n-1} 2x_ix_{i+1}$.

2. 已知实二次型 $f(x_1, x_2, x_3) = 3x_1^2 + x_2^2 + 7x_3^2 + 6x_1x_3 + \lambda x_2x_3$ 的秩为 2, 求 λ.

5.2 二次型的标准形

5.2.1 标准形与矩阵的合同

只含平方项的二次型

$$f = \lambda_1 x_1^2 + \lambda_2 x_2^2 + \cdots + \lambda_n x_n^2$$

称为二次型的**标准形**. 不难看出, 二次型标准形的矩阵

$$\boldsymbol{\Lambda} = \begin{bmatrix} \lambda_1 & & & \\ & \lambda_2 & & \\ & & \ddots & \\ & & & \lambda_n \end{bmatrix}$$

为对角矩阵.

作可逆线性变换 $\boldsymbol{x} = \boldsymbol{P}\boldsymbol{y}$ ($\boldsymbol{P}$ 为可逆矩阵), 二次型 $f = \boldsymbol{x}^{\mathrm{T}}\boldsymbol{A}\boldsymbol{x}$ 可化为新的二次型, 即

$$f = \boldsymbol{x}^{\mathrm{T}}\boldsymbol{A}\boldsymbol{x} \xlongequal{\boldsymbol{x}=\boldsymbol{P}\boldsymbol{y}} \boldsymbol{y}^{\mathrm{T}}(\boldsymbol{P}\boldsymbol{A}\boldsymbol{P})\boldsymbol{y}.$$

新二次型的矩阵 $\boldsymbol{P}^{\mathrm{T}}\boldsymbol{A}\boldsymbol{P}$ 与原二次型的矩阵 $\boldsymbol{A}$ 有什么关系呢? 下面的定理回答了这个问题.

定理 5.2.1 设 $\boldsymbol{A}$ 为 n 阶对称矩阵, $\boldsymbol{P}$ 为 n 阶可逆矩阵, 则 $\boldsymbol{P}^{\mathrm{T}}\boldsymbol{A}\boldsymbol{P}$ 为对称矩阵, 且

$$R(\boldsymbol{P}^{\mathrm{T}}\boldsymbol{A}\boldsymbol{P}) = R(\boldsymbol{A}).$$

证明 因为 $(\boldsymbol{P}^{\mathrm{T}}\boldsymbol{A}\boldsymbol{P})^{\mathrm{T}}=\boldsymbol{P}^{\mathrm{T}}\boldsymbol{A}^{\mathrm{T}}(\boldsymbol{P}^{\mathrm{T}})^{\mathrm{T}}=\boldsymbol{P}^{\mathrm{T}}\boldsymbol{A}\boldsymbol{P}$, 所以 $\boldsymbol{P}^{\mathrm{T}}\boldsymbol{A}\boldsymbol{P}$ 为对称矩阵. 由 $\boldsymbol{P}$ 为可逆矩阵知 $\boldsymbol{P}^{\mathrm{T}}$ 也为可逆矩阵, 故 $R(\boldsymbol{P}^{\mathrm{T}}\boldsymbol{A}\boldsymbol{P})=R(\boldsymbol{A})$.

定理 5.2.1 表明, 可逆线性变换不改变二次型的秩.

定义 5.2.1 设 $\boldsymbol{A},\boldsymbol{B}$ 为两个 n 阶矩阵, 若存在 n 阶可逆矩阵 $\boldsymbol{P}$, 使得

$$\boldsymbol{P}^{\mathrm{T}}\boldsymbol{A}\boldsymbol{P}=\boldsymbol{B},$$

则称矩阵 $\boldsymbol{A}$ 与 $\boldsymbol{B}$ **合同**, 且称 $\boldsymbol{B}$ 为 $\boldsymbol{A}$ 的合同矩阵.

例如, $\boldsymbol{A}=\begin{bmatrix}1&2\\2&1\end{bmatrix},\boldsymbol{B}=\begin{bmatrix}1&-2\\-2&1\end{bmatrix}$, 由于

$$\begin{bmatrix}1&0\\0&-1\end{bmatrix}\begin{bmatrix}1&-2\\-2&1\end{bmatrix}\begin{bmatrix}1&0\\0&-1\end{bmatrix}=\begin{bmatrix}1&2\\2&1\end{bmatrix},$$

所以 $\boldsymbol{A}$ 与 $\boldsymbol{B}$ 是合同的.

矩阵合同满足以下性质.

(1) 自反性: $\boldsymbol{A}$ 与 $\boldsymbol{A}$ 合同.

(2) 对称性: $\boldsymbol{A}$ 与 $\boldsymbol{B}$ 合同, 则 $\boldsymbol{B}$ 与 $\boldsymbol{A}$ 合同.

(3) 传递性: $\boldsymbol{A}$ 与 $\boldsymbol{B}$ 合同, $\boldsymbol{B}$ 与 $\boldsymbol{C}$ 合同, 则 $\boldsymbol{A}$ 与 $\boldsymbol{C}$ 合同.

由定义 5.2.1 知, 对一个二次型进行可逆线性变换, 原二次型的矩阵与新二次型的矩阵是合同的.

例 5.2.1 设 $\boldsymbol{A},\boldsymbol{B}$ 为 n 阶可逆矩阵, 且 $\boldsymbol{A}$ 与 $\boldsymbol{B}$ 合同. 证明 $\boldsymbol{A}^{-1}$ 与 $\boldsymbol{B}^{-1}$ 合同.

证明 $\boldsymbol{A}$ 与 $\boldsymbol{B}$ 合同, 即存在可逆矩阵 $\boldsymbol{P}$, 使 $\boldsymbol{P}^{\mathrm{T}}\boldsymbol{A}\boldsymbol{P}=\boldsymbol{B}$, 两边取逆得 $\boldsymbol{P}^{-1}\boldsymbol{A}^{-1}(\boldsymbol{P}^{\mathrm{T}})^{-1}=\boldsymbol{B}^{-1}$, 令 $\boldsymbol{Q}=(\boldsymbol{P}^{\mathrm{T}})^{-1}$, 则 $\boldsymbol{Q}^{\mathrm{T}}=\boldsymbol{P}^{-1}$, 于是 $\boldsymbol{Q}^{\mathrm{T}}\boldsymbol{A}^{-1}\boldsymbol{Q}=\boldsymbol{B}^{-1}$, 由 $\boldsymbol{P}$ 可逆知 $\boldsymbol{Q}$ 可逆, 所以 $\boldsymbol{A}^{-1}$ 与 $\boldsymbol{B}^{-1}$ 合同.

下面我们介绍两种将二次型化为标准形的方法.

5.2.2 用配方法化二次型为标准形

先采用中学数学中介绍的配方法化二次型为标准形. 一般地, 任何二次型都可用配方法化为标准形.

1. 含平方项的二次型的配方法

例 5.2.2 化二次型 $f(x_1,x_2,x_3)=x_1^2+10x_2^2-2x_3^2-2x_1x_2+2x_1x_3-8x_2x_3$ 为标准形, 并写出所用的线性变换.

解 首先将含有 x_1 的项合在一起配方, 得

$$\begin{aligned}f(x_1,x_2,x_3)&=(x_1^2-2x_1x_2+2x_1x_3)+10x_2^2-2x_3^2-8x_2x_3\\&=(x_1-x_2+x_3)^2+9x_2^2-6x_2x_3-3x_3^2.\end{aligned}$$

再将含有 x_2 的项合在一起配方, 得

$$
\begin{aligned}
f(x_1,x_2,x_3)&=(x_1-x_2+x_3)^2+(9x_2^2-6x_2x_3)-3x_3^2\\
&=(x_1-x_2+x_3)^2+(3x_2-x_3)^2-4x_3^2.
\end{aligned}
$$

令 $\begin{cases} y_1=x_1-x_2+x_3,\\ y_2=3x_2-x_3,\\ y_3=x_3,\end{cases}$ 即 $\begin{bmatrix} y_1\\ y_2\\ y_3\end{bmatrix}=\begin{bmatrix} 1 & -1 & 1\\ 0 & 3 & -1\\ 0 & 0 & 1\end{bmatrix}\begin{bmatrix} x_1\\ x_2\\ x_3\end{bmatrix}$, 得二次型的标准形为

$$f=y_1^2+y_2^2-4y_3^2.$$

所用可逆线性变换为

$$\begin{bmatrix} x_1\\ x_2\\ x_3\end{bmatrix}=\begin{bmatrix} 1 & -1 & 1\\ 0 & 3 & -1\\ 0 & 0 & 1\end{bmatrix}^{-1}\begin{bmatrix} y_1\\ y_2\\ y_3\end{bmatrix}=\begin{bmatrix} 1 & \frac{1}{3} & -\frac{2}{3}\\ 0 & \frac{1}{3} & \frac{1}{3}\\ 0 & 0 & 1\end{bmatrix}\begin{bmatrix} y_1\\ y_2\\ y_3\end{bmatrix}.$$

2. 不含平方项的二次型的配方法

例 5.2.3 化二次型 $f(x_1,x_2,x_3)=-x_1x_2+x_1x_3+x_2x_3$ 为标准形, 并求所用的线性变换.

解 二次型 f 中不含平方项, 作变换 $\begin{cases} x_1=y_1+y_2,\\ x_2=y_1-y_2,\\ x_3=y_3,\end{cases}$ 即

$$\begin{bmatrix} x_1\\ x_2\\ x_3\end{bmatrix}=\begin{bmatrix} 1 & 1 & 0\\ 1 & -1 & 0\\ 0 & 0 & 1\end{bmatrix}\begin{bmatrix} y_1\\ y_2\\ y_3\end{bmatrix},$$

得

$$
\begin{aligned}
f&=-y_1^2+y_2^2+2y_1y_3=-(y_1^2-2y_1y_3)+y_2^2\\
&=-[(y_1-y_3)^2-y_3^2]+y_2^2=-(y_1-y_3)^2+y_2^2+y_3^2.
\end{aligned}
$$

令 $\begin{cases} z_1=y_1-y_3,\\ z_2=y_2,\\ z_3=y_3,\end{cases}$ 即 $\begin{cases} y_1=z_1+z_3,\\ y_2=z_2,\\ y_3=z_3,\end{cases}$ 得

$$f=-z_1^2+z_2^2+z_3^2.$$

所用线性变换为

$$\begin{bmatrix} x_1 \\ x_2 \\ x_3 \end{bmatrix} = \begin{bmatrix} 1 & 1 & 0 \\ 1 & -1 & 0 \\ 0 & 0 & 1 \end{bmatrix} \begin{bmatrix} y_1 \\ y_2 \\ y_3 \end{bmatrix} = \begin{bmatrix} 1 & 1 & 0 \\ 1 & -1 & 0 \\ 0 & 0 & 1 \end{bmatrix} \begin{bmatrix} 1 & 0 & 1 \\ 0 & 1 & 0 \\ 0 & 0 & 1 \end{bmatrix} \begin{bmatrix} z_1 \\ z_2 \\ z_3 \end{bmatrix}$$

$$= \begin{bmatrix} 1 & 1 & 1 \\ 1 & -1 & 1 \\ 0 & 0 & 1 \end{bmatrix} \begin{bmatrix} z_1 \\ z_2 \\ z_3 \end{bmatrix}.$$

值得注意的是, 所用线性变换不同, 得到的标准形也会不同.

5.2.3 用正交变换法化二次型为标准形

正交矩阵的逆矩阵等于它的转置矩阵, 再注意到合同矩阵和相似矩阵的定义. 显然, 正交相似必定合同, 根据实对称矩阵的有关性质, 有以下定理.

定理 5.2.2 对于实二次型 $f = \boldsymbol{x}^{\mathrm{T}}\boldsymbol{A}\boldsymbol{x}$, 必存在正交变换 $\boldsymbol{x} = \boldsymbol{P}\boldsymbol{y}$ ($\boldsymbol{P}$ 为正交矩阵), 将它化为标准形

$$f = \lambda_1 y_1^2 + \lambda_2 y_2^2 + \cdots + \lambda_n y_n^2,$$

其中 $\lambda_1, \lambda_2, \cdots, \lambda_n$ 为矩阵 $\boldsymbol{A}$ 的全部特征值, $\boldsymbol{P}$ 的 n 个列向量是 $\boldsymbol{A}$ 的标准正交的特征向量.

证明 由于 $\boldsymbol{A}$ 是实对称矩阵, 根据实对称矩阵对角化理论, $\boldsymbol{A}$ 存在 n 个特征值, 记为 $\lambda_1, \lambda_2, \cdots, \lambda_n$, 对应存在两两正交的单位向量 $\boldsymbol{p}_1, \boldsymbol{p}_2, \cdots, \boldsymbol{p}_n$. 由这 n 个向量作为矩阵 $\boldsymbol{P}$ 的列向量得到了正交矩阵 $\boldsymbol{P}$, 即 $\boldsymbol{P} = [\boldsymbol{p}_1, \boldsymbol{p}_2, \cdots, \boldsymbol{p}_n]$, 满足

$$\boldsymbol{P}^{\mathrm{T}}\boldsymbol{A}\boldsymbol{P} = \boldsymbol{\Lambda} = \begin{bmatrix} \lambda_1 & & & \\ & \lambda_2 & & \\ & & \ddots & \\ & & & \lambda_n \end{bmatrix}.$$

因为 $\boldsymbol{P}$ 是正交矩阵, 即 $\boldsymbol{P}^{\mathrm{T}} = \boldsymbol{P}^{-1}$, 所以

$$\boldsymbol{P}^{\mathrm{T}}\boldsymbol{A}\boldsymbol{P} = \boldsymbol{\Lambda} = \begin{bmatrix} \lambda_1 & & & \\ & \lambda_2 & & \\ & & \ddots & \\ & & & \lambda_n \end{bmatrix}.$$

因此在正交变换 $\boldsymbol{x}=\boldsymbol{P}\boldsymbol{y}$ 下, $f=\boldsymbol{y}^{\mathrm{T}}\boldsymbol{\Lambda}\boldsymbol{y}=\lambda_1y_1^2+\lambda_2y_2^2+\cdots+\lambda_ny_n^2$.

这个定理告诉我们, 如何将一个二次型用正交变换化成标准形. 这就是:

(1) 写出二次型 f 的矩阵 $\boldsymbol{A}$;

(2) 求 $\boldsymbol{A}$ 的全部特征值 $\lambda_1,\lambda_2,\cdots,\lambda_n$;

(3) 求齐次线性方程组 $(\lambda_i\boldsymbol{E}-\boldsymbol{A})\boldsymbol{x}=\boldsymbol{0}$ 的基础解系 $\boldsymbol{\alpha}_{i1},\boldsymbol{\alpha}_{i2},\cdots,\boldsymbol{\alpha}_{ir_i}$, 并进行正交单位化;

(4) 将 $\boldsymbol{A}$ 单位正交化的 n 个特征向量 $\boldsymbol{\eta}_1,\boldsymbol{\eta}_2,\cdots,\boldsymbol{\eta}_n$ 构成正交矩阵 $\boldsymbol{P}$, $\boldsymbol{\eta}_i$ 是属于 λ_i 的特征向量.

(5) 作正交变换 $\boldsymbol{x}=\boldsymbol{P}\boldsymbol{y}$, 二次型的标准形为

$$f=\boldsymbol{x}^{\mathrm{T}}\boldsymbol{A}\boldsymbol{x}=\boldsymbol{y}^{\mathrm{T}}\boldsymbol{P}^{\mathrm{T}}\boldsymbol{A}\boldsymbol{P}\boldsymbol{y}=\lambda_1y_1^2+\lambda_2y_2^2+\cdots+\lambda_ny_n^2.$$

例 5.2.4 用正交变换 $\boldsymbol{x}=\boldsymbol{P}\boldsymbol{y}$ 化二次型

$$f(x_1,x_2,x_3)=2x_1^2+5x_2^2+5x_3^2+4x_1x_2-4x_1x_3-8x_2x_3$$

为标准形.

解 二次型 f 的矩阵为

$$\boldsymbol{A}=\begin{bmatrix}2&2&-2\\2&5&-4\\-2&-4&5\end{bmatrix},$$

$\boldsymbol{A}$ 的特征多项式为

$$|\lambda\boldsymbol{E}-\boldsymbol{A}|=\begin{bmatrix}\lambda-2&-2&2\\-2&\lambda-5&4\\2&4&\lambda-5\end{bmatrix}=(\lambda-1)^2(\lambda-10),$$

$\boldsymbol{A}$ 的特征值为 $\lambda_1=\lambda_2=1,\lambda_3=10$.

对于 $\lambda_1=\lambda_2=1$, 解特征方程组 $(\boldsymbol{E}-\boldsymbol{A})\boldsymbol{x}=\boldsymbol{0}$, 得基础解系为

$$\boldsymbol{\alpha}_1=\begin{bmatrix}-2\\1\\0\end{bmatrix},\quad \boldsymbol{\alpha}_2=\begin{bmatrix}2\\0\\1\end{bmatrix}.$$

正交化得

$$\boldsymbol{\beta}_1=\boldsymbol{\alpha}_1=\begin{bmatrix}-2\\1\\0\end{bmatrix},$$

$$\boldsymbol{\beta}_2 = \boldsymbol{\alpha}_2 - \frac{(\boldsymbol{\alpha}_2, \boldsymbol{\beta}_1)}{(\boldsymbol{\beta}_1, \boldsymbol{\beta}_1)}\boldsymbol{\beta}_1 = \begin{bmatrix} 2 \\ 0 \\ 1 \end{bmatrix} + \frac{4}{5}\begin{bmatrix} -2 \\ 1 \\ 0 \end{bmatrix} = \frac{1}{5}\begin{bmatrix} 2 \\ 4 \\ 5 \end{bmatrix}.$$

单位化得

$$\boldsymbol{p}_1 = \begin{bmatrix} -\dfrac{2}{\sqrt{5}} \\ \dfrac{1}{\sqrt{5}} \\ 0 \end{bmatrix}, \quad \boldsymbol{p}_2 = \begin{bmatrix} \dfrac{2}{3\sqrt{5}} \\ \dfrac{4}{3\sqrt{5}} \\ \dfrac{5}{3\sqrt{5}} \end{bmatrix}.$$

对 $\lambda_3 = 10$, 解特征方程组 $(10\boldsymbol{E} - \boldsymbol{A})\boldsymbol{x} = \boldsymbol{0}$, 得基础解系为

$$\boldsymbol{\alpha}_3 = \begin{bmatrix} 1 \\ 2 \\ -2 \end{bmatrix}.$$

单位化得

$$\boldsymbol{p}_3 = \begin{bmatrix} \dfrac{1}{3} \\ \dfrac{2}{3} \\ -\dfrac{2}{3} \end{bmatrix}.$$

令正交矩阵

$$\boldsymbol{P} = [\boldsymbol{p}_1, \boldsymbol{p}_2, \boldsymbol{p}_3] = \begin{bmatrix} -\dfrac{2}{\sqrt{5}} & \dfrac{2}{3\sqrt{5}} & \dfrac{1}{3} \\ \dfrac{1}{\sqrt{5}} & \dfrac{4}{3\sqrt{5}} & \dfrac{2}{3} \\ 0 & \dfrac{5}{3\sqrt{5}} & -\dfrac{2}{3} \end{bmatrix},$$

想一想: 正交矩阵是否唯一? 如何验证所求结果正确?

得正交变换 $\boldsymbol{x} = \boldsymbol{P}\boldsymbol{y}$. 在此正交变换下, 二次型 f 化成标准形

$$f = y_1^2 + y_2^2 + 10y_3^2.$$

注意: 由于实对称矩阵不同特征值的特征向量必正交, 所以无需再作正交化而只需单位化.

习 题 5.2

1. 用配方法将下列二次型化成标准形, 并给出所用的可逆线性变换:

(1) $f(x_1,x_2,x_3)=x_1^2+3x_2^2-x_3^2+4x_1x_2-4x_1x_3-6x_2x_3$;

(2) $f(x_1,x_2,x_3)=x_1x_2+x_1x_3+x_2x_3$.

2. 求一个正交变换将下列二次型化成标准形:

(1) $f(x_1,x_2,x_3)=x_1^2+x_2^2+x_3^2+4x_1x_2+4x_1x_3+4x_2x_3$;

(2) $f(x_1,x_2,x_3)=-2x_1x_2+2x_1x_3+2x_2x_3$.

3. 设二次型 $f(x_1,x_2,x_3)=x_1^2+x_2^2+x_3^2+2\alpha x_1x_2+2x_1x_3+2\beta x_2x_3$ 经正交变换 $\boldsymbol{x}=\boldsymbol{P}\boldsymbol{y}$ 可化成标准形 $f=y_2^2+2y_3^2$, 求 α,β 的值和正交矩阵 $\boldsymbol{P}$.

4. 实对称矩阵 $\boldsymbol{A}$ 和 $\boldsymbol{B}$ 相似, 证明 $\boldsymbol{A}$ 与 $\boldsymbol{B}$ 合同.

5.3 正定二次型

正定二次型是一类很重要的二次型.

5.3.1 惯性定理

我们在化二次型为标准形的时候发现用不同的可逆线性变换得到的标准形不同, 但是, 标准形中系数为正的平方项的个数是相同的. 我们有如下结论.

定理 5.3.1 (惯性定理) 给定二次型 $f=\boldsymbol{x}^{\mathrm{T}}\boldsymbol{A}\boldsymbol{x}$, 其秩为 r. 若存在两个可逆线性变换 $\boldsymbol{x}=\boldsymbol{P}\boldsymbol{y}$ 和 $\boldsymbol{x}=\boldsymbol{Q}\boldsymbol{z}$, 将二次型化为不同的标准形

$$f=\lambda_1y_1^2+\lambda_2y_2^2+\cdots+\lambda_ry_r^2\quad(\lambda_i\neq 0;i=1,2,\cdots,r)$$

和

$$f=\mu_1z_1^2+\mu_2z_2^2+\cdots+\mu_rz_r^2\quad(\mu_i\neq 0;i=1,2,\cdots,r),$$

则 $\lambda_1,\lambda_2,\cdots,\lambda_r$ 与 $\mu_1,\mu_2,\cdots,\mu_r$ 中正的个数相等, 从而负的个数也相等.

定理证明省略.

惯性定理表明, 对于二次型, 其标准形中系数为正的平方项的个数与系数为负的平方项的个数是确定的, 与所作的可逆线性变换无关. 由此有以下定义.

定义 5.3.1 在秩为 r 的二次型中, 系数为正的平方项的个数称为二次型的**正惯性指数**, 记为 p; 系数为负的平方项的个数称为二次型的**负惯性指数**, 记为 q.

显然 $p+q=r$.

设秩为 r 的实二次型 $f=\boldsymbol{x}^{\mathrm{T}}\boldsymbol{A}\boldsymbol{x}$, 则在可逆线性变换 $\boldsymbol{x}=\boldsymbol{P}\boldsymbol{y}$ 下的标准形为

$$f=\lambda_1y_1^2+\cdots+\lambda_py_p^2-\lambda_{p+1}y_{p+1}^2-\cdots-\lambda_ry_r^2,$$

其中 $\lambda_i(i=1,2,\cdots,r)$ 全大于零, p 为二次型的正惯性指数. 令

$$\begin{cases} z_1=\sqrt{\lambda_1}y_1,\\ \quad\cdots\cdots\\ z_r=\sqrt{\lambda_r}y_r,\\ z_{r+1}=y_{r+1},\\ \quad\cdots\cdots\\ z_n=y_n,\end{cases}$$

即作可逆线性变换

$$\begin{bmatrix} y_1\\ \vdots\\ y_r\\ y_{r+1}\\ \vdots\\ y_n\end{bmatrix}=\begin{bmatrix} \dfrac{1}{\sqrt{\lambda_1}} & & & & & \\ & \ddots & & & & \\ & & \dfrac{1}{\sqrt{\lambda_r}} & & & \\ & & & 1 & & \\ & & & & \ddots & \\ & & & & & 1\end{bmatrix}\begin{bmatrix} z_1\\ \vdots\\ z_r\\ z_{r+1}\\ \vdots\\ z_n\end{bmatrix},$$

得

$$f=z_1^2+\cdots+z_p^2-z_{p+1}^2-\cdots-z_r^2. \tag{5.3.1}$$

上式中平方项系数只有 1 或 -1, 称式 (5.3.1) 为二次型的**实规范形**.

由惯性定理, 有以下结论.

推论 5.3.1　二次型的规范形是唯一的.

5.3.2　正定二次型与正定矩阵

定义 5.3.2　给定实二次型 $f=\boldsymbol{x}^{\mathrm{T}}\boldsymbol{A}\boldsymbol{x}$, 对任意的非零向量 $\boldsymbol{x}=[x_1,x_2,\cdots,x_n]^{\mathrm{T}}$ (即 $x_1,x_2,\cdots,x_n$ 至少有一个不为零),

(1) 若恒有 $f=\boldsymbol{x}^{\mathrm{T}}\boldsymbol{A}\boldsymbol{x}>0$, 则称 f 为**正定二次型**, 其矩阵 $\boldsymbol{A}$ 称为**正定矩阵**.

(2) 若恒有 $f=\boldsymbol{x}^{\mathrm{T}}\boldsymbol{A}\boldsymbol{x}<0$, 则称 f 为**负定二次型**, 其矩阵 $\boldsymbol{A}$ 称为**负定矩阵**.

如果二次型 f 为正 (负) 定二次型, 那么二次型 f 的最小 (大) 值为 0.

如果 f 为负定二次型 (或 $\boldsymbol{A}$ 为负定矩阵), 那么 $-f$ 必为正定二次型 (或 $-\boldsymbol{A}$ 必为正定矩阵), 反之亦然, 所以本书主要讨论正定二次型 (正定矩阵).

例 5.3.1　设实对称矩阵 $\boldsymbol{A}$ 为 n 阶正定矩阵, 矩阵 $\boldsymbol{A}$ 与 $\boldsymbol{B}$ 合同, 证明 $\boldsymbol{B}$ 为正定矩阵.

证明 由矩阵 $\boldsymbol{A}$ 与 $\boldsymbol{B}$ 合同知, 存在可逆矩阵 $\boldsymbol{P}$ 使得 $\boldsymbol{B}=\boldsymbol{P}^{\mathrm{T}}\boldsymbol{A}\boldsymbol{P}$. 对任何非零向量 $\boldsymbol{x}$, $\boldsymbol{P}\boldsymbol{x}$ 是非零向量, 而 $\boldsymbol{A}$ 是正定矩阵, 所以 $(\boldsymbol{P}\boldsymbol{x})^{\mathrm{T}}\boldsymbol{A}(\boldsymbol{P}\boldsymbol{x})>0$. 于是 $\boldsymbol{x}^{\mathrm{T}}\boldsymbol{B}\boldsymbol{x}=\boldsymbol{x}^{\mathrm{T}}(\boldsymbol{P}^{\mathrm{T}}\boldsymbol{A}\boldsymbol{P})\boldsymbol{x}=(\boldsymbol{P}\boldsymbol{x})^{\mathrm{T}}\boldsymbol{A}(\boldsymbol{P}\boldsymbol{x})>0$, 因此 $\boldsymbol{B}$ 为正定矩阵.

接下来介绍正定二次型的判别方法.

定理 5.3.2 n 元二次型 $f=\boldsymbol{x}^{\mathrm{T}}\boldsymbol{A}\boldsymbol{x}$ 为正定二次型的充分必要条件是 $\boldsymbol{A}$ 的特征值全大于零.

证明 由定理 5.2.2 知存在正交变换 $\boldsymbol{x}=\boldsymbol{P}\boldsymbol{y}$ 将二次型 $f=\boldsymbol{x}^{\mathrm{T}}\boldsymbol{A}\boldsymbol{x}$ 化为标准形

$$f=\lambda_1y_1^2+\lambda_2y_2^2+\cdots+\lambda_ny_n^2,$$

其中 $\lambda_1,\lambda_2,\cdots,\lambda_n$ 为二次型矩阵 $\boldsymbol{A}$ 的特征值.

(充分性) 若 $\lambda_i>0\ (i=1,2,\cdots,n)$, 任给非零向量 $\boldsymbol{x}$, $\boldsymbol{y}=\boldsymbol{P}^{-1}\boldsymbol{x}$ 为非零向量, 从而

$$f=\lambda_1y_1^2+\lambda_2y_2^2+\cdots+\lambda_ny_n^2>0,$$

即二次型 $f=\boldsymbol{x}^{\mathrm{T}}\boldsymbol{A}\boldsymbol{x}$ 为正定二次型.

(必要性) 若二次型 $f=\boldsymbol{x}^{\mathrm{T}}\boldsymbol{A}\boldsymbol{x}$ 为正定二次型, 利用反证法, 假设 $\lambda_1,\lambda_2,\cdots,\lambda_n$ 中至少有一个小于或等于零, 不妨设 $\lambda_j\leqslant 0$. 取

$$y_1=0,\quad \cdots,\quad y_{j-1}=0,\quad y_j=1,\quad y_{j+1}=0,\quad \cdots,\quad y_n=0,$$

从而 $\boldsymbol{y}=[0,\cdots,0,1,0,\cdots,0]^{\mathrm{T}}$ 为非零向量, 则 $\boldsymbol{x}=\boldsymbol{P}\boldsymbol{y}$ 为非零向量, 此时

$$f=\boldsymbol{x}^{\mathrm{T}}\boldsymbol{A}\boldsymbol{x}=\boldsymbol{y}^{\mathrm{T}}\boldsymbol{\Lambda}\boldsymbol{y}=\lambda_j\leqslant 0,$$

与 $f=\boldsymbol{x}^{\mathrm{T}}\boldsymbol{A}\boldsymbol{x}$ 为正定二次型矛盾, 所以 $\boldsymbol{A}$ 的特征值全大于零.

推论 5.3.2 n 元二次型 $f=\boldsymbol{x}^{\mathrm{T}}\boldsymbol{A}\boldsymbol{x}$ 为正定二次型 (或实对称矩阵 $\boldsymbol{A}$ 为正定矩阵) 的充分必要条件是二次型 f 的标准形的 n 个系数全为正, 即二次型 f 的正惯性指数为 n.

推论 5.3.3 n 元二次型 $f=\boldsymbol{x}^{\mathrm{T}}\boldsymbol{A}\boldsymbol{x}$ 为正定二次型 (或实对称矩阵 $\boldsymbol{A}$ 为正定矩阵) 的充分必要条件是二次型 f 的规范形的 n 个系数全为 1, 即矩阵 $\boldsymbol{A}$ 与单位矩阵合同.

例 5.3.2 设 $\boldsymbol{A}$ 为正定矩阵, 证明 $\boldsymbol{A}^{-1}$ 为正定矩阵.

证明 $\boldsymbol{A}$ 为正定矩阵, 则 $\boldsymbol{A}$ 的特征值 $\lambda_1,\lambda_2,\cdots,\lambda_n$ 全大于零, 而 $\boldsymbol{A}^{-1}$ 的特征值分别为 $\dfrac{1}{\lambda_1},\dfrac{1}{\lambda_2},\cdots,\dfrac{1}{\lambda_n}$, 全大于零, 又 $\boldsymbol{A}^{-1}$ 也实对称, 所以 $\boldsymbol{A}^{-1}$ 为正定矩阵.

另证 因为 $\boldsymbol{A}$ 正定, 所以 $\boldsymbol{A}$ 与单位矩阵合同, 即有可逆矩阵 $\boldsymbol{P}$ 使得 $\boldsymbol{A}=\boldsymbol{P}^{\mathrm{T}}\boldsymbol{E}\boldsymbol{P}=\boldsymbol{P}^{\mathrm{T}}\boldsymbol{P}$. 于是 $\boldsymbol{A}^{-1}=\boldsymbol{P}^{-1}(\boldsymbol{P}^{\mathrm{T}})^{-1}=\boldsymbol{P}^{-1}(\boldsymbol{P}^{-1})^{\mathrm{T}}$ 与单位矩阵合同, 由推论 5.3.3 知 $\boldsymbol{A}^{-1}$ 为正定矩阵.

由于求二次型矩阵 $\boldsymbol{A}$ 的特征值和化二次型为标准形都比较麻烦, 下面介绍利用行列式判别正定二次型的充分必要条件.

定义 5.3.3 设 $\boldsymbol{A}$ 为 n 阶矩阵, 取其第 $1,2,\cdots,k$ 行和第 $1,2,\cdots,k$ 列所构成的 k $(k \leqslant n)$ 阶行列式

$$\Delta_k = \begin{vmatrix} a_{11} & a_{12} & \cdots & a_{1k} \\ a_{21} & a_{22} & \cdots & a_{2k} \\ \vdots & \vdots & & \vdots \\ a_{k1} & a_{k2} & \cdots & a_{kk} \end{vmatrix}, \quad k=1,2,\cdots,n$$

想一想: n阶矩阵共有多少个顺序主子式?

称为 $\boldsymbol{A}$ 的 k 阶**顺序主子式**.

例如, 设 $\boldsymbol{A} = \begin{bmatrix} 1 & 2 & 3 \\ 0 & 3 & -1 \\ 0 & 0 & 4 \end{bmatrix}$, 则 $\boldsymbol{A}$ 的顺序主子式分别为

$$\Delta_1 = 1, \quad \Delta_2 = \begin{vmatrix} 1 & 2 \\ 0 & 3 \end{vmatrix}, \quad \Delta_3 = \begin{vmatrix} 1 & 2 & 3 \\ 0 & 3 & -1 \\ 0 & 0 & 4 \end{vmatrix}.$$

定理 5.3.3 (1) n 元二次型 $f = \boldsymbol{x}^{\mathrm{T}}\boldsymbol{A}\boldsymbol{x}$ 为正定二次型 (或实对称矩阵 $\boldsymbol{A}$ 为正定矩阵) 的充分必要条件是 $\boldsymbol{A}$ 的各阶顺序主子式全大于零, 即

$$\Delta_1 = a_{11} > 0, \quad \Delta_2 = \begin{vmatrix} a_{11} & a_{12} \\ a_{21} & a_{22} \end{vmatrix} > 0, \quad \cdots,$$

$$\Delta_n = \begin{vmatrix} a_{11} & a_{12} & \cdots & a_{1n} \\ a_{21} & a_{22} & \cdots & a_{2n} \\ \vdots & \vdots & & \vdots \\ a_{n1} & a_{n2} & \cdots & a_{nn} \end{vmatrix} = |\boldsymbol{A}| > 0.$$

(2) n 元二次型 $f = \boldsymbol{x}^{\mathrm{T}}\boldsymbol{A}\boldsymbol{x}$ 为负定二次型 (或实对称矩阵 $\boldsymbol{A}$ 为负定矩阵) 的充分必要条件是 $\boldsymbol{A}$ 的奇数阶顺序主子式小于零, 偶数阶顺序主子式大于零, 即

$$(-1)^k \Delta_k = (-1)^k \begin{vmatrix} a_{11} & a_{12} & \cdots & a_{1k} \\ a_{21} & a_{22} & \cdots & a_{2k} \\ \vdots & \vdots & & \vdots \\ a_{k1} & a_{k2} & \cdots & a_{kk} \end{vmatrix} > 0, \quad k=1,2,\cdots,n.$$

定理证明省略.

由于 $|\boldsymbol{A}|$ 是矩阵 $\boldsymbol{A}$ 的顺序主子式, 上述定理有如下推论.

想一想: 若$|\boldsymbol{A}|>0$, 则$\boldsymbol{A}$正定?

推论 5.3.4 实对称矩阵 $\boldsymbol{A}$ 为正定的必要条件是 $|\boldsymbol{A}|>0$.

例 5.3.3 问 t 取何值时, 二次型 $f(x_1,x_2,x_3)=x_1^2+tx_2^2+3x_3^2+2x_1x_2$ 是正定的?

解 二次型 f 的矩阵 $\boldsymbol{A}=\begin{bmatrix}1&1&0\\1&t&0\\0&0&3\end{bmatrix}$, f 是正定二次型的充分必要条件为 $\boldsymbol{A}$ 的各阶顺序主子式全大于零, 由

$$\varDelta_1=1,\quad \varDelta_2=\begin{vmatrix}1&1\\1&t\end{vmatrix}=t-1,\quad \varDelta_3=|\boldsymbol{A}|=3(t-1)$$

知, 当 $t>1$ 时, 各阶顺序主子式大于零, 所以当 $t>1$ 时, 二次型 f 是正定的.

应用定理 5.3.2 和推论 5.3.4 容易证明如下结论.

设 $\boldsymbol{A}$ 是正定矩阵, 则

(1) $\boldsymbol{A}^*$ 是正定的;

(2) k 是正数, $k\boldsymbol{A}$ 是正定矩阵;

(3) m 为非负整数, $\boldsymbol{A}^m$ 是正定矩阵.

习 题 5.3

1. 判断下列二次型的正定性:

(1) $f(x_1,x_2,x_3)=x_1^2+3x_2^2+5x_3^2+2x_1x_2-4x_2x_3$;

(2) $f(x_1,x_2,x_3)=-5x_1^2-4x_2^2-x_3^2+2x_1x_2+4x_1x_3$.

2. 考虑实二次型 $f(x_1,x_2,x_3)=x_1^2+2x_2^2+(1-k)x_3^2+2kx_1x_2+2x_1x_3$, 问 k 为何值时, f 为正定二次型.

3. 设 $\boldsymbol{A}$ 为 n 阶正定矩阵, $\boldsymbol{E}$ 是 n 阶单位矩阵, 证明 $|\boldsymbol{A}+\boldsymbol{E}|>1$.

4. 设 $\boldsymbol{A}$ 是 m 阶正定矩阵, $\boldsymbol{B}$ 是 $m\times n$ 实矩阵, $R(\boldsymbol{B})=n$, 证明 $\boldsymbol{B}^{\mathrm{T}}\boldsymbol{A}\boldsymbol{B}$ 是正定矩阵.

复 习 题 5

1. 设二次型 $f(x_1,x_2,x_3)=x_1^2-x_2^2+2ax_1x_3+4x_2x_3$ 的负惯性指数是 1, 求 a 的取值范围.

2. 设 $f(x_1,x_2,x_3)=a(x_1^2+x_2^2+x_3^2)+2x_1x_2+2x_1x_3+2x_2x_3$ 的正、负惯性指数分别为 1, 2, 求 a 的取值范围.

3. 设实二次型 $f(x_1,x_2,\cdots,x_n)=\sum\limits_{i=1}^{n}x_i^2+4\sum\limits_{1\leqslant i<j\leqslant n}x_ix_j$, 求二次型的秩、正惯性指数.

4. 判别 n 元二次型 $f(x_1,x_2,\cdots,x_n)=\sum\limits_{i=1}^{n}x_i^2+\sum\limits_{1\leqslant i<j\leqslant n}x_ix_j$ 是否正定?

5. 设 $\boldsymbol{A},\boldsymbol{B}$ 是 n 阶正定矩阵, 则 $\boldsymbol{A}+\boldsymbol{B}$ 也是正定矩阵. 举例说明 "n 阶正定矩阵的乘积未必也正定".

6. 设 $\boldsymbol{A}$ 是实方阵, 证明 $\boldsymbol{A}^{\mathrm{T}}\boldsymbol{A}$ 是正定矩阵的充分必要条件是 $\boldsymbol{A}$ 可逆.

7. 设 $\boldsymbol{A}$ 是 $m\times n$ 实矩阵, 证明 $\boldsymbol{A}^{\mathrm{T}}\boldsymbol{A}$ 正定的充分必要条件是齐次方程组 $\boldsymbol{Ax}=\boldsymbol{0}$ 只有零解.

8. 设 $a_1,a_2,\cdots,a_n$ 为实数, 问以下二次型何时正定?

$$\begin{aligned}f(x_1,x_2,\cdots,x_n)=&(x_1+a_1x_2)^2+(x_2+a_2x_3)^2+\cdots\\&+(x_{n-1}+a_{n-1}x_n)^2+(x_n+a_nx_1)^2.\end{aligned}$$

9. 证明正定矩阵的对角元都是正数.

10. 设 $\boldsymbol{A}=(a_{ij})_{n\times n}$ 是正定矩阵, $b_1,b_2,\cdots,b_n$ 都是非零实数, 证明 $\boldsymbol{B}=(a_{ij}b_ib_j)_{n\times n}$ 也正定.

11. 设 $\boldsymbol{A}=\begin{bmatrix}a&1&-1\\1&a&-1\\-1&-1&a\end{bmatrix}$, (1) 求正交矩阵 $\boldsymbol{P}$, 使 $\boldsymbol{P}^{\mathrm{T}}\boldsymbol{AP}$ 为对角矩阵; (2) 求正定矩阵 $\boldsymbol{C}$, 满足 $\boldsymbol{C}^2=(a+3)\boldsymbol{E}-\boldsymbol{A}$.

12. 已知二次型 $f(x_1,x_2,x_3)=2x_1^2+ax_2^2+2x_3^2+2x_1x_2+2x_1x_3+2x_2x_3$ 的矩阵 $\boldsymbol{A}$ 相似于矩阵 $\boldsymbol{B}=\begin{bmatrix}4&0&0\\0&1&0\\0&0&1\end{bmatrix}$, 试求参数 a 与正交矩阵 $\boldsymbol{Q}$, 使得 $\boldsymbol{Q}^{-1}\boldsymbol{AQ}=\boldsymbol{B}$.

13. 已知二次型 $f(x_1,x_2,x_3)=\boldsymbol{x}^{\mathrm{T}}\boldsymbol{Ax}$ 在正交变换 $\boldsymbol{x}=\boldsymbol{Qy}$ 下的标准形为 $y_1^2+y_2^2$, 且 $\boldsymbol{Q}$ 的第三列为 $\left[\dfrac{\sqrt{2}}{2},0,\dfrac{\sqrt{2}}{2}\right]^{\mathrm{T}}$. (1) 求矩阵 $\boldsymbol{A}$; (2) 证明 $\boldsymbol{A}+\boldsymbol{E}$ 正定.

14. 已知实二次型 $f(x_1,x_2,x_3)=2x_1^2+6x_2^2+ax_3^2+8x_1x_3$ 经过正交变换可化为标准形 $f=6y_1^2+6y_2^2-2y_3^2$, 求参数 a 及所用的正交变换.

15. 已知二次型 $f(x_1,x_2,x_3)=(1-a)x_1^2+(1-a)x_2^2+2x_3^2+2(1+a)x_1x_2$ 的秩为 2.

(1) 求 a 的值; (2) 求正交变换 $\boldsymbol{x}=\boldsymbol{Ty}$, 将 $f(x_1,x_2,x_3)$ 化为标准形; (3) 求方程 $f(x_1,x_2,x_3)=0$ 的解.

16. 已知二次曲面 $x^2+ay^2+z^2+2bxy+2yz+2xz=4$ 经正交变换 $\begin{bmatrix}x\\y\\z\end{bmatrix}=\boldsymbol{Q}\begin{bmatrix}x'\\y'\\z'\end{bmatrix}$ 化为椭圆柱面 $(y')^2+4(z')^2=4$, 求 a,b 及正交矩阵 $\boldsymbol{Q}$.

部分习题参考解答

习题 1.1

1. (1) -2; (2) 24; (3) $\cos 2x$; (4) -1; (5) $a^2b^2(a-b)$; (6) $\sin(\alpha+\beta)$.

2. (1) a_{12} 的余子式为 $\begin{vmatrix} -1 & 2 \\ -2 & 1 \end{vmatrix}$, a_{12} 的代数余子式为 $-\begin{vmatrix} -1 & 2 \\ -2 & 1 \end{vmatrix}$,

a_{32} 的余子式为 $\begin{vmatrix} 1 & 1 \\ -1 & 2 \end{vmatrix}$, a_{32} 的代数余子式为 $-\begin{vmatrix} 1 & 1 \\ -1 & 2 \end{vmatrix}$;

(2) a_{12} 的余子式为 $\begin{vmatrix} 2 & 1 & -1 \\ 2 & 0 & 3 \\ 4 & 0 & 1 \end{vmatrix}$, a_{12} 的代数余子式为 $-\begin{vmatrix} 2 & 1 & -1 \\ 2 & 0 & 3 \\ 4 & 0 & 1 \end{vmatrix}$,

a_{32} 的余子式为 $\begin{vmatrix} -1 & -2 & 1 \\ 2 & 1 & -1 \\ 4 & 0 & 1 \end{vmatrix}$, a_{32} 的代数余子式为 $-\begin{vmatrix} -1 & -2 & 1 \\ 2 & 1 & -1 \\ 4 & 0 & 1 \end{vmatrix}$.

3. (1) -4; (2) 28; (3) -2; (4) 0; (5) $z(x_1y_2-x_2y_1)$; (6) $3abc-a^3-b^3-c^3$;
(7) $(a-b)(b-c)(c-a)$.

4. (1) 72; (2) -69; (3) 120; (4) $abcd+ab+ad+cd+1$.

5. 4, 0.

习题 1.2

1. $(ad-bc)(ut-vs)$. 2. (1) -4; (2) $4abcdef$. 3. (1) -160; (2) 0.

4. (1) 0; (2) $abcd(b-a)(c-a)(d-a)(c-b)(d-b)(d-c)$.

6. (1) $\lambda_1=\lambda_2=1, \lambda_3=2$; (2) $x_1=1, x_2=-1, x_3=2, x_4=-2$.

7. (1) $a^{n-2}(a^2-1)$; (2) $(a_1a_2\cdots a_n)\left(1+\sum\limits_{i=1}^{n}\frac{1}{a_i}\right)$.

8. (1) $a^n+(-1)^nb^n$; (2) $(-1)^{n+2}(n+1)a_1a_2\cdots a_n$.

习题 1.3

1. (1) $x_1=-1, x_2=4$; (2) $x_1=-18, x_2=-7$.

2. (1) $x_1=2, x_2=-3, x_3=-2$; (2) $x_1=1, x_2=2, x_3=3, x_4=-1$.

3. $\lambda=0$, 或 $\lambda=2$, 或 $\lambda=3$. 4. $\mu=0$ 或 $\lambda=1$.

5. $f(x)=-\frac{1}{6}x^2-\frac{1}{2}x+\frac{2}{3}$.

复习题 1

3. $-2(a^3+b^3)$. 4. 0. 5. -14400 (提示: 范德蒙德行列式).

6. $\prod_{i=1}^{n}(a_id_i-b_ic_i)$. 7. $n+1$. 8. $\prod_{i=1}^{n}a_i\left(a_0-\sum_{i=1}^{n}\frac{c_ib_i}{a_i}\right)$.

9. 提示: 将第 1 行乘以 -1 分别加到其余各行, 将 D_n 化为爪形行列式.

10. (1) $x_1=4, x_2=-5$; (2) $\lambda_1=0, \lambda_2=1, \lambda_3=3$.

11. x^4. 12. $\left[\frac{n(n+1)}{2}-a\right](-a)^{n-1}$.

13. $(-1)^{\frac{n(n-1)}{2}}(x-a)^{n-1}[x+(n-1)a]$. 14. 0. 15. $(-1)^{n-1}(n+1)2^{n-2}$.

16. $[1+(n-1)a](1-a)^{n-1}$. 18. $-2(n-2)!$. 19. 0.

习题 2.1

1. $\begin{bmatrix} 200 & 160 & 240 \\ 400 & 360 & 820 \end{bmatrix}$. 2. $\left(\sqrt{3},1\right)$ 或 $\left(-\sqrt{3},1\right)$.

3. $\begin{bmatrix} 0 & 1 & -1 & 1 & 1 & 1 \\ -1 & 0 & -1 & 1 & 1 & 1 \\ 1 & 1 & 0 & 1 & -1 & -1 \\ -1 & -1 & -1 & 0 & 1 & 1 \\ -1 & -1 & 1 & -1 & 0 & 1 \\ -1 & -1 & 1 & -1 & -1 & 0 \end{bmatrix}$.

习题 2.2

1. (1) $\begin{bmatrix} -1 & 8 & 10 \\ -4 & 6 & 18 \end{bmatrix}$; (2) $\begin{bmatrix} -1 & 4 \\ -3 & 1 \end{bmatrix}$.

2. (1) $\begin{bmatrix} -1 & 3 & 1 \\ 8 & 2 & 8 \end{bmatrix}$; (2) $\frac{1}{3}\begin{bmatrix} -2 & 1 & 0 \\ 6 & 1 & 6 \end{bmatrix}$.

3. 当 $\boldsymbol{A},\boldsymbol{B}$ 可交换, 即 $\boldsymbol{AB}=\boldsymbol{BA}$ 时, 三个等式才能成立.

4. (1) 10; (2) $\begin{bmatrix} 3 & 2 & 1 \\ 6 & 4 & 2 \\ 9 & 6 & 3 \end{bmatrix}$; (3) $\begin{bmatrix} 35 \\ 6 \\ 49 \end{bmatrix}$;

(4) $a_{11}x_1^2+a_{22}x_2^2+a_{33}x_3^2+a_{12}x_1x_2+a_{21}x_2x_1+a_{13}x_1x_3+a_{31}x_3x_1+a_{23}x_2x_3+a_{32}x_3x_2$.

5. $\begin{bmatrix} -2 & 13 & 22 \\ -2 & -17 & 20 \\ 4 & 29 & -2 \end{bmatrix}$; $\begin{bmatrix} 0 & 5 & 8 \\ 0 & -5 & 6 \\ 2 & 9 & 0 \end{bmatrix}$.

6. $\boldsymbol{A}^2=\begin{bmatrix} 1 & 0 \\ 2\lambda & 1 \end{bmatrix}, \boldsymbol{A}^3=\begin{bmatrix} 1 & 0 \\ 3\lambda & 1 \end{bmatrix}, \cdots, \boldsymbol{A}^k=\begin{bmatrix} 1 & 0 \\ k\lambda & 1 \end{bmatrix}$.

8. $-8m$. 9. -48. 11. $k=(a+b)^{n-1}$.

习题 2.3

1. (1) 可逆, $\frac{1}{ad-bc}\begin{bmatrix} d & -b \\ -c & a \end{bmatrix}$; (2) 不可逆; (3) 可逆, $\begin{bmatrix} \cos\theta & \sin\theta \\ -\sin\theta & \cos\theta \end{bmatrix}$;

(4) 可逆, $\begin{bmatrix} -2 & 1 & 0 \\ -6.5 & 3 & -0.5 \\ -16 & 7 & -1 \end{bmatrix}$; (5) 可逆, $\begin{bmatrix} 1 & -2 & 0 & 0 \\ -2 & 5 & 0 & 0 \\ 0 & 0 & 2 & -3 \\ 0 & 0 & -5 & 8 \end{bmatrix}$.

2. 提示: $\boldsymbol{A}^{-1}(\boldsymbol{E}-\boldsymbol{AB})\boldsymbol{A}=\boldsymbol{E}-\boldsymbol{BA}$.

3. $\boldsymbol{A}^{-1}=\frac{\boldsymbol{A}-\boldsymbol{E}}{2}$, $(\boldsymbol{A}+2\boldsymbol{E})^{-1}=\frac{3\boldsymbol{E}-\boldsymbol{A}}{4}$.

5. $\frac{81}{8}$. 6. $\begin{bmatrix} \frac{1}{2} & \frac{5}{2} & 2 \\ 0 & 1 & 2 \\ \frac{1}{2} & \frac{3}{2} & \frac{1}{2} \end{bmatrix}$.

7. $\boldsymbol{A}^{-1}=\boldsymbol{E}-\frac{1}{3}\boldsymbol{XY}^{\mathrm{T}}$.

8. (1) $\begin{bmatrix} -17 & -28 \\ -4 & -6 \end{bmatrix}$; (2) $\begin{bmatrix} -2 & 2 & 1 \\ -\frac{8}{3} & 5 & -\frac{2}{3} \end{bmatrix}$; (3) $\begin{bmatrix} 2 & -1 & 0 \\ 1 & 3 & -4 \\ 1 & 0 & -2 \end{bmatrix}$.

9. $\boldsymbol{X}=\begin{bmatrix} 3 & -8 & -6 \\ 2 & -9 & -6 \\ -2 & 12 & 9 \end{bmatrix}$.

10. 提示: $\boldsymbol{B}=\boldsymbol{A}-\boldsymbol{A}^{-1}=\begin{bmatrix} 0 & 2 & 1 \\ 0 & 0 & 0 \\ 0 & 0 & 0 \end{bmatrix}$.

11. 提示: $\boldsymbol{B}=6(\boldsymbol{E}-\boldsymbol{A})^{-1}\boldsymbol{A}=\begin{bmatrix} 6 & 0 & 0 \\ 0 & 2 & 0 \\ 0 & 0 & 1 \end{bmatrix}$.

12. 提示: $\boldsymbol{B}=4(\boldsymbol{A}+\boldsymbol{E})^{-1}=\begin{bmatrix} 2 & 0 & 0 \\ 0 & -4 & 0 \\ 0 & 0 & 2 \end{bmatrix}$.

13. -16.

14. 提示: $|\boldsymbol{A}^{-1}||\boldsymbol{A}+\boldsymbol{B}^{-1}||\boldsymbol{B}|=|\boldsymbol{B}+\boldsymbol{A}^{-1}|$, 从而 $|\boldsymbol{A}+\boldsymbol{B}^{-1}|=6$.

习题 2.4

1. (1) -12; (2) 6.

2. $\begin{bmatrix} -a & 1 & 0 & 0 \\ -2 & -a & 0 & 0 \\ 0 & 0 & -b & 1 \\ 0 & 0 & -1 & -b \end{bmatrix}$, $\begin{bmatrix} a^3+a & 2a^2+1 & 0 & 0 \\ a^2 & a^3+a & 0 & 0 \\ 0 & 0 & b^3+2b & 2b^2+1 \\ 0 & 0 & 3b^2 & b^3+2b \end{bmatrix}$.

3. $\begin{bmatrix} 1/5 & 0 & 0 \\ 0 & 1 & -1 \\ 0 & -2 & 3 \end{bmatrix}$. 4. $\begin{bmatrix} \boldsymbol{A}^{-1} & -\boldsymbol{A}^{-1}\boldsymbol{C}\boldsymbol{B}^{-1} \\ \boldsymbol{O} & \boldsymbol{B}^{-1} \end{bmatrix}$.

5. 提示: $\boldsymbol{D}^{-1} = \begin{bmatrix} \boldsymbol{O} & \boldsymbol{B}^{-1} \\ \boldsymbol{A}^{-1} & \boldsymbol{O} \end{bmatrix}$. 6. $\begin{bmatrix} \dfrac{\boldsymbol{A}^{-1}}{2} & \boldsymbol{O} \\ \boldsymbol{O} & \boldsymbol{B}^{-1}\boldsymbol{A}^{-1} \end{bmatrix}$.

7. 10^{16}. 8. 10000. 9. 16, 20, 0.

习题 2.5

1. (1) 正确; (2) 正确; (3) 正确.

2. 行最简形为 (1) $\begin{bmatrix} 1 & 0 & 7/2 & 9/2 \\ 0 & 1 & -1/4 & -1/4 \\ 0 & 0 & 0 & 0 \end{bmatrix}$; (2) $\begin{bmatrix} 1 & 0 & 0 & 0 \\ 0 & 1 & 0 & 0 \\ 0 & 0 & 1 & 0 \\ 0 & 0 & 0 & 1 \end{bmatrix}$;

(3) $\begin{bmatrix} 1 & 0 & 1 & 0 & 3 \\ 0 & 1 & -2 & 0 & -8 \\ 0 & 0 & 0 & 1 & 6 \\ 0 & 0 & 0 & 0 & 0 \end{bmatrix}$.

3. $\boldsymbol{P}_1 = \begin{bmatrix} 1 & 0 & 0 \\ 0 & 1 & 0 \\ -2 & 0 & 1 \end{bmatrix}$, $\boldsymbol{P}_2 = \begin{bmatrix} 1 & 0 & -2 \\ 0 & 1 & 0 \\ 0 & 0 & 1 \end{bmatrix}$.

4. $\boldsymbol{P} = \begin{bmatrix} -3.5 & 3 & -0.5 \\ 3 & -3 & 1 \\ -0.5 & 1 & -0.5 \end{bmatrix}$.

5. (1) 可逆, $\begin{bmatrix} 5 & -2 \\ -2 & 1 \end{bmatrix}$; (2) 可逆, $\begin{bmatrix} -2 & 1 & 0 \\ -6.5 & 3 & -0.5 \\ -16 & 7 & -1 \end{bmatrix}$;

(3) 可逆, $\begin{bmatrix} \dfrac{1}{5} & 0 & 0 \\ 0 & 1 & -1 \\ 0 & -2 & 3 \end{bmatrix}$.

6. $\boldsymbol{X} = \boldsymbol{A}^{-1}\boldsymbol{B} = \begin{bmatrix} 10 & 2 \\ -15 & -3 \\ 12 & 4 \end{bmatrix}$. 7. $\boldsymbol{X} = \boldsymbol{B}\boldsymbol{A}^{-1} = \begin{bmatrix} 2 & -1 & -1 \\ -4 & 7 & 4 \end{bmatrix}$.

8. $\boldsymbol{A}=(\boldsymbol{B}-2\boldsymbol{E})^{-1}\boldsymbol{B}=\begin{bmatrix}1&0&1\\0&2&0\\1&0&1\end{bmatrix}$. 9. $\begin{bmatrix}3&2&1\\6&5&4\\9&8&7\end{bmatrix}$.

习题 2.6

1. $R(\boldsymbol{A})=2,\begin{vmatrix}1&-5\\2&-1\end{vmatrix}=9$. 2. (1) 2; (2) 3; (3) 2.

3. $\lambda=1$. 4. $a=-1,b=2$.

5. 当 $\lambda=0$ 时, $\boldsymbol{A}$ 有最小的秩: $R(\boldsymbol{A})=3$.

6. (1) 当 $k=1$ 时, $R(\boldsymbol{A})=1$;

(2) 当 $k=-2$ 时, $R(\boldsymbol{A})=2$;

(3) 当 $k\neq 1$, 且 $k\neq -2$ 时, $R(\boldsymbol{A})=3$.

7. 2. 8. $a=\dfrac{1}{1-n}$.

9. 当 $a\neq 1$ 且 $a\neq -\dfrac{1}{3}$ 时, 此时 $R(\boldsymbol{A})=4$;

当 $a=1$ 时, $R(\boldsymbol{A})=1$;

当 $a=-\dfrac{1}{3}$ 时, $R(\boldsymbol{A})=3$.

复习题 2

1. C. 2. C. 3. C. 4. D. 5. A.

6. $\begin{bmatrix}0&0.5\\-1&-1\end{bmatrix}$. 7. $\begin{bmatrix}3&0&0\\0&3&0\\0&0&-1\end{bmatrix}$. 9. $\begin{bmatrix}5&-2&-1\\-2&2&0\\-1&0&1\end{bmatrix}$.

10. $\boldsymbol{B}^{-1}=\boldsymbol{A}-\boldsymbol{E}$.

11. 提示: 设 $(\boldsymbol{E}_m-\boldsymbol{AB})^{-1}=\boldsymbol{C}$, 则 $\boldsymbol{B}(\boldsymbol{C}-\boldsymbol{CAB})\boldsymbol{A}=\boldsymbol{BA}$, 整理得

$$(\boldsymbol{BCA}+\boldsymbol{E}_n)(\boldsymbol{E}_n-\boldsymbol{BA})=\boldsymbol{E}_n.$$

12. 提示: $(\boldsymbol{A}+k\boldsymbol{E})[\boldsymbol{A}-(k+2)\boldsymbol{E}]=-k(k+2)\boldsymbol{E}$.

13. $(\boldsymbol{A}^{-1}+\boldsymbol{B}^{-1})^{-1}=\boldsymbol{B}(\boldsymbol{A}+\boldsymbol{B})^{-1}\boldsymbol{A}$.

14. 提示: $\boldsymbol{A}^k=\boldsymbol{A}$.

15. (1) 提示: $(\boldsymbol{A}-\boldsymbol{E})(\boldsymbol{B}-\boldsymbol{E})=\boldsymbol{E}$; (2) $\begin{bmatrix}1&\frac{1}{2}&0\\-\frac{1}{3}&1&0\\0&0&2\end{bmatrix}$.

16. $\begin{bmatrix}2&0&1\\0&3&0\\1&0&2\end{bmatrix}$. 17. $\begin{bmatrix}1&0&0&0\\-2&1&0&0\\1&-2&1&0\\0&1&-2&1\end{bmatrix}$. 20. $\begin{bmatrix}4&5&11\\1&2&5\\7&8&17\end{bmatrix}$.

21. $\boldsymbol{B}=\boldsymbol{QAP}$.

习题 3.1

1. (1) $\begin{bmatrix} x_1 \\ x_2 \\ x_3 \\ x_4 \end{bmatrix} = \begin{bmatrix} -2k_1 + \frac{1}{2}k_2 - \frac{3}{2} \\ k_1 \\ -\frac{1}{2}k_2 + \frac{13}{6} \\ k_2 \end{bmatrix}$ (k_1, k_2 为任意常数);

(2) $\begin{bmatrix} x_1 \\ x_2 \\ x_3 \\ x_4 \end{bmatrix} = \begin{bmatrix} k_1 + k_2 + \frac{1}{2} \\ k_1 \\ 2k_2 + \frac{1}{2} \\ k_2 \end{bmatrix}$ (k_1, k_2 为任意常数).

2. (1) $\begin{bmatrix} x_1 \\ x_2 \\ x_3 \\ x_4 \end{bmatrix} = \begin{bmatrix} 2k_1 + \frac{5}{3}k_2 \\ -2k_1 - \frac{4}{3}k_2 \\ k_1 \\ k_2 \end{bmatrix}$ (k_1, k_2 为任意常数); (2) $\begin{bmatrix} x_1 \\ x_2 \\ x_3 \\ x_4 \end{bmatrix} = \begin{bmatrix} -\frac{3}{2}k \\ \frac{7}{2}k \\ k \\ 0 \end{bmatrix}$ (k 为任意常数).

3. 当 $\lambda = -3$ 时, 有非零解, 非零解为 $\begin{bmatrix} x_1 \\ x_2 \\ x_3 \end{bmatrix} = \begin{bmatrix} -k \\ k \\ k \end{bmatrix}$ (k 为任意常数).

4. $\lambda = 1$ 或 $\mu = 0$.

5. 无解 (提示: $R(\boldsymbol{A}) = 2 < R(\overline{\boldsymbol{A}}) = 3$).

6. $\lambda = 1$ 或 -2 时有解.

当 $\lambda = 1$ 时, 通解为 $\begin{bmatrix} x_1 \\ x_2 \\ x_3 \end{bmatrix} = \begin{bmatrix} k+1 \\ k \\ k \end{bmatrix}$ (k 为任意常数);

当 $\lambda = -2$ 时, 通解为 $\begin{bmatrix} x_1 \\ x_2 \\ x_3 \end{bmatrix} = \begin{bmatrix} k+2 \\ k+2 \\ k \end{bmatrix}$ (k 为任意常数).

7. 当 $b \neq -2, a \in \mathbb{R}$ 时, 方程组无解;

当 $a = -8, b = -2$ 时, 方程组有解, 通解为 $\begin{bmatrix} x_1 \\ x_2 \\ x_3 \\ x_4 \end{bmatrix} = \begin{bmatrix} 4k_1 - k_2 - 1 \\ -2k_1 - 2k_2 + 1 \\ k_1 \\ k_2 \end{bmatrix}$ (k_1, k_2 为任意常数);

当 $a\neq -8, b=-2$ 时, 方程组有解, 通解为 $\begin{bmatrix} x_1\\ x_2\\ x_3\\ x_4 \end{bmatrix}=\begin{bmatrix} -k-1\\ -2k+1\\ 0\\ k \end{bmatrix}$ (k 为任意常数).

8. (1) 当 $\lambda=0$ 时, 方程组无解;

(2) 当 $\lambda\neq 0$ 且 $\lambda\neq -3$ 时, 方程组有唯一解;

(3) 当 $\lambda=-3$ 时, 方程组有无穷多个解, 通解为 $\begin{bmatrix} x_1\\ x_2\\ x_3 \end{bmatrix}=\begin{bmatrix} k-1\\ k-2\\ k \end{bmatrix}$ (k 为任意常数).

9. 提示: 证明 $R(\boldsymbol{A})=R(\overline{\boldsymbol{A}})=4<5$; 通解为

$$\begin{bmatrix} x_1\\ x_2\\ x_3\\ x_4\\ x_5 \end{bmatrix}=\begin{bmatrix} k+a_1+a_2+a_3+a_4\\ k+a_2+a_3+a_4\\ k+a_3+a_4\\ k+a_4\\ k \end{bmatrix} \ (k \text{ 为任意常数}).$$

10. $a=2$, 公共解为 $\begin{bmatrix} x_1\\ x_2\\ x_3 \end{bmatrix}=\begin{bmatrix} 1\\ -k\\ k \end{bmatrix}$ (k 为任意常数).

习题 3.2

1. $\boldsymbol{\alpha}_1-\boldsymbol{\alpha}_2=[1,1,-1,4]^{\mathrm{T}}, 3\boldsymbol{\alpha}_1-\boldsymbol{\alpha}_2+2\boldsymbol{\alpha}_3=[9,13,-3,10]^{\mathrm{T}}$.

2. $\boldsymbol{\beta}$ 可由向量组 $\boldsymbol{A}$ 线性表示, 表达式为 $\boldsymbol{\beta}=2\boldsymbol{\alpha}_1+3\boldsymbol{\alpha}_2+4\boldsymbol{\alpha}_3$.

3. (1) $\lambda=-3$; (2) $\lambda\neq -3$ 且 $\lambda\neq 0$; (3) $\lambda=0$.

4. (1) $a\neq -4$, b 为任意常数;

(2) 当 $a=-4$, $b=0$; 一般表示式为 $\boldsymbol{\beta}=\boldsymbol{\alpha}_1-(2c+1)\boldsymbol{\alpha}_2+c\boldsymbol{\alpha}_3$ (c 为任意常数).

5. (1) 线性相关; (2) 线性相关; (3) 线性相关; (4) 线性无关.

6. $\lambda=2$ 或 $\lambda=-1$.

7. 提示: 令 $k_1\boldsymbol{\beta}_1+k_2\boldsymbol{\beta}_2+k_3\boldsymbol{\beta}_3=\mathbf{0}$, 证明 k_1,k_2,k_3 只能都等于零.

8. 提示: $[\boldsymbol{\beta}_1,\boldsymbol{\beta}_2,\cdots,\boldsymbol{\beta}_m]=[\boldsymbol{\alpha}_1,\boldsymbol{\alpha}_2,\cdots,\boldsymbol{\alpha}_m]\begin{bmatrix} 1 & 1 & \dots & 1\\ 0 & 1 & \dots & 1\\ \vdots & \vdots & & \vdots\\ 0 & 0 & 0 & 1 \end{bmatrix}$, 其中 $\begin{bmatrix} 1 & 1 & \dots & 1\\ 0 & 1 & \dots & 1\\ \vdots & \vdots & & \vdots\\ 0 & 0 & 0 & 1 \end{bmatrix}$ 可逆.

9. $abc=1$.

10 提示: 证明 $R(\boldsymbol{A})=R(\boldsymbol{B})=R(\boldsymbol{A},\boldsymbol{B})$.

11. (1) $t=1$;

(2) $\boldsymbol{\beta}_1=\boldsymbol{\alpha}_1-2\boldsymbol{\alpha}_2, \boldsymbol{\beta}_2=\frac{1}{2}\boldsymbol{\alpha}_1+\frac{7}{2}\boldsymbol{\alpha}_2, \boldsymbol{\alpha}_1=\frac{7}{9}\boldsymbol{\beta}_1+\frac{4}{9}\boldsymbol{\beta}_2, \boldsymbol{\alpha}_2=-\frac{1}{9}\boldsymbol{\beta}_1+\frac{2}{9}\boldsymbol{\beta}_2$.

12. (1) 提示: 利用线性相关的定义来证;

(2) 当 $\boldsymbol{A}$ 可逆时, (1) 的逆命题也成立.

习题 3.3

1. (1) 最大无关组为 $\begin{bmatrix}2\\4\\2\end{bmatrix},\begin{bmatrix}1\\1\\0\end{bmatrix}$, 且

$$\begin{bmatrix}2\\3\\1\end{bmatrix}=\frac{1}{2}\begin{bmatrix}2\\4\\2\end{bmatrix}+\begin{bmatrix}1\\1\\0\end{bmatrix},\quad \begin{bmatrix}3\\5\\2\end{bmatrix}=\begin{bmatrix}2\\4\\2\end{bmatrix}+\begin{bmatrix}1\\1\\0\end{bmatrix};$$

(2) 最大无关组为 $\begin{bmatrix}1\\0\\2\\1\end{bmatrix},\begin{bmatrix}1\\2\\0\\1\end{bmatrix},\begin{bmatrix}2\\1\\3\\0\end{bmatrix}$, 且

$$\begin{bmatrix}2\\5\\-1\\4\end{bmatrix}=\begin{bmatrix}1\\0\\2\\1\end{bmatrix}+3\begin{bmatrix}1\\2\\0\\1\end{bmatrix}-\begin{bmatrix}2\\1\\3\\0\end{bmatrix},\quad \begin{bmatrix}1\\-1\\3\\-1\end{bmatrix}=-\begin{bmatrix}1\\2\\0\\1\end{bmatrix}+\begin{bmatrix}2\\1\\3\\0\end{bmatrix}.$$

2. (1) $a=1$ 或 $a=-2$;

(2) 当 $a=1$ 时, 最大无关组为 $\boldsymbol{\alpha}_1=\begin{bmatrix}1\\-1\\1\end{bmatrix}\left(\text{或 }\boldsymbol{\alpha}_2=\begin{bmatrix}-2\\2\\-2\end{bmatrix}\text{ 或 }\boldsymbol{\alpha}_3=\begin{bmatrix}3\\-3\\3\end{bmatrix}\right)$;

当 $a=-2$ 时, 最大无关组为 $\boldsymbol{\alpha}_1=\begin{bmatrix}1\\-1\\-2\end{bmatrix},\boldsymbol{\alpha}_2=\begin{bmatrix}-2\\-4\\-2\end{bmatrix},\boldsymbol{\alpha}_3=\begin{bmatrix}-6\\-3\\3\end{bmatrix}$ 中的任意两个向量. (本题也可计算 $|\boldsymbol{A}|=-6(a-1)^2(a+2)$ 进行讨论)

3. (1) $R(\boldsymbol{\alpha}_1,\boldsymbol{\alpha}_2,\boldsymbol{\alpha}_3)=2$, 其中 $\boldsymbol{\alpha}_1,\boldsymbol{\alpha}_2$ 是原向量组的一个最大无关组;

(2) $R(\boldsymbol{\alpha}_1,\boldsymbol{\alpha}_2,\boldsymbol{\alpha}_3)=2$, 其中 $\boldsymbol{\alpha}_1,\boldsymbol{\alpha}_2$ 是原向量组的一个最大无关组.

4. (1) $R(\boldsymbol{\alpha}_1,\boldsymbol{\alpha}_2,\boldsymbol{\alpha}_3,\boldsymbol{\alpha}_4)=2$, 其中 $\boldsymbol{\alpha}_1,\boldsymbol{\alpha}_2$ 是原向量组的一个最大无关组,

$$\boldsymbol{\alpha}_3=\frac{1}{2}\boldsymbol{\alpha}_1+\boldsymbol{\alpha}_2,\boldsymbol{\alpha}_4=\boldsymbol{\alpha}_1+\boldsymbol{\alpha}_2.$$

(2) $R(\boldsymbol{\alpha}_1,\boldsymbol{\alpha}_2,\boldsymbol{\alpha}_3,\boldsymbol{\alpha}_4,\boldsymbol{\alpha}_5)=4$, 其中 $\boldsymbol{\alpha}_1,\boldsymbol{\alpha}_2,\boldsymbol{\alpha}_3,\boldsymbol{\alpha}_5$ 是原向量组的一个最大无关组,

$$\boldsymbol{\alpha}_4=-\frac{1}{3}\boldsymbol{\alpha}_1+\frac{1}{3}\boldsymbol{\alpha}_3.$$

5. (1) $p\neq 2$; $\boldsymbol{\alpha}=2\boldsymbol{\alpha}_1+\dfrac{3p-4}{p-2}\boldsymbol{\alpha}_2+\boldsymbol{\alpha}_3+\dfrac{1-p}{p-2}\boldsymbol{\alpha}_4$;

(2) 当 $p=2$; 向量组的秩为 3, $\boldsymbol{\alpha}_1,\boldsymbol{\alpha}_2,\boldsymbol{\alpha}_3$ 或 $\boldsymbol{\alpha}_1,\boldsymbol{\alpha}_2,\boldsymbol{\alpha}_4$ 是向量组的一个最大无关组.

6. $\boldsymbol{\alpha}_2,\boldsymbol{\alpha}_3$.

7. 提示: 由题知该三维向量组的最大无关组中含 3 个向量, 只要证明 $\boldsymbol{\beta}_1,\boldsymbol{\beta}_2,\boldsymbol{\beta}_3$ 线性无关, 即可说明 $\boldsymbol{\beta}_1,\boldsymbol{\beta}_2,\boldsymbol{\beta}_3$ 也是三维向量组的最大无关组.

8. $a=2$ 且 $b=5$. 9. $t=7$. 10. r.

11. 提示: 由 $R(\boldsymbol{A})=R(\boldsymbol{B})=3$ 知, $\boldsymbol{\alpha}_4$ 可由 $\boldsymbol{\alpha}_1,\boldsymbol{\alpha}_2,\boldsymbol{\alpha}_3$ 线性表示, 由 $R(\boldsymbol{C})=4$ 得 $\boldsymbol{\alpha}_1,\boldsymbol{\alpha}_2,\boldsymbol{\alpha}_3,\boldsymbol{\alpha}_5$ 线性无关, 再证 $\boldsymbol{\alpha}_1,\boldsymbol{\alpha}_2,\boldsymbol{\alpha}_3,\boldsymbol{\alpha}_5-\boldsymbol{\alpha}_4$ 线性无关, 可得 $R(\boldsymbol{\alpha}_1,\boldsymbol{\alpha}_2,\boldsymbol{\alpha}_3,\boldsymbol{\alpha}_5-\boldsymbol{\alpha}_4)=4$.

习题 3.4

1. 基础解系为 $\boldsymbol{\xi}_1=\begin{bmatrix}-2\\1\\0\\0\end{bmatrix},\boldsymbol{\xi}_2=\begin{bmatrix}-1\\0\\1\\1\end{bmatrix}$, 通解为 $\begin{bmatrix}x_1\\x_2\\x_3\\x_4\end{bmatrix}=k_1\boldsymbol{\xi}_1+k_2\boldsymbol{\xi}_2$ (k_1,k_2 为任意常数).

2. (1) 通解为 $\begin{bmatrix}x_1\\x_2\\x_3\end{bmatrix}=k\begin{bmatrix}-2\\1\\1\end{bmatrix}+\begin{bmatrix}-1\\2\\0\end{bmatrix}$ (k 为任意常数);

(2) 通解为 $\begin{bmatrix}x_1\\x_2\\x_3\\x_4\end{bmatrix}=k_1\begin{bmatrix}-\frac{1}{2}\\1\\0\\0\end{bmatrix}+k_2\begin{bmatrix}\frac{1}{2}\\0\\1\\0\end{bmatrix}+\begin{bmatrix}\frac{1}{2}\\0\\0\\0\end{bmatrix}$ (k_1,k_2 为任意常数).

3. $a=3$ 或 $a=1$.

当 $a=3$ 时, 通解为 $\begin{bmatrix}x_1\\x_2\\x_3\\x_4\end{bmatrix}=k_1\begin{bmatrix}5\\-3\\1\\0\end{bmatrix}+k_2\begin{bmatrix}4\\-3\\0\\1\end{bmatrix}$ (k_1,k_2 为任意常数);

当 $a=1$ 时, 通解为 $\begin{bmatrix}x_1\\x_2\\x_3\\x_4\end{bmatrix}=k_1\begin{bmatrix}1\\-1\\1\\0\end{bmatrix}+k_2\begin{bmatrix}0\\-1\\0\\1\end{bmatrix}$ (k_1,k_2 为任意常数).

4. $m=0$ 且 $n=2$.

通解为 $\begin{bmatrix}x_1\\x_2\\x_3\\x_4\\x_5\end{bmatrix}=\begin{bmatrix}-2\\3\\0\\0\\0\end{bmatrix}+k_1\begin{bmatrix}1\\-2\\1\\0\\0\end{bmatrix}+k_2\begin{bmatrix}1\\-2\\0\\1\\0\end{bmatrix}+k_3\begin{bmatrix}5\\-6\\0\\0\\1\end{bmatrix}$ (k_1,k_2,k_3 为任意常数).

5. (1) 当 $\lambda\neq1$ 且 $\lambda\neq-2$ 时, 方程组有唯一解;

(2) 当 $\lambda=-2$ 时, 方程组无解;

(3) 当 $\lambda=1$ 时, 方程组有无穷多解, 通解为 $\begin{bmatrix} x_1 \\ x_2 \\ x_3 \end{bmatrix} = k_1 \begin{bmatrix} -1 \\ 1 \\ 0 \end{bmatrix} + k_2 \begin{bmatrix} -1 \\ 0 \\ 1 \end{bmatrix} + \begin{bmatrix} 1 \\ 0 \\ 0 \end{bmatrix}$ (k_1, k_2 为任意常数).

6. (1) 当 $a=c=\dfrac{1}{2}$ 时, 通解为 $\begin{bmatrix} x_1 \\ x_2 \\ x_3 \\ x_4 \end{bmatrix} = k_1 \begin{bmatrix} 1 \\ -3 \\ 1 \\ 0 \end{bmatrix} + k_2 \begin{bmatrix} -1 \\ -2 \\ 0 \\ 2 \end{bmatrix} + \begin{bmatrix} 1 \\ -1 \\ 1 \\ -1 \end{bmatrix}$ (k_1, k_2 为任意常数);

(2) 当 $a=c\neq\dfrac{1}{2}$ 时, 通解为 $\begin{bmatrix} x_1 \\ x_2 \\ x_3 \\ x_4 \end{bmatrix} = k \begin{bmatrix} -2 \\ 1 \\ -1 \\ 2 \end{bmatrix} + \begin{bmatrix} 1 \\ -1 \\ 1 \\ -1 \end{bmatrix}$ (k 为任意常数).

7. 通解为 $\boldsymbol{x}=\boldsymbol{\eta}_1+k(2\boldsymbol{\eta}_1-\boldsymbol{\eta}_2-\boldsymbol{\eta}_3)=\begin{bmatrix} 3 \\ -4 \\ 1 \\ 2 \end{bmatrix} + k \begin{bmatrix} 2 \\ -14 \\ -6 \\ 4 \end{bmatrix}$ (k 为任意常数).

8. 通解为 $\boldsymbol{x}=\boldsymbol{\eta}_1+k_1(\boldsymbol{\eta}_1-\boldsymbol{\eta}_2)+k_2(\boldsymbol{\eta}_2-\boldsymbol{\eta}_3)=\begin{bmatrix} 4 \\ 3 \\ 2 \\ 1 \end{bmatrix} + k_1 \begin{bmatrix} 3 \\ 0 \\ -3 \\ 0 \end{bmatrix} + k_2 \begin{bmatrix} 3 \\ -3 \\ 2 \\ -1 \end{bmatrix}$ (k_1, k_2 为任意常数).

9. 通解为 $\boldsymbol{x}=[1,1,1,1]^{\mathrm{T}}+k[-1,2,-1,0]^{\mathrm{T}}$ (k 为任意常数).

10. 提示: 证明 $\boldsymbol{A}(k_1\boldsymbol{\eta}_1+k_2\boldsymbol{\eta}_2+\cdots+k_s\boldsymbol{\eta}_s)=\boldsymbol{b}$ 即可.

11. (1) $k_1+k_2=1$; (2) $k_1+k_2=0$.

12. $\begin{cases} 2x_1-3x_2+x_3=0, \\ x_1+2x_3-3x_4=0. \end{cases}$

13. 线性无关. 提示: 用反证法证明.

复习题 3

1. 当 $k=-2$ 或 $k=1$ 时, $\boldsymbol{\alpha}_1,\boldsymbol{\alpha}_2,\boldsymbol{\alpha}_3$ 线性相关; 当 $k\neq-2$ 且 $k\neq1$ 时, $\boldsymbol{\alpha}_1,\boldsymbol{\alpha}_2,\boldsymbol{\alpha}_3$ 线性无关.

2. (1) $a=-1$;

(2) $a\neq-1$ 且 $a\neq-2$; $\boldsymbol{\beta}=\dfrac{-2b}{a+1}\cdot\boldsymbol{\alpha}_1+\dfrac{a+b+1}{a+1}\cdot\boldsymbol{\alpha}_2+\dfrac{b}{a+1}\cdot\boldsymbol{\alpha}_3+0\cdot\boldsymbol{\alpha}_4$.

3. 提示: 证明 $\boldsymbol{e}_1,\boldsymbol{e}_2,\cdots,\boldsymbol{e}_n$ 与 $\boldsymbol{\alpha}_1,\boldsymbol{\alpha}_2,\cdots,\boldsymbol{\alpha}_n$ 等价.

5. (3) 成立.

6. 提示: 令 $k_1\boldsymbol{\beta}_1+k_2\boldsymbol{\beta}_2+k_3\boldsymbol{\beta}_3=\boldsymbol{0}$, 证明 k_1,k_2,k_3 只能都等于零.

7. $a=-10$ 或 $a=0$ 时 $\boldsymbol{\alpha}_1,\boldsymbol{\alpha}_2,\boldsymbol{\alpha}_3,\boldsymbol{\alpha}_4$ 线性相关.

当 $a=-10$ 时, $\boldsymbol{\alpha}_1,\boldsymbol{\alpha}_2$, $\boldsymbol{\alpha}_3$ 是一个最大无关组, $\boldsymbol{\alpha}_4=-\boldsymbol{\alpha}_1-\boldsymbol{\alpha}_2-\ \boldsymbol{\alpha}_3$;

当 $a=0$ 时, $\boldsymbol{\alpha}_1$ 是一个最大无关组, $\boldsymbol{\alpha}_2=2\boldsymbol{\alpha}_1,\boldsymbol{\alpha}_3=3\,\boldsymbol{\alpha}_1,\boldsymbol{\alpha}_4=4\,\boldsymbol{\alpha}_1$.

8. 提示: 利用例 3.3.3 与例 3.4.2 的结论.

10. (1) a,b,c 互不相等时方程组仅有零解;

(2) $(b-a)(c-b)(c-a)=0$ 时方程组有无穷多解.

若 $a=b=c$, 通解为 $\begin{bmatrix}x_1\\x_2\\x_3\end{bmatrix}=k_1\begin{bmatrix}-1\\1\\0\end{bmatrix}+k_2\begin{bmatrix}-1\\0\\1\end{bmatrix}$ (k_1,k_2 为任意常数);

若 $a=b\neq c$, 通解为 $\begin{bmatrix}x_1\\x_2\\x_3\end{bmatrix}=k\begin{bmatrix}-1\\1\\0\end{bmatrix}$ (k 为任意常数);

若 $b=c\neq a$, 通解为 $\begin{bmatrix}x_1\\x_2\\x_3\end{bmatrix}=k\begin{bmatrix}0\\-1\\1\end{bmatrix}$ (k 为任意常数);

若 $a=c\neq b$, 通解为 $\begin{bmatrix}x_1\\x_2\\x_3\end{bmatrix}=k\begin{bmatrix}-1\\0\\1\end{bmatrix}$ (k 为任意常数).

11. $a\neq b$ 且 $a+(n-1)b\neq 0$ 方程组仅有零解; 当 $a=b$ 时, 通解为

$$[x_1,x_2,\cdots,x_n]^{\mathrm{T}}=k_1[-1,1,0,\cdots,0]^{\mathrm{T}}+k_2[-1,0,1,\cdots,0]^{\mathrm{T}}+\cdots+k_{n-1}[-1,0,0,\cdots,1]^{\mathrm{T}};$$

当 $a+(n-1)b=0$ 时, 通解为 $[x_1,x_2,\cdots,x_n]^{\mathrm{T}}=k[1,1,\cdots,1]^{\mathrm{T}}$.

12. 提示: 三线共点 $\Leftrightarrow$ 对应方程组有唯一解 $\Leftrightarrow R(\boldsymbol{A})=R(\overline{\boldsymbol{A}})=n=2$.

由于 l_1,l_2 不同, 所以 $a:2b:3c\neq b:2c:3a$, 即得 $R(\boldsymbol{A})=2$, 因此三线共点相当于 $|\overline{\boldsymbol{A}}|=0$. 再证 $|\overline{\boldsymbol{A}}|=0\Leftrightarrow a+b+c=0$.

13. 提示: 首先证明 $\boldsymbol{\alpha}_1+\boldsymbol{\alpha}_2,\boldsymbol{\alpha}_2+\boldsymbol{\alpha}_3$, $\boldsymbol{\alpha}_3+\boldsymbol{\alpha}_1$ 都是该方程组的解, 再证明 $\boldsymbol{\alpha}_1+\boldsymbol{\alpha}_2,\boldsymbol{\alpha}_2+\boldsymbol{\alpha}_3$, $\boldsymbol{\alpha}_3+\boldsymbol{\alpha}_1$ 线性无关, 即可说明 $\boldsymbol{\alpha}_1+\boldsymbol{\alpha}_2,\boldsymbol{\alpha}_2+\boldsymbol{\alpha}_3$, $\boldsymbol{\alpha}_3+\boldsymbol{\alpha}_1$ 也是该方程组的一个基础解系.

14. $t\neq\pm1$.

15. 当 n 为奇数时, $\boldsymbol{Bx}=\mathbf{0}$ 只有零解;

当 n 为偶数时, 基础解系含一个解向量 $\boldsymbol{\eta}=[1,-1,1,-1,\cdots,1,-1]^{\mathrm{T}}$.

16. $a=2,\ b=1,c=2$.

17. (1) $k=1$ 或 $k=-2$;

(2) 当 $k=1$ 时, 通解为 $\begin{bmatrix}x_1\\x_2\\x_3\end{bmatrix}=\begin{bmatrix}c+1\\c\\c\end{bmatrix}=c\begin{bmatrix}1\\1\\1\end{bmatrix}+\begin{bmatrix}1\\0\\0\end{bmatrix}$ (c 为任意常数);

当 $k=-2$ 时, 通解为 $\begin{bmatrix}x_1\\x_2\\x_3\end{bmatrix}=\begin{bmatrix}c+2\\c+2\\c\end{bmatrix}=c\begin{bmatrix}1\\1\\1\end{bmatrix}+\begin{bmatrix}2\\2\\0\end{bmatrix}$ (c 为任意常数).

18. (1) 提示: 设 $\boldsymbol{\alpha}_1, \boldsymbol{\alpha}_2, \boldsymbol{\alpha}_3$ 是 $\boldsymbol{A}\boldsymbol{x} = \boldsymbol{b}$ 的三个线性无关的解, 则 $\boldsymbol{\alpha}_3 - \boldsymbol{\alpha}_1, \boldsymbol{\alpha}_3 - \boldsymbol{\alpha}_2$ 是 $\boldsymbol{A}\boldsymbol{x} = \boldsymbol{0}$ 的解, 且线性无关, 因此 $R(\boldsymbol{A}) \leqslant n - 2 = 2$; 又 $\boldsymbol{A}$ 有两行不成比例, 得 $R(\boldsymbol{A}) \geqslant 2$. 即证方程组系数矩阵 $\boldsymbol{A}$ 的秩等于 2.

(2) $a = 2, b = -3$. 通解 $\boldsymbol{x} = [2, -3, 0, 0]^{\mathrm{T}} + k_1[-2, 1, 1, 0]^{\mathrm{T}} + k_2[4, -5, 0, 1]^{\mathrm{T}}$.

19. (1) 提示: $\boldsymbol{\alpha}_1, \boldsymbol{\alpha}_2, \cdots, \boldsymbol{\alpha}_n$ 线性相关, $\boldsymbol{\alpha}_2, \cdots, \boldsymbol{\alpha}_n$ 线性无关, 所以 $R(\boldsymbol{A}) = n - 1$. 又 $\boldsymbol{\alpha}_1$ 可由 $\boldsymbol{\alpha}_2, \cdots, \boldsymbol{\alpha}_n$ 线性表示, 所以 $\boldsymbol{\beta}$ 也可由 $\boldsymbol{\alpha}_2, \cdots, \boldsymbol{\alpha}_n$ 线性表示, 于是 $R(\boldsymbol{A}, \boldsymbol{\beta}) = n - 1 < n$.

(2) 设 $\boldsymbol{\alpha}_1 = k_2\boldsymbol{\alpha}_2 + \cdots + k_n\boldsymbol{\alpha}_n$, 通解为 $\boldsymbol{x} = [1, 1, \cdots, 1]^{\mathrm{T}} + k[-1, k_2, \cdots, k_n]^{\mathrm{T}}$.

20. 通解为 $\begin{bmatrix} x_1 \\ x_2 \\ x_3 \\ x_4 \end{bmatrix} = k\begin{bmatrix} 1 \\ -2 \\ 1 \\ 0 \end{bmatrix} + \begin{bmatrix} 1 \\ 1 \\ 1 \\ 1 \end{bmatrix}$ (k 为任意常数).

21. $a \neq 1$, 此时 $R(\boldsymbol{A}) = R(\overline{\boldsymbol{A}}) = n = 4$, 有唯一解.

$a = 1$, 但 $b \neq -1$, 此时 $R(\boldsymbol{A}) = 2, R(\overline{\boldsymbol{A}}) = 3$, 无解.

$a = 1$, 且 $b = -1$, 此时 $R(\boldsymbol{A}) = R(\overline{\boldsymbol{A}}) = 2$, 有无穷多解.

通解为 $\boldsymbol{x} = \begin{bmatrix} -1 \\ 1 \\ 0 \\ 0 \end{bmatrix} + k_1\begin{bmatrix} 1 \\ -2 \\ 1 \\ 0 \end{bmatrix} + k_2\begin{bmatrix} 1 \\ -2 \\ 0 \\ 1 \end{bmatrix}$ (k_1, k_2 为任意常数).

22. $\begin{cases} 8x_1 - x_3 + x_4 = 8, \\ 8x_2 - 5x_3 - 11x_4 = 16. \end{cases}$

习题 4.1

1. 对角矩阵的特征值就是它的对角元.

2. (1) $\lambda_1 = \lambda_2 = 2$, $\boldsymbol{\alpha}_1 = [1, 0, 0]^{\mathrm{T}}, \boldsymbol{\alpha}_2 = [0, -1, 1]^{\mathrm{T}}$; $\lambda_3 = 1$, $\boldsymbol{\alpha}_3 = [-1, 0, 1]^{\mathrm{T}}$.

(2) $\lambda_1 = \lambda_2 = -1$, $\boldsymbol{\alpha}_1 = [1, 0, -1]^{\mathrm{T}}, \boldsymbol{\alpha}_2 = [1, -2, 0]^{\mathrm{T}}$; $\lambda_3 = 8$, $\boldsymbol{\alpha}_3 = [2, 1, 2]^{\mathrm{T}}$.

3. 0, 对应的特征向量为 $[1, 2, -1]^{\mathrm{T}}$.

4. $\boldsymbol{A}\boldsymbol{\alpha} = \lambda\boldsymbol{\alpha}$, $\lambda \neq 0$, 可得 $\boldsymbol{A}^{-1}\boldsymbol{\alpha} = \dfrac{1}{\lambda}\boldsymbol{\alpha}$.

5. $k = 1, -2$.　7. 12.　8. 6.

9. a, a^k 分别是 $\boldsymbol{A}, \boldsymbol{A}^k$ 的一个特征值, $[1, 1, \cdots, 1]^{\mathrm{T}}$ 为对应的特征向量.

习题 4.2

1. 利用相似的定义.

2. (1) 特征值为 $0, 2, 2$, 特征向量分别为 $\boldsymbol{\xi}_1 = [-1, 2, 1]^{\mathrm{T}}$ 与 $\boldsymbol{\xi}_2 = [1, 0, 1]^{\mathrm{T}}, \boldsymbol{\xi}_3 = [0, 1, 0]^{\mathrm{T}}$;

(2) $\boldsymbol{A}$ 与 $2\boldsymbol{E}$ 不相似. 理由: 特征值不完全相同 (或行列式或秩或迹不相等).

3. (1) $\boldsymbol{P} = \begin{bmatrix} 1 & 0 & 0 \\ 2 & 5 & 0 \\ 3 & 2 & 1 \end{bmatrix}$, $\boldsymbol{P}^{-1}\boldsymbol{A}\boldsymbol{P} = \begin{bmatrix} -1 & & \\ & -3 & \\ & & 2 \end{bmatrix}$.

(2) $\boldsymbol{P}=\begin{bmatrix}1 & 1 & 2\\ 0 & -2 & 1\\ -1 & 0 & 2\end{bmatrix}$, $\boldsymbol{P}^{-1}\boldsymbol{AP}=\begin{bmatrix}-1 & & \\ & -1 & \\ & & 8\end{bmatrix}$.

4. $\boldsymbol{D}_1,\boldsymbol{D}_3$. 6. $a_1=\cdots=a_{n-1}=0$.

7. $\boldsymbol{A},\boldsymbol{B}$ 相似于同一个对角矩阵 $\mathrm{diag}(n,0,\cdots,0)$. 8. (2) 正确.

9. $\boldsymbol{A}^2=\boldsymbol{\alpha}(\boldsymbol{\alpha}^{\mathrm{T}}\boldsymbol{\alpha})\boldsymbol{\alpha}^{\mathrm{T}}=c\boldsymbol{\alpha}\boldsymbol{\alpha}^{\mathrm{T}}=c\boldsymbol{A}$, 其中 $c=\boldsymbol{\alpha}^{\mathrm{T}}\boldsymbol{\alpha}\neq 0$, 所以 $\boldsymbol{A}$ 可对角化. 又 $\boldsymbol{A}$ 的特征值只能是 $0,c$, 且 $R(\boldsymbol{A})=1$, 所以 $\boldsymbol{A}\sim\mathrm{diag}(c,0,0,\cdots,0)$.

10. $$\boldsymbol{A}^n=\begin{bmatrix}1 & 0 & 1\\ 0 & 1 & 0\\ 0 & 0 & -1\end{bmatrix}\begin{bmatrix}4 & 0 & 0\\ 0 & 4 & 0\\ 0 & 0 & 2\end{bmatrix}^n\begin{bmatrix}1 & 0 & 1\\ 0 & 1 & 0\\ 0 & 0 & -1\end{bmatrix}^{-1}=\begin{bmatrix}4^n & 0 & 4^n-2^n\\ 0 & 4^n & 0\\ 0 & 0 & 2^n\end{bmatrix}.$$

习题 4.3

1. $\theta=\dfrac{\pi}{4}$.

2. (1) $\boldsymbol{\eta}_1=\left[0,\dfrac{\sqrt{2}}{2},\dfrac{\sqrt{2}}{2}\right]^{\mathrm{T}}$, $\boldsymbol{\eta}_2=\left[\dfrac{\sqrt{6}}{3},\dfrac{\sqrt{6}}{6},-\dfrac{\sqrt{6}}{6}\right]^{\mathrm{T}}$, $\boldsymbol{\eta}_3=\left[\dfrac{\sqrt{3}}{3},-\dfrac{\sqrt{3}}{3},\dfrac{\sqrt{3}}{3}\right]^{\mathrm{T}}$;

(2) $\boldsymbol{\eta}_1=\left[\dfrac{1}{3},-\dfrac{2}{3},\dfrac{2}{3}\right]^{\mathrm{T}}$, $\boldsymbol{\eta}_2=\left[-\dfrac{2}{3},-\dfrac{2}{3},-\dfrac{1}{3}\right]^{\mathrm{T}}$, $\boldsymbol{\eta}_3=\left[\dfrac{2}{3},-\dfrac{1}{3},-\dfrac{2}{3}\right]^{\mathrm{T}}$.

3. 利用正交矩阵定义.

4. 利用正交矩阵定义. 正交矩阵的和未必还是正交矩阵, 比如 $\boldsymbol{E}+(-\boldsymbol{E})=\boldsymbol{O}$.

5. $\left|\boldsymbol{A}^{\mathrm{T}}\right||\boldsymbol{E}+\boldsymbol{A}|=\left|\boldsymbol{A}^{\mathrm{T}}+\boldsymbol{A}^{\mathrm{T}}\boldsymbol{A}\right|=\left|\boldsymbol{A}^{\mathrm{T}}+\boldsymbol{E}\right|=\left|(\boldsymbol{A}+\boldsymbol{E})^{\mathrm{T}}\right|=|\boldsymbol{A}+\boldsymbol{E}|$, 可得 $|\boldsymbol{E}+\boldsymbol{A}|=0$.

6. $$\boldsymbol{Q}=\begin{bmatrix}0 & \dfrac{2\sqrt{2}}{3} & \dfrac{1}{3}\\ \dfrac{\sqrt{2}}{2} & -\dfrac{\sqrt{2}}{6} & \dfrac{2}{3}\\ \dfrac{\sqrt{2}}{2} & \dfrac{\sqrt{2}}{6} & -\dfrac{2}{3}\end{bmatrix},\ \boldsymbol{Q}^{-1}\boldsymbol{AQ}=\mathrm{diag}(1,1,10).$$

7. (1) $a=-2$; (2) $$\boldsymbol{Q}=\begin{bmatrix}\dfrac{\sqrt{3}}{3} & \dfrac{\sqrt{2}}{2} & \dfrac{\sqrt{6}}{6}\\ \dfrac{\sqrt{3}}{3} & 0 & -\dfrac{\sqrt{6}}{3}\\ \dfrac{\sqrt{3}}{3} & -\dfrac{\sqrt{2}}{2} & \dfrac{\sqrt{6}}{6}\end{bmatrix},\ \boldsymbol{Q}^{-1}\boldsymbol{AQ}=\mathrm{diag}(0,3,-3).$$

8. $\boldsymbol{A}$ 和 $\boldsymbol{B}$ 有相同的特征值, 设为 $\lambda_1,\lambda_2,\cdots,\lambda_n$. 由定理有正交矩阵 $\boldsymbol{Q}_1$ 和 $\boldsymbol{Q}_2$, 使得 $\boldsymbol{Q}_1^{-1}\boldsymbol{AQ}_1=\mathrm{diag}(\lambda_1,\lambda_2,\cdots,\lambda_n)=\boldsymbol{Q}_2^{-1}\boldsymbol{BQ}_2$, 得 $\boldsymbol{Q}_2\boldsymbol{Q}_1^{-1}\boldsymbol{AQ}_1\boldsymbol{Q}_2^{-1}=\boldsymbol{B}$, 取 $\boldsymbol{Q}=\boldsymbol{Q}_1\boldsymbol{Q}_2^{-1}$.

复习题 4

1. $\left|\lambda\boldsymbol{E}-\boldsymbol{A}^{\mathrm{T}}\right|=\left|\lambda\boldsymbol{E}^{\mathrm{T}}-\boldsymbol{A}^{\mathrm{T}}\right|=\left|(\lambda\boldsymbol{E}-\boldsymbol{A})^{\mathrm{T}}\right|=|\lambda\boldsymbol{E}-\boldsymbol{A}|$.

2. 设 λ 是 $\boldsymbol{A}$ 的任一特征值, 则有 $\boldsymbol{A\alpha}=\lambda\boldsymbol{\alpha}$ $(\boldsymbol{\alpha}\neq\boldsymbol{0})$, 所以 $\boldsymbol{A}^2\boldsymbol{\alpha}=\boldsymbol{A}\lambda\boldsymbol{\alpha}=\lambda^2\boldsymbol{\alpha}$, 由已知条件可得 $\lambda^2=\lambda$, 即 $\lambda=0$ 或 1.

3. $-\dfrac{b}{a}$. 4. -54. 5. 6. 6. -1.

7. $b=0$ 时, 特征值为 $\lambda_1=\lambda_2=\cdots=\lambda_n=1$, 此时任一非零 n 维列向量都是 $\boldsymbol{A}=\boldsymbol{E}$ 的特征向量. 对任意 n 阶可逆矩阵 $\boldsymbol{P}$, 都有 $\boldsymbol{P}^{-1}\boldsymbol{A}\boldsymbol{P}=\boldsymbol{P}^{-1}\boldsymbol{E}\boldsymbol{P}=\boldsymbol{E}$ 为对角矩阵.

$b\neq 0$ 时, 特征值为 $\lambda_1=1+(n-1)b, \lambda_2=\cdots=\lambda_n=1-b$, 对应的特征向量分别为

$$\boldsymbol{\xi}_1=(1,1,\cdots,1)^{\mathrm{T}} \quad 与 \quad \boldsymbol{\xi}_2=(1,-1,0,\cdots,0)^{\mathrm{T}},$$

$$\boldsymbol{\xi}_3=(1,0,-1,\cdots,0)^{\mathrm{T}},\cdots,\boldsymbol{\xi}_n=(1,0,0,\cdots,-1)^{\mathrm{T}}.$$

取 $\boldsymbol{P}=(\boldsymbol{\xi}_1,\boldsymbol{\xi}_2,\cdots,\boldsymbol{\xi}_n)$, 此时 $\boldsymbol{P}^{-1}\boldsymbol{A}\boldsymbol{P}=\begin{bmatrix}1+(n-1)b & & & \\ & 1-b & & \\ & & \ddots & \\ & & & 1-b\end{bmatrix}$ 为对角矩阵.

8. 设 λ 是 $\boldsymbol{AB}$ 的任一特征值, 只要证 λ 也是 $\boldsymbol{BA}$ 的特征值.

若 $\lambda=0$, 则有 $0=|0\boldsymbol{E}-\boldsymbol{AB}|=|-\boldsymbol{AB}|=|-\boldsymbol{A}||\boldsymbol{B}|=|\boldsymbol{B}||-\boldsymbol{A}|=|-\boldsymbol{BA}|=|0\boldsymbol{E}-\boldsymbol{BA}|$, 此时也是 $\boldsymbol{BA}$ 的特征值;

若 $\lambda\neq 0$, 可设 $\boldsymbol{AB\alpha}=\lambda\boldsymbol{\alpha}$ $(\boldsymbol{\alpha}\neq\mathbf{0})$, 所以 $\boldsymbol{BA}(\boldsymbol{B\alpha})=\lambda(\boldsymbol{B\alpha})$, 断言 $\boldsymbol{B\alpha}\neq\mathbf{0}$, 否则 $\lambda\boldsymbol{\alpha}=\boldsymbol{AB\alpha}=\mathbf{0}$, 得 $\lambda=0$ 矛盾. 此时, λ 也是 $\boldsymbol{BA}$ 的特征值, 对应的特征向量是 $\boldsymbol{B\alpha}$.

9. (1) $\boldsymbol{B}=\begin{bmatrix}1&0&0\\1&2&2\\1&1&3\end{bmatrix}$; (2) 特征值为 $\lambda=1,1,4$;

(3) 取 $\boldsymbol{Q}=\begin{bmatrix}-1&-2&0\\1&0&1\\0&1&1\end{bmatrix}$, 有 $\boldsymbol{Q}^{-1}\boldsymbol{BQ}=\begin{bmatrix}1&&\\&1&\\&&4\end{bmatrix}$.

令 $\boldsymbol{C}=(\boldsymbol{\alpha}_1,\boldsymbol{\alpha}_2,\boldsymbol{\alpha}_3)$, $\boldsymbol{P}=\boldsymbol{CQ}=(-\boldsymbol{\alpha}_1+\boldsymbol{\alpha}_2,-2\boldsymbol{\alpha}_1+\boldsymbol{\alpha}_3,\boldsymbol{\alpha}_2+\boldsymbol{\alpha}_3)$ 即为所求.

10. 设 $\boldsymbol{A}=\boldsymbol{\alpha}\boldsymbol{\alpha}^{\mathrm{T}}$, 则 $R(\boldsymbol{A})\leqslant R(\boldsymbol{\alpha})\leqslant 1$, 又 $\boldsymbol{\alpha}^{\mathrm{T}}\boldsymbol{\alpha}=1$, 故 $\boldsymbol{\alpha}\neq\mathbf{0}$, $\boldsymbol{A}\neq\mathbf{0}$, $R(\boldsymbol{A})=1$. 而 $\boldsymbol{A}^2=\boldsymbol{A}$, 故 $\boldsymbol{A}$ 可对角化且 $\boldsymbol{A}\sim\mathrm{diag}(1,0,0,\cdots,0)$, 于是 $\boldsymbol{E}-2\boldsymbol{A}\sim\mathrm{diag}(-1,1,\cdots,1)$.

11. 令 $\boldsymbol{A}=\boldsymbol{e}\boldsymbol{e}^{\mathrm{T}}$, 则 $1\leqslant R(\boldsymbol{A})\leqslant R(\boldsymbol{e})=1$, $\boldsymbol{A}^2=\boldsymbol{e}(\boldsymbol{e}^{\mathrm{T}}\boldsymbol{e})\boldsymbol{e}^{\mathrm{T}}=\boldsymbol{e}\boldsymbol{e}^{\mathrm{T}}=\boldsymbol{A}$, 所以 $\boldsymbol{A}$ 的特征值为 $0,0,1$, $\boldsymbol{E}-\boldsymbol{A}$ 的特征值为 $1,1,0$ 且 $\boldsymbol{E}-\boldsymbol{A}$ 实对称必可对角化, 故相似于 $\mathrm{diag}(1,1,0)$.

12. $k=-2$, 可对角化; $k=-\dfrac{2}{3}$, 不可对角化.

13. $a=c=0$, b 任意. 14. $a=-1$, $b=3$; $a=1$, $b=1$.

15. (1) 特征值 $-1,0,1$; (2) $\boldsymbol{A}=\begin{bmatrix}0&0&1\\0&0&0\\1&0&0\end{bmatrix}$.

16. 特征值 $\lambda=0$ (n 重), 特征向量为 $\boldsymbol{P\alpha}$, 其中 $\boldsymbol{P}=[\boldsymbol{X}_1,\boldsymbol{X}_2,\cdots,\boldsymbol{X}_n]$, $\boldsymbol{\alpha}=[0,0,\cdots,1]^{\mathrm{T}}$. $\boldsymbol{A}$ 不可对角化, 否则 $\boldsymbol{B}$ 可对角化且 $\boldsymbol{C}^{-1}\boldsymbol{BC}=\mathrm{diag}(0,0,\cdots,0)$, 得 $\boldsymbol{B}=\mathbf{0}$.

17. (1) $\boldsymbol{A}^{99}=\begin{bmatrix}-2+2^{99}&1-2^{99}&2-2^{98}\\-2+2^{100}&1-2^{100}&2-2^{99}\\0&0&0\end{bmatrix}$.

(2) $\boldsymbol{\beta}_1=(-2+2^{99})\boldsymbol{\alpha}_1+(-2+2^{100})\boldsymbol{\alpha}_2$, $\boldsymbol{\beta}_2=(1-2^{99})\boldsymbol{\alpha}_1+(1-2^{100})\boldsymbol{\alpha}_2$,

$\boldsymbol{\beta}_3=(2-2^{98})\boldsymbol{\alpha}_1+(2-2^{99})\boldsymbol{\alpha}_2$.

18. 提示: 当 $\boldsymbol{A}\boldsymbol{\alpha}=\lambda\boldsymbol{\alpha}$ 时, 有 $\boldsymbol{B}\boldsymbol{\alpha}=-\dfrac{\lambda}{\lambda+1}\boldsymbol{\alpha}$.

19. (3) $\boldsymbol{A}=\begin{bmatrix}1&1&1\\1&1&1\\1&1&1\end{bmatrix}$, $\left(\boldsymbol{A}-\dfrac{3}{2}\boldsymbol{E}\right)^6=\left(\dfrac{3}{2}\right)^6\boldsymbol{E}$.

20. $\boldsymbol{A}\sim\boldsymbol{B}=\begin{bmatrix}0&&&\\1&0&&\\&\ddots&\ddots&\\&&1&0\end{bmatrix}$. $\boldsymbol{B}$ 不可对角化, 否则有 $\boldsymbol{C}^{-1}\boldsymbol{B}\boldsymbol{C}=\mathrm{diag}(0,0,\cdots,0)$, 得 $\boldsymbol{B}=\boldsymbol{O}$, 矛盾.

习题 5.1

1. (3) $\boldsymbol{A}=\begin{bmatrix}1&1&0&\cdots&0&0&0\\1&2&1&\cdots&0&0&0\\0&1&3&\cdots&0&0&0\\\vdots&\vdots&\vdots&&\vdots&\vdots&\vdots\\0&0&0&\cdots&n-2&1&0\\0&0&0&\cdots&1&n-1&1\\0&0&0&\cdots&0&1&n\end{bmatrix}$. 2. $\lambda=\pm4$.

习题 5.2

1. (1) 标准形为 $f=y_1^2-y_2^2-4y_3^2$; (2) 标准形为 $f=z_1^2-z_2^2-z_3^2$.
2. (1) 标准形为 $f=-y_1^2-y_2^2+5y_3^2$; (2) 标准形为 $f=-2z_1^2+z_2^2+z_3^2$.
3. $\boldsymbol{\alpha}=\boldsymbol{\beta}=\mathbf{0}$; 正交矩阵可取为 $\boldsymbol{P}=\begin{bmatrix}\dfrac{1}{\sqrt{2}}&0&\dfrac{1}{\sqrt{2}}\\0&1&0\\-\dfrac{1}{\sqrt{2}}&0&\dfrac{1}{\sqrt{2}}\end{bmatrix}$.

习题 5.3

1. (1) 正定; (2) 负定. 2. $-1<k<0$.
3. 若 λ 为矩阵 $\boldsymbol{A}$ 的特征值, 则 $\lambda+1$ 为矩阵 $\boldsymbol{A}+\boldsymbol{E}$ 的特征值.
4. 利用定义 5.3.2.

复习题 5

1. $[-2,2]$. 2. $(-2,1)$. 3. n, $p=1$. 4. 是.
8. $1+(-1)^{n+1}a_1a_2\cdots a_n\neq0$.
11. (1) 利用施密特正交化方法可求 $\boldsymbol{P}^{\mathrm{T}}\boldsymbol{A}\boldsymbol{P}=\boldsymbol{P}^{-1}\boldsymbol{A}\boldsymbol{P}=\boldsymbol{\Lambda}=\mathrm{diag}(a-1,a-1,a+2)$; (2) $\boldsymbol{P}\mathrm{diag}(2,2,1)\boldsymbol{P}^{-1}$.

12. $a=2$, $\boldsymbol{Q}=\begin{bmatrix} \frac{1}{\sqrt{3}} & -\frac{1}{\sqrt{2}} & -\frac{1}{\sqrt{6}} \\ \frac{1}{\sqrt{3}} & \frac{1}{\sqrt{2}} & -\frac{1}{\sqrt{6}} \\ \frac{1}{\sqrt{3}} & 0 & \frac{2}{\sqrt{6}} \end{bmatrix}$. 13. (1) $\boldsymbol{A}=\begin{bmatrix} \frac{1}{2} & 0 & -\frac{1}{2} \\ 0 & 1 & 0 \\ -\frac{1}{2} & 0 & \frac{1}{2} \end{bmatrix}$.

14. $a=2$; 正交变换是 $\boldsymbol{x}=\boldsymbol{T}\boldsymbol{y}$, 这里 $\boldsymbol{T}=\begin{bmatrix} 0 & \frac{1}{\sqrt{2}} & \frac{1}{\sqrt{2}} \\ 1 & 0 & 0 \\ 0 & \frac{1}{\sqrt{2}} & -\frac{1}{\sqrt{2}} \end{bmatrix}$.

15. (1) $a=0$; (2) 正交矩阵 $\boldsymbol{T}=\begin{bmatrix} \frac{1}{\sqrt{2}} & 0 & -\frac{1}{\sqrt{2}} \\ \frac{1}{\sqrt{2}} & 0 & \frac{1}{\sqrt{2}} \\ 0 & 1 & 0 \end{bmatrix}$, 正交变换为 $\boldsymbol{x}=\boldsymbol{T}\boldsymbol{y}$.

16. $a=3$, $b=1$, $\boldsymbol{Q}=\begin{bmatrix} \frac{1}{\sqrt{2}} & \frac{1}{\sqrt{3}} & \frac{1}{\sqrt{6}} \\ 0 & -\frac{1}{\sqrt{3}} & \frac{2}{\sqrt{6}} \\ -\frac{1}{\sqrt{2}} & \frac{1}{\sqrt{3}} & \frac{1}{\sqrt{6}} \end{bmatrix}$.

参考文献

北京大学数学系前代数小组. 2019. 高等代数 [M]. 5 版. 北京: 高等教育出版社.

陈怀琛. 2014. 实用大众线性代数: MATLAB 版 [M]. 西安: 西安电子科技大学出版社.

程吉树, 陈水利. 2009. 线性代数 [M]. 北京: 科学出版社.

刘卫国. 2017. MATLAB 程序设计与应用 [M]. 3 版. 北京: 高等教育出版社.

卢刚. 2020. 线性代数 [M]. 4 版. 北京: 高等教育出版社.

同济大学数学系. 2014. 工程数学线性代数 [M]. 6 版. 北京: 高等教育出版社.

吴赣昌. 2017. 线性代数 [M]. 5 版. 北京: 中国人民大学出版社.

谢加良, 朱荣坤, 宾红华. 2018. 新工科理念下线性代数课程教学设计探索 [J]. 长春师范大学学报, 37(4): 131-133+138.

David C. Lay. 2018. 线性代数及其应用 (英文版) [M]. 4 版. 北京: 电子工业出版社.

Steven J. Leon. 2017. 线性代数 (英文版) [M]. 9 版. 北京: 机械工业出版社.

附录　线性代数应用实例

本附录给出线性代数的应用实例以及相应的 MATLAB 求解代码. MATLAB 是“矩阵实验室” (Matrix Laboratory) 的缩写, 它是一种以矩阵运算为基础的交互式程序语言, 专门针对科学、工程计算及绘图的需求. MATLAB 语言与高等数学的关系十分密切. 我们认为最好是尽早入门, 但入门起码要有矩阵的基础, 所以和线性代数同步学习是最佳的选择, 具体可参考 MATLAB 相关教材.

A.1　判别线性方程组的解的存在性

判断线性方程组是否有解的问题是线性代数中比较重要的问题. 对于 n 元线性方程组, 如果该方程组恰好有 n 个未知量, 可以利用 MATLAB 求其行列式的值快速判断其是否有解, 并求出相应的解. 这可以大大简化计算过程, 提高运算速度.

例 A.1　判断下列线性方程组是否有解

$$\begin{cases} 2x_1 + x_2 - 5x_3 + x_4 = 8, \\ x_1 - 3x_2 - 6x_4 = 9, \\ 2x_2 - x_3 + 2x_4 = -5, \\ x_1 + 4x_2 - 7x_3 + 6x_4 = 0. \end{cases}$$

解　因为 $D = \begin{vmatrix} 2 & 1 & -5 & 1 \\ 1 & -3 & 0 & -6 \\ 0 & 2 & -1 & 2 \\ 1 & 4 & -7 & 6 \end{vmatrix} = 27 \neq 0.$

由克拉默法则知, 此线性方程组有唯一解, 并且计算可得 $x_1 = 3$, $x_2 = -4$, $x_3 = -1$, $x_4 = 1$.

在 MATLAB 中, 可输入:

```
>> A=[2 1 -5 1;1 -3 0 -6;0 2 -1 2;1 4 -7 6];
>> D=det(A)
```

运行结果为

```
D =
   27.0000
```

然后, 在 MATLAB 中, 可输入:

```
>> A1=[8 9 -5 0; 1 -3 0 -6; 0 2 -1 2; 1 4 -7 6];
>> A2=[2 1 -5 1; 8 9 -5  0; 0 2 -1 2; 1 4 -7 6];
>> A3=[2 1 -5 1; 1 -3 0 -6; 8 9 -5 0; 1 4 -7 6];
>> A4=[2 1 -5 1; 1 -3 0 -6; 0 2 -1 2; 8 9 -5 0];
>> x1=A1/A,x2=A2/A,x3=A3/A,x4=A4/A
```

运行结果为

```
x1=
   3.0000
x2=
   -4.0000
x3=
   -1.0000
x4=
   1.0000
```

A.2 逆矩阵的求法

求一个矩阵的逆矩阵在线性代数中非常重要, 通常要花费很多时间, 尤其当矩阵的阶数较高时. 如果利用计算机求逆矩阵, 如 MATLAB, 会大大降低计算量, 可以很快地得到逆矩阵的结果.

例 A.2 设 $\boldsymbol{A}=\begin{bmatrix}-16 & -4 & -6\\ 15 & -3 & 9\\ 18 & 0 & 9\end{bmatrix}$, 试求其逆矩阵 $\boldsymbol{A}^{-1}$.

解 在 MATLAB 中, 可输入:

```
>> A=[-16 -4 -6;15 -3 9;18 0 9];V=inv(A)
```

运行结果为

```
Warning: The matrix is close to singular value, or scaling
    error. The result may be inaccurate (警告: 矩阵接近奇异值,
    或者缩放错误. 结果可能不准确). RCOND = 6.797284e-18.
V =
   1.0e+15 *
   0.3753 -0.5004 0.7506
```

```
-0.3753 0.5004 -0.7506
-0.7506 1.0008 -1.5012
```

注意: (1) 结果警告提到 "矩阵接近奇异值, 或者缩放错误. 结果可能不准确. RCOND = 6.797284e−18". 这里 RCOND 指的是 "逆条件数", 它是标志精度下降程度的数量指标. 这意味着算出的数据精度要下降 18 位十进制.

(2) 用 MATLAB 求矩阵的逆的方法有很多, 除了以上方法, 主要还有下列方法, 即在 MATLAB 中, 可输入:

```
>> V=A^-1;
>> V=eye(3)/(A);
>> V=A\eye(3)
```

A.3 求平行四边形面积

例 A.3 任给一个三角形 $\triangle ABC$, 设其顶点坐标分别为 $A(x_1,y_1)$, $B(x_2,y_2)$, $C(x_3,y_3)$, 那么根据线性代数的知识, $\triangle ABC$ 的有向面积可表示为

$$S=\frac{1}{2}\begin{vmatrix} x_1 & y_1 & 1\\ x_2 & y_2 & 1\\ x_3 & y_3 & 1\end{vmatrix}=\frac{1}{2}\left\{\begin{vmatrix} x_2 & y_2\\ x_3 & y_3\end{vmatrix}-\begin{vmatrix} x_1 & y_1\\ x_3 & y_3\end{vmatrix}+\begin{vmatrix} x_1 & y_1\\ x_2 & y_2\end{vmatrix}\right\}, \tag{A.1}$$

其中, $\triangle ABC$ 的顶点 A,B,C 逆时针给出时有向面积为正, 顺时针给出时有向面积为负. 如图 A.1 所示, $S_{\triangle ABC}>0$, $S_{\triangle ABD}<0$.

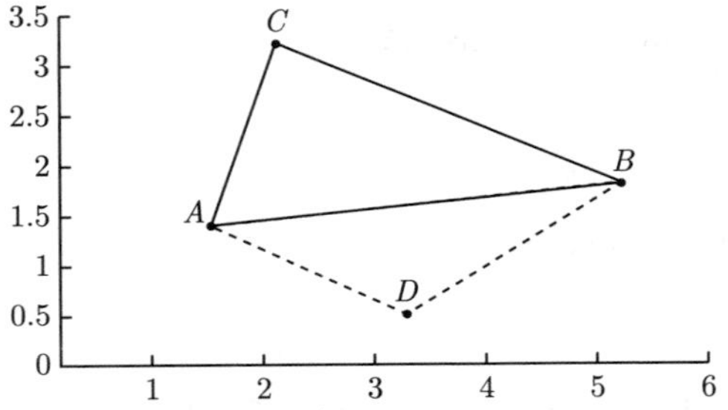

图 A.1

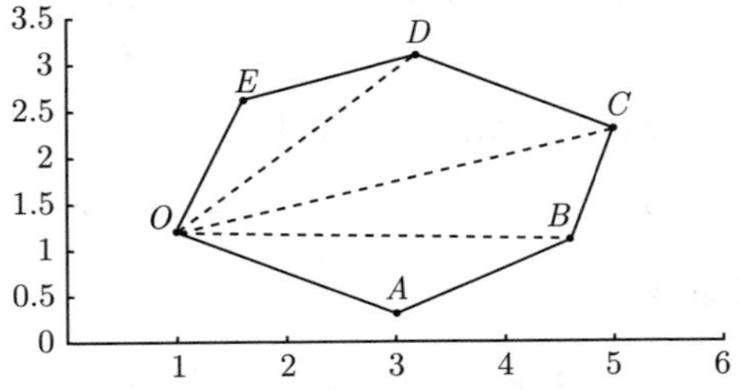

图 A.2

由于任意的多边形都可以分割成多个三角形, 所以根据以上三角形面积公式 (A.1) 就可以求出任意多边形的面积. 例如, 图 A.2 所示的六边形顶点坐标分别为 $O(x_0,y_0)$, $A(x_1,y_1)$, $B(x_2,y_2)$, $C(x_3,y_3)$, $D(x_4,y_4)$, $E(x_5,y_5)$, 其面积可以表示为

四个三角形面积之和: $S=S_{\triangle OAB}+S_{\triangle OBC}+S_{\triangle OCD}+S_{\triangle ODE}$. 由公式 (A.1) 可知

$$S_{\triangle OAB}=\frac{1}{2}\begin{vmatrix} x_0 & y_0 & 1\\ x_1 & y_1 & 1\\ x_2 & y_2 & 1\end{vmatrix}=\frac{1}{2}\left\{\begin{vmatrix} x_1 & y_1\\ x_2 & y_2\end{vmatrix}-\begin{vmatrix} x_0 & y_0\\ x_2 & y_2\end{vmatrix}+\begin{vmatrix} x_0 & y_0\\ x_1 & y_1\end{vmatrix}\right\},$$

$$S_{\triangle OBC}=\frac{1}{2}\begin{vmatrix} x_0 & y_0 & 1\\ x_2 & y_2 & 1\\ x_3 & y_3 & 1\end{vmatrix}=\frac{1}{2}\left\{\begin{vmatrix} x_2 & y_2\\ x_3 & y_3\end{vmatrix}-\begin{vmatrix} x_0 & y_0\\ x_3 & y_3\end{vmatrix}+\begin{vmatrix} x_0 & y_0\\ x_2 & y_2\end{vmatrix}\right\},$$

$$S_{\triangle OCD}=\frac{1}{2}\begin{vmatrix} x_0 & y_0 & 1\\ x_3 & y_3 & 1\\ x_4 & y_4 & 1\end{vmatrix}=\frac{1}{2}\left\{\begin{vmatrix} x_3 & y_3\\ x_4 & y_4\end{vmatrix}-\begin{vmatrix} x_0 & y_0\\ x_4 & y_4\end{vmatrix}+\begin{vmatrix} x_0 & y_0\\ x_3 & y_3\end{vmatrix}\right\},$$

$$S_{\triangle ODE}=\frac{1}{2}\begin{vmatrix} x_0 & y_0 & 1\\ x_4 & y_4 & 1\\ x_5 & y_5 & 1\end{vmatrix}=\frac{1}{2}\left\{\begin{vmatrix} x_4 & y_4\\ x_5 & y_5\end{vmatrix}-\begin{vmatrix} x_0 & y_0\\ x_5 & y_5\end{vmatrix}+\begin{vmatrix} x_0 & y_0\\ x_4 & y_4\end{vmatrix}\right\},$$

因此

$$\begin{aligned}S=\frac{1}{2}\Bigg\{&\begin{vmatrix} x_0 & y_0\\ x_1 & y_1\end{vmatrix}+\begin{vmatrix} x_1 & y_1\\ x_2 & y_2\end{vmatrix}+\begin{vmatrix} x_2 & y_2\\ x_3 & y_3\end{vmatrix}\\ &+\begin{vmatrix} x_3 & y_3\\ x_4 & y_4\end{vmatrix}+\begin{vmatrix} x_4 & y_4\\ x_5 & y_5\end{vmatrix}-\begin{vmatrix} x_0 & y_0\\ x_5 & y_5\end{vmatrix}\Bigg\},\end{aligned}$$

整理得

$$S=\frac{1}{2}\sum_{i=0}^{4}(x_iy_{i+1}-x_{i+1}y_i)-\frac{1}{2}(x_0y_5-x_5y_0).$$

A.4 求特征值

设 $\boldsymbol{A}$ 为 n 阶矩阵, 若数 λ 和 n 维非零列向量 $\boldsymbol{x}$ 满足 $\boldsymbol{Ax}=\lambda\boldsymbol{x}$, 那么数 λ 称为 $\boldsymbol{A}$ 的特征值, $\boldsymbol{x}$ 称为 $\boldsymbol{A}$ 的对应于特征值 λ 的特征向量. 由于 $\boldsymbol{Ax}=\lambda\boldsymbol{x}$ 也可写成 $(\boldsymbol{A}-\lambda\boldsymbol{E})\boldsymbol{x}=\boldsymbol{0}$, 称 $|\boldsymbol{A}-\lambda\boldsymbol{E}|$ 为矩阵 $\boldsymbol{A}$ 的特征多项式. 并且若此特征多项式等于 0, 即 $|\boldsymbol{A}-\lambda\boldsymbol{E}|=0$, 称其为 $\boldsymbol{A}$ 的特征方程. 由于特征方程是一个齐次线性方程组, 所以求解特征值的过程其实就是求特征方程的解. 用手工求高阶方阵

的特征值计算量大, 比较困难, 且没有工程价值, 利用 MATLAB 可以大大简化其计算量, 快速得到计算结果.

例 A.4 设 $\boldsymbol{A}=\begin{bmatrix}4&2&-5\\6&4&-9\\5&3&-7\end{bmatrix}$, 求 $\boldsymbol{A}$ 的特征方程和特征值.

解 特征方程为

$$\det(\boldsymbol{A}-\lambda\boldsymbol{E})=\begin{vmatrix}4-\lambda&2&-5\\6&4-\lambda&-9\\5&3&-7-\lambda\end{vmatrix}=0,$$

求得此特征方程有三个根: $\lambda_1=1,\lambda_2=\lambda_3=0$, 它们也是 $\boldsymbol{A}$ 的特征值.

MATLAB 专门提供了一个函数 `c=poly(A)` 来展开特征行列式, 求特征多项式的系数 `c`; 另外又提供了一个函数 `roots(c)` 来解多项式的根. 因此在 MATLAB 中, 可输入:

```
>> A=[4,2,-5;6,4,-9;5,3,-7], c=poly(A), lambda=roots(c)
```

运行结果为

```
A =
    4 2 -5
    6 4 -9
    5 3 -7
c =
    1.0000 -1.0000 0.0000 -0.0000
lambda =
    1.0000 + 0.0000i
    0.0000 + 0.0000i
    0.0000 - 0.0000i
```

注意: MATLAB 还提供一个 `null` 函数来求解 $\boldsymbol{x}$ (即特征向量), 这使得求特征值和特征向量的工作完全计算机化. 有兴趣的同学可以自行上机尝试.

A.5 交 通 问 题

例 A.5 利用矩阵表示及其乘法运算可以使交通问题变得简单. 例如, 四个城市间的单向航线如图 A.3 所示.

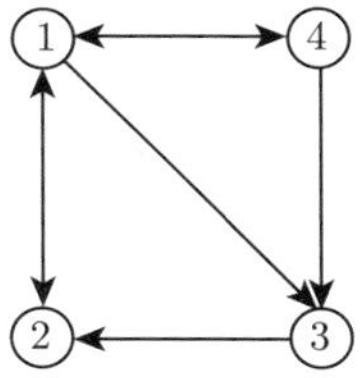

图 A.3

那么这四个城市之间的航线连接可用矩阵表示为

$$\boldsymbol{A}=\begin{bmatrix}0&1&1&1\\1&0&0&0\\0&1&0&0\\1&0&1&0\end{bmatrix}.$$

如果要求这四个城市中每个城市经过一次中转到达另外一个城市的单向航线的条数, 可计算

$$\boldsymbol{A}^2=[b_{ij}]=\begin{bmatrix}2&1&1&0\\0&1&1&1\\1&0&0&0\\0&2&1&1\end{bmatrix},$$

其中 b_{ij} 表示从 i 市经一次中转到 j 市的单向航线条数 $(i,j=1,2,3,4)$, 如 $b_{42}=2$, 表示从城市 4 经过一次中转到城市 2 有两条航线. 同理可算出 $\boldsymbol{A}^3,\boldsymbol{A}^4,\cdots,\boldsymbol{A}^n$, 这些矩阵中的每个元素分别表示从 i 市经过 2 次, 3 次, $\cdots$, $n-1$ 次中转到 j 市的单向航线条数.

A.6 生产总值问题

经济学中的很多问题都要用到线性代数的知识, 比如计算生产总值的问题, 可以将其转化为线性方程组问题.

例 A.6 一个城市有三个重要的企业: 一个煤矿、一个发电厂和一条地方铁路. 开采一元钱的煤, 煤矿必须支付 0.25 元电费和 0.25 元的运输费, 而生产一元钱的电力, 发电厂需支付 0.65 元的煤作燃料, 自己亦需支付 0.05 元的电费来驱动辅助设备及支付 0.05 元的运输费. 而提供一元钱的运输费, 铁路需支付 0.55 元的煤作燃料, 支付 0.10 元的电费驱动它的辅助设备. 某季度内, 煤矿从外面接到 50000 万元煤的订货, 发电厂从外面接到 25000 万元电力的订货, 外界对地方铁路没有要求. 问这三个企业在该季度内生产总值为多少时才能精确地满足它们本身的需求和外界的需求?

解　对于一季度的周期, 设 x_1 表示煤矿的总产值, x_2 表示发电厂的总产值, x_3 表示铁路的总产值.

根据题意,

$$\begin{cases} x_1-(0x_1+0.65x_2+0.55x_3)=50000, \\ x_2-(0.25x_1+0.05x_2+0.10x_3)=25000, \\ x_3-(0.25x_1+0.05x_2+0x_3)=0. \end{cases}$$

写成矩阵形式, 得

$$\begin{bmatrix} x_1 \\ x_2 \\ x_3 \end{bmatrix} - \begin{bmatrix} 0 & 0.65 & 0.55 \\ 0.25 & 0.05 & 0.10 \\ 0.25 & 0.05 & 0 \end{bmatrix} \begin{bmatrix} x_1 \\ x_2 \\ x_3 \end{bmatrix} = \begin{bmatrix} 50000 \\ 25000 \\ 0 \end{bmatrix}.$$

记

$$\boldsymbol{X}=\begin{bmatrix} x_1 \\ x_2 \\ x_3 \end{bmatrix}, \quad \boldsymbol{C}=\begin{bmatrix} 0 & 0.65 & 0.55 \\ 0.25 & 0.05 & 0.10 \\ 0.25 & 0.05 & 0 \end{bmatrix}, \quad \boldsymbol{d}=\begin{bmatrix} 50000 \\ 25000 \\ 0 \end{bmatrix},$$

则上式可写为

$$\boldsymbol{X}-\boldsymbol{C}\boldsymbol{X}=\boldsymbol{d},$$

即

$$(\boldsymbol{E}-\boldsymbol{C})\boldsymbol{X}=\boldsymbol{d}.$$

由于 $|\boldsymbol{E}-\boldsymbol{C}|\neq 0$, 所以此方程组有唯一解, 其解为

$$\boldsymbol{X}=(\boldsymbol{E}-\boldsymbol{C})^{-1}\boldsymbol{d}=\frac{1}{503}\begin{bmatrix} 756 & 542 & 470 \\ 220 & 690 & 190 \\ 200 & 170 & 630 \end{bmatrix}\begin{bmatrix} 50000 \\ 25000 \\ 0 \end{bmatrix} \approx \begin{bmatrix} 102087 \\ 56163 \\ 28330 \end{bmatrix},$$

得煤矿总产值为 102087 万元, 发电厂总产值为 56163 万元, 地方铁路总产值为 28330 万元.

A.7　矩阵密码法

例 A.7　矩阵表示及其运算在密码的加密解密中也有广泛的应用. 比如, 为了能够秘密发送消息, 编制密码的简单方法是把消息中的每个字母当作 1 到 26

之间的一个数字来对待, 即 26 个英文字母与数字之间建立起一一对应关系:

$$\begin{array}{cccc} \text{A} & \text{B} & \cdots & \text{Y} & \text{Z} \\ \updownarrow & \updownarrow & \cdots & \updownarrow & \updownarrow \\ 1 & 2 & \cdots & 25 & 26 \end{array}$$

若要使用上述代码发送信息 “TEACHER”, 则此消息的编码是: $20, 5, 1, 3, 8, 5, 18$. 不幸的是, 这种编码很容易被别人破译, 在一个较长的信息编码中, 人们会根据那个出现频率最高的数值而猜出它代表的是哪个字母. 比如上述编码中出现频率最高的数字是 5, 人们自然会想到它代表字母 “E”, 因为统计规律告诉我们, 字母 E 是英文单词里出现频率最高的, 后来人们采用了先行加密, 如设字母 $\mathrm{C}_x = 5\mathrm{L}_x + 4$ 加密为密码字母, 但还是容易被破译. 一种使用简单但是很难被破译的加密格式是把字母分为两组, 然后将两个线性方程组加密为两组密码字母, 形成矩阵加密方法.

矩阵加密是信息编码与破译的一种方法, 其中有一种利用可逆矩阵的方法. 现在我们用矩阵的乘法来对 “明文” TEACHER 进行加密, 让其变成 “密文” 之后再进行传送, 方法是将 “明文” 信息按 3 列排成矩阵

$$\boldsymbol{A} = \begin{bmatrix} 20 & 3 & 18 \\ 5 & 8 & 0 \\ 1 & 5 & 0 \end{bmatrix},$$

利用加密矩阵 $\boldsymbol{P} = \begin{bmatrix} 1 & 2 & 1 \\ 2 & 5 & 3 \\ 2 & 3 & 2 \end{bmatrix}$ 与 $\boldsymbol{A}$ 的乘积 $\boldsymbol{PA} = \begin{bmatrix} 31 & 24 & 18 \\ 68 & 61 & 36 \\ 57 & 40 & 36 \end{bmatrix}$, 对应着将发出去的 “密文” 编码为 31, 24, 18, 68, 61, 36, 57, 40, 36. 告知接收者加密矩阵, 则接收者可以更方便地译出信息, 通常用 0 代表空格.

A.8 商品利润率问题

由于商品的利润率问题可以转化为线性方程组的求解问题, 因此可以利用 MATLAB 进行快速求解, 得到满意的结果.

例 A.8 某商场甲、乙、丙、丁四种商品四个月的总利润如表 A.1 所示, 试求出每种商品的利润率.

表 A.1

月次	商品销售额/万元				总利润/万元
	甲	乙	丙	丁	
1	4	6	8	10	2.74
2	4	6	9	9	2.76
3	5	6	8	10	2.89
4	5	5	9	9	2.76

解　假设甲、乙、丙、丁四种商品的利润率分别为 x_1, x_2, x_3, x_4, 由题意可得

$$\begin{cases} 4x_1 + 6x_2 + 8x_3 + 10x_4 = 2.74, \\ 4x_1 + 6x_2 + 9x_3 + 9x_4 = 2.76, \\ 5x_1 + 6x_2 + 8x_3 + 10x_4 = 2.89, \\ 5x_1 + 5x_2 + 9x_3 + 9x_4 = 2.76. \end{cases}$$

在 MATLAB 中, 可输入:

```
>> A=[4,6,8,10;4,6,9,9;5,6,8,10;5,5,9,9];
>> b=[2.74;2.76;2.89;2.76];
>> U0=rref([A,b])
```

运行结果为

```
U0 =
    1.0000         0         0         0    0.1500

         0    1.0000         0         0    0.1500

         0         0    1.0000         0    0.0800

         0         0         0    1.0000    0.0600
```

由上面结果可得 $x_1 = 15\%$, $x_2 = 15\%$, $x_3 = 8\%$, $x_4 = 6\%$, 即甲、乙、丙、丁四种商品的利润率分别为 15%, 15%, 8%, 6%.

A.9　插值多项式问题

插值法是函数逼近的一种重要方法, 是数值计算的基本课题, 在实际工程计算中应用广泛. 其中如果结合线性代数的知识进行求解, 也会起到事半功倍的作用.

例 A.9　平面上的三个点为 $(1,2), (2,3), (3,6)$, 求过这三个点的二次多项式函数.

解 假设此二次多项式为 $f(x) = a + bx + cx^2$. 由已知条件易得此二次多项式满足如下线性方程组:

$$\begin{cases} a+b+c=2, \\ a+2b+4c=3, \\ a+3b+9c=6. \end{cases}$$

在 MATLAB 中, 可输入:

```
>> A=[1,1,1;1,2,4;1,3,9];
>> b=[2;3;6];
>> U0=rref([A,b])
```

运行结果为

```
U0 =
     1     0     0     3
     0     1     0    -2
     0     0     1     1
```

由上面结果可知 $a = 3, b = -2, c = 1$, 即待求二次多项式为 $f(x) = 3 - 2x + x^2$.

A.10 配平化学方程

化学方程可以描述被消耗和新生成的物质之间的定量关系, 如果利用线性代数中矩阵表示及其运算的性质, 可以使这些关系的处理变得简单.

例 A.10 以下列方程式为例:

$$(x_1)\mathrm{C_3H_8} + (x_2)\mathrm{O_2} \xlongequal{\quad} (x_3)\mathrm{CO_2} + (x_4)\mathrm{H_2O}.$$

试平衡此方程, 即找到适当的 x_1, x_2, x_3, x_4, 使得反应式左右的碳 (C)、氢 (H)、氧 (O) 元素相匹配.

解 $\mathrm{C_3H_8}: \begin{bmatrix} 3 \\ 8 \\ 0 \end{bmatrix}, \quad \mathrm{O_2}: \begin{bmatrix} 0 \\ 0 \\ 2 \end{bmatrix}, \quad \mathrm{CO_2}: \begin{bmatrix} 1 \\ 0 \\ 2 \end{bmatrix}, \quad \mathrm{H_2O}: \begin{bmatrix} 0 \\ 2 \\ 1 \end{bmatrix},$

要使方程平衡, x_1, x_2, x_3, x_4 必须满足

$$x_1 \begin{bmatrix} 3 \\ 8 \\ 0 \end{bmatrix} + x_2 \begin{bmatrix} 0 \\ 0 \\ 2 \end{bmatrix} = x_3 \begin{bmatrix} 1 \\ 0 \\ 2 \end{bmatrix} + x_4 \begin{bmatrix} 0 \\ 2 \\ 1 \end{bmatrix}.$$

将所有项移到左端, 并写成矩阵相乘的形式, 即

$$\begin{bmatrix} 3 & 0 & -1 & 0 \\ 8 & 0 & 0 & -2 \\ 0 & 2 & -2 & -1 \end{bmatrix} \begin{bmatrix} x_1 \\ x_2 \\ x_3 \\ x_4 \end{bmatrix} = \begin{bmatrix} 0 \\ 0 \\ 0 \end{bmatrix} \Rightarrow \boldsymbol{Ax} = \mathbf{0}.$$

这是一个欠定方程组, 若对矩阵 $\boldsymbol{A}$ 进行行阶梯变换, 在 MATLAB 中, 可输入:

```
>> format rat
>> A=[3,0,-1,0;8,0,0,-2;0,2,-2,-1];
>> U0=rref(A)
```

运行结果为

```
U0 =
     1      0      0      -1/4
     0      1      0      -5/4
     0      0      1      -3/4
```

注意: 这四个列对应于四个变量的系数, 所以对应的线性方程组是

$$\begin{cases} x_1 - x_4/4 = 0, \\ x_2 - 5x_4/4 = 0, \\ x_3 - 3x_4/4 = 0. \end{cases}$$

在上面方程中, 若 x_4 选为自由未知量, 则 x_1, x_2, x_3 有无数个解. 此时, 若要得到确定的解, 必须补充一个条件. 我们注意到, 化学学科规定: 配平方程的系数必须取最小的正整数. 因此, 此处可令 $x_4 = 4$, 则 x_1, x_2, x_3 有最小整数解, 即 $x_1 = 1, x_2 = 5, x_3 = 3$, 所以配平后的化学方程式为

$$C_3H_8 + 5O_2 \xlongequal{\quad} 3CO_2 + 4H_2O.$$

A.11　交通流量问题

交通流量问题也可以通过数学建模转化成线性方程组的求解问题, 利用线性代数的知识和 MATLAB 进行快速求解.

例 A.11　某市区施行单行道的通行规定, 并已测得几个交通路段的通行流量 (单位: 百辆/小时) 如图 A.4 所示, 请问可否计算出各个路段上的通行流量? 倘若不可以, 需要哪些交通路段再增设相应的监测点, 就能够算出各个路段的通行流量?

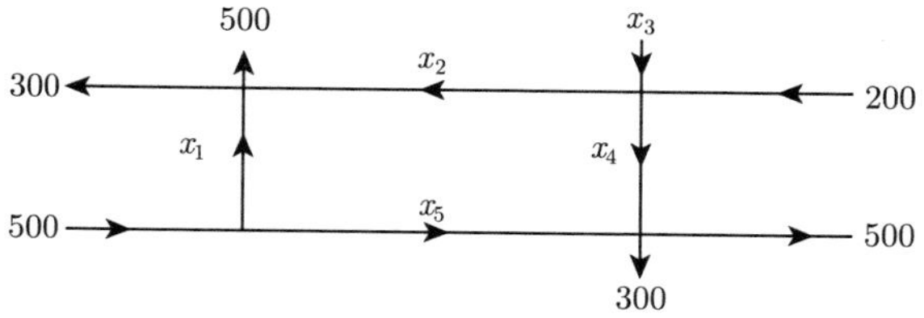

图 A.4

解 假定各个路段的流入流量与流出流量相等, 按照题中等量关系成立方程组:

$$\begin{cases} x_1 + x_2 = 8, \\ x_2 - x_3 + x_4 = 2, \\ x_4 + x_5 = 8, \\ x_1 + x_5 = 5. \end{cases}$$

在 MATLAB 中, 可输入:

```
>> A=[1 1 0 0 0;0 1 -1 1 0;0 0 0 1 1;1 0 0 0 1];
>> b=[8;2;8;5];
>> U0=rref([A,b])
```

运行结果为

```
U0 =
     1     0     0     0     1     5
     0     1     0     0    -1     3
     0     0     1     0     0     9
     0     0     0     1     1     8
```

由上面的最简行阶梯形矩阵, 可以求得方程组的一般解为

$$\begin{cases} x_1 = 5 - x_5, \\ x_2 = 3 + x_5, \\ x_3 = 9, \\ x_4 = 8 - x_5, \end{cases}$$

其中 x_5 是自由未知量. 所以, 仅需要测得路段 x_5 的通行流量, 就能够算得其余路段的通行流量. 例如, 如果检测得到 $x_5 = 2$, 则 x_1, x_2, x_3, x_4 依次为 3, 5, 9, 6. 依此结论, x_3 段上通行着最多的车辆, 需要重点做好疏通工作.

A.12 电 路 问 题

线性代数的矩阵表示及其运算在物理中, 尤其是电路问题中也有广泛的应用.

例 A.12 图 A.5 为电路网络图, 设各节点的电流如图 A.5 所示, 要求出电路中各支路上的电流.

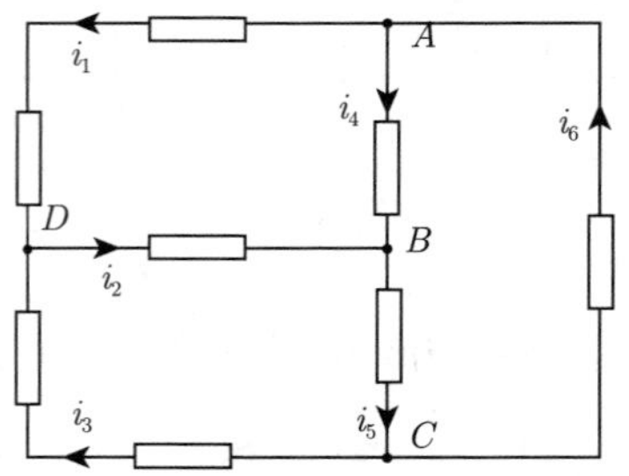

图 A.5

解 由基尔霍夫第一定律可以列出方程:

$$\begin{aligned}&\text{对于节点 } A\text{: } i_1+i_4-i_6=0;\\&\text{对于节点 } B\text{: } i_2+i_4-i_5=0;\\&\text{对于节点 } C\text{: } i_3+i_6-i_5=0;\\&\text{对于节点 } D\text{: } i_1+i_3-i_2=0.\end{aligned}$$

于是求各个支路的电流就归结为求下面齐次线性方程组的解:

$$\begin{cases}i_1+i_4-i_6=0,\\ i_2+i_4-i_5=0,\\ i_3+i_6-i_5=0,\\ i_1+i_3-i_2=0.\end{cases}$$

利用矩阵变换, 可求得其解为

$$\begin{bmatrix}i_1\\i_2\\i_3\\i_4\\i_5\\i_6\end{bmatrix}=k_1\begin{bmatrix}1\\1\\0\\-1\\0\\0\end{bmatrix}+k_2\begin{bmatrix}0\\1\\1\\0\\1\\0\end{bmatrix}+k_3\begin{bmatrix}1\\0\\-1\\0\\0\\1\end{bmatrix},\quad \text{其中 } k_1,k_2,k_3 \text{ 都是任意常数.}$$

由于 i_1,i_2,i_3,i_4,i_5,i_6 均为正数, 所以通解中的 3 个任意常数应满足以下条件:

$$k_1<0,\quad k_2>k_3>-k_1,$$

因此, 如果 $k_1=-1,k_2=3,k_3=2$, 则

$$i_1=1,\quad i_2=2,\quad i_3=1,\quad i_4=1,\quad i_5=3,\quad i_6=2.$$

A.13 判断向量组的线性相关性

在线性代数中, 一个向量组 $\boldsymbol{\alpha}_1, \boldsymbol{\alpha}_2, \boldsymbol{\alpha}_3, \cdots, \boldsymbol{\alpha}_m$ 是线性相关的还是线性无关的等价于齐次线性方程组 $\boldsymbol{A}\boldsymbol{x} = \mathbf{0}$ 有没有非零解. 当向量组包含的向量个数较多时, 判断这个向量组的线性相关性时就要求解一个高元的齐次线性方程组, 人工计算工作量很大, 而用 MATLAB 软件我们可以轻松地求解这一问题.

例 A.13 判定向量组

$$\boldsymbol{\alpha}_1 = \begin{bmatrix} 1 \\ 3 \\ -2 \\ 1 \end{bmatrix}, \quad \boldsymbol{\alpha}_2 = \begin{bmatrix} 2 \\ 5 \\ 3 \\ -2 \end{bmatrix}, \quad \boldsymbol{\alpha}_3 = \begin{bmatrix} -1 \\ 1 \\ 4 \\ 2 \end{bmatrix}$$

是线性相关还是线性无关.

解 记 $\boldsymbol{A}$ 为向量组 $\boldsymbol{\alpha}_1, \boldsymbol{\alpha}_2, \boldsymbol{\alpha}_3$ 所构成的矩阵, 则向量组 $\boldsymbol{\alpha}_1, \boldsymbol{\alpha}_2, \boldsymbol{\alpha}_3$ 是线性相关的还是线性无关的等价于齐次线性方程组 $\boldsymbol{A}\boldsymbol{x} = \mathbf{0}$ 有无非零解.

在 MATLAB 中, 可输入:

```
>> A=[1 2 -1;3 5 1; -2 3 4; 1 -2 2];
>> rank(A)
```

运行结果为

```
ans = 3
```

由于 $R(\boldsymbol{A}) = 3$ 等于向量组中向量的个数, 因此齐次线性方程组 $\boldsymbol{A}\boldsymbol{x} = \mathbf{0}$ 只有零解, 故向量组 $\boldsymbol{\alpha}_1, \boldsymbol{\alpha}_2, \boldsymbol{\alpha}_3$ 线性无关.

A.14 求向量组的最大线性无关组

如果能在向量组 $\boldsymbol{\alpha}_1, \boldsymbol{\alpha}_2, \cdots, \boldsymbol{\alpha}_m$ 中选出 r 个向量 $\boldsymbol{\alpha}_1, \boldsymbol{\alpha}_2, \cdots, \boldsymbol{\alpha}_r, r \leqslant m$, 满足

(1) 向量组 $\boldsymbol{\alpha}_1, \boldsymbol{\alpha}_2, \cdots, \boldsymbol{\alpha}_r$ 线性相关;

(2) 向量组 $\boldsymbol{\alpha}_1, \boldsymbol{\alpha}_2, \cdots, \boldsymbol{\alpha}_m$ 中任意 $r+1$ 个向量 (如果有) 都是线性相关的.

则称向量组 $\boldsymbol{\alpha}_1, \boldsymbol{\alpha}_2, \cdots, \boldsymbol{\alpha}_r$ 是向量组 $\boldsymbol{\alpha}_1, \boldsymbol{\alpha}_2, \cdots, \boldsymbol{\alpha}_m$ 的一个最大线性无关组.

求解向量组的最大线性无关组是线性代数中比较重要的问题, 如果利用手工计算, 比较烦琐, 如果利用 MATLAB 进行计算, 将会大大简化计算时间, 提高正确率.

例 A.14　求向量组

$$\boldsymbol{\alpha}_1=\begin{bmatrix}3\\-1\\2\\4\end{bmatrix},\quad \boldsymbol{\alpha}_2=\begin{bmatrix}4\\9\\-1\\6\end{bmatrix},\quad \boldsymbol{\alpha}_3=\begin{bmatrix}2\\4\\3\\-5\end{bmatrix},\quad \boldsymbol{\alpha}_4=\begin{bmatrix}-6\\2\\-4\\-8\end{bmatrix}$$

的最大线性无关组.

解　记 $\boldsymbol{A}$ 为向量组 $\boldsymbol{\alpha}_1,\boldsymbol{\alpha}_2,\boldsymbol{\alpha}_3,\boldsymbol{\alpha}_4$ 所构成的矩阵.

在 MATLAB 中, 可输入:

```
>> A=[3 4 2 -6;-1 9 4 2;2 -1 3 -4;4 6 -5 -8];
>> rank(A)
```

运行结果为

```
ans = 3
```

由矩阵 $\boldsymbol{A}$ 的秩为 3, 可知向量组 $\boldsymbol{\alpha}_1,\boldsymbol{\alpha}_2,\boldsymbol{\alpha}_3,\boldsymbol{\alpha}_4$ 的最大无关组包含 3 个向量. 分别记矩阵 $\boldsymbol{B},\boldsymbol{C},\boldsymbol{D},\boldsymbol{E}$ 为向量组 $\boldsymbol{\alpha}_1,\boldsymbol{\alpha}_2,\boldsymbol{\alpha}_3$; $\boldsymbol{\alpha}_1,\boldsymbol{\alpha}_2,\boldsymbol{\alpha}_4$; $\boldsymbol{\alpha}_1,\boldsymbol{\alpha}_3,\boldsymbol{\alpha}_4$ 和 $\boldsymbol{\alpha}_2,\boldsymbol{\alpha}_3,\boldsymbol{\alpha}_4$ 所构成的矩阵. 继续在 MATLAB 命令窗口输入:

```
>> B=[3 4 2; -1 9 4;2 -1 3;4 6 -5];
>> C=[3 4 -6;-1 9 2;2 -1 -4;4 6 -8];
>> D=[3 2 -6;-1 4 2;2 3 -4;4 -5 -8];
>> E=[4 2 -6;9 4 2;-1 3 -4;6 -5 -8];
>> rank(B)
```

运行结果为

```
ans = 3
```

`>> rank(C)` 运行结果为

```
ans = 2
```

`>> rank(D)` 运行结果为

```
ans = 2
```

`>> rank(E)` 运行结果为

```
ans = 3
```

由于矩阵 $\boldsymbol{B}$ 和 $\boldsymbol{E}$ 的秩都为 3, 因此 $\boldsymbol{\alpha}_1,\boldsymbol{\alpha}_2,\boldsymbol{\alpha}_3$ 和 $\boldsymbol{\alpha}_2,\boldsymbol{\alpha}_3,\boldsymbol{\alpha}_4$ 都为向量组 $\boldsymbol{\alpha}_1,\boldsymbol{\alpha}_2,\boldsymbol{\alpha}_3,\boldsymbol{\alpha}_4$ 的最大线性无关组.

A.15 减肥配方的实现

线性代数的知识应用很广泛, 如果它结合数学建模, 可以在饮食配方中给出需要减肥的人很好的建议.

例 A.15 设三种食物每 100 克中蛋白质、碳水化合物和脂肪的含量如表 A.2 所示, 表中还给出了 20 世纪 80 年代美国流行的剑桥大学医学院的简洁营养处方. 现在的问题是: 如果用这三种食物作为每天的主要食物, 那么它们的用量应各取多少, 才能全面准确地实现这个营养要求?

表 A.2

营养	每 100g 食物所含营养/g			减肥所要求的每日营养量
	脱脂牛奶	大豆、面粉	乳清	
蛋白质	36	51	13	33
碳水化合物	52	34	74	45
脂肪	0	7	1.1	3

解 设脱脂牛奶的用量为 x_1 个单位, 大豆、面粉的用量为 x_2 个单位, 乳清的用量为 x_3 个单位, 表 A.2 中的三个营养成分列向量分别为

$$\boldsymbol{a}_1=\begin{bmatrix}36\\52\\0\end{bmatrix},\quad \boldsymbol{a}_2=\begin{bmatrix}51\\34\\7\end{bmatrix},\quad \boldsymbol{a}_3=\begin{bmatrix}13\\74\\1.1\end{bmatrix},$$

则它们的组合所具有的营养为

$$x_1\boldsymbol{a}_1+x_2\boldsymbol{a}_2+x_3\boldsymbol{a}_3=x_1\begin{bmatrix}36\\52\\0\end{bmatrix}+x_2\begin{bmatrix}51\\34\\7\end{bmatrix}+x_3\begin{bmatrix}13\\74\\1.1\end{bmatrix}.$$

令这个合成的营养与剑桥大学医学院配方的要求相等, 就可以得到以下矩阵方程:

$$\begin{bmatrix}36&51&13\\52&34&74\\0&7&1.1\end{bmatrix}\begin{bmatrix}x_1\\x_2\\x_3\end{bmatrix}=\begin{bmatrix}33\\45\\3\end{bmatrix}\Rightarrow \boldsymbol{Ax}=\boldsymbol{b}.$$

在 MATLAB 中, 可输入:

```
>> A=[36,51,13;52,34,74;0,7,1.1];
>> b=[33;45;3];
>> x=inv(A)*b
```

程序的运行结果:

```
x =
   0.2772
   0.3919
   0.2332
```

四舍五入即脱脂牛奶用量为 27.7g, 大豆、面粉用量为 39.2g, 乳清用量为 23.3g, 就能保证所需的综合营养量.

A.16　计算标准化二次型的正交矩阵

任给二次型 $f=\sum a_{ij}x_ix_j(a_{ij}=a_{ji})$, 总有正交变换 $\boldsymbol{x}=\boldsymbol{P}\boldsymbol{y}$, 使 f 化为标准形 $f=\lambda_1y_1^2+\lambda_2y_2^2+\cdots+\lambda_ny_n^2$, 其中 $\lambda_1,\lambda_2,\cdots,\lambda_n$ 是 f 的矩阵 $\boldsymbol{A}=[a_{ij}]_n$ 的特征值. 计算正交矩阵的标准化二次型矩阵是线性代数的一个重要的课题, 计算量也非常烦琐, 如果利用 MATLAB, 可以大大简化计算过程和计算量, 提高运算效率.

例 A.16　求一个正交变换 $\boldsymbol{x}=\boldsymbol{P}\boldsymbol{y}$, 把二次型 $f=x_1^2-2x_2^2+x_3^2+4x_1x_2+8x_1x_3+4x_2x_3$ 变换为标准形.

解　在 MATLAB 中, 可输入:

```
>> A=[1 2 4; 2 -2 2; 4 2 1];
>> syms y1 y2 y3
>> y=[y1;y2;y3];
>> [P,D]=eig(A),x=P*y,f=[y1 y2 y3]*D*y
```

运行结果为

```
P =
     0.5963       0.4472       0.6667
     0.2981      -0.8944       0.3333
    -0.7454            0       0.6667
D =
    -3.0000            0            0
          0      -3.0000            0
          0            0       6.0000
x =
  (2*y3)/3 + (4*5^(1/2)*y1)/15 + (5^(1/2)*y2)/5
    y3/3 + (2*5^(1/2)*y1)/15 - (2*5^(1/2)*y2)/5
                         (2*y3)/3 - (5^(1/2)*y1)/3
f =
    - 3*y1^2 - 3*y2^2 + 6*y3^2
```

注意: 上例中我们运用函数 eig 求出二次型系数矩阵 $\boldsymbol{A}$ 的特征值矩阵 $\boldsymbol{D}$ 和特征向量矩阵 $\boldsymbol{P}$, f 为所求的标准形式.

A.17 判断二次型的正定性

计算二次型矩阵的正定、负定和不定性质是线性代数一个重要的课题, 利用 MATLAB 进行计算, 也可以大大简化计算过程和计算量, 提高运算效率.

例 A.17 判断二次型 $f = x_1^2 + x_2^2 + 4x_3^2 + 7x_4^2 + 6x_1x_3 + 4x_1x_4 - 4x_2x_3 + 2x_2x_4 + 4x_3x_4$ 的正定性.

解 在 MATLAB 中, 可输入:

```
>> A=[1 0 3 2; 0 1 -2 1; 3 -2 4 2; 2 1 2 7];
>> D=eig(A)
if all(D>0)
   fprintf('二次型正定')
else
   fprintf('二次型非正定')
end
```

运行结果为

```
D =
   -1.4108
   0.3513
   4.7879
   9.2716
```

即此二次型非正定.

注意: (1) 在例 A.16 中, 我们从特征值矩阵 $\boldsymbol{D}$ 可以直观看出特征值非全正, 因此此例是非正定二次型, 例 A.16 中的程序也是判断此题的一种方法.

(2) 用 `all` 函数判断特征值矩阵 $\boldsymbol{D}$ 的特征值是否全为正.

A.18 人口迁徙模型

人口问题是关系国计民生的重大问题, 因此正确研究人口的迁徙特点, 帮助政府做出正确的人口决策至关重要. 利用线性代数的知识, 可以很好地给这类问题建模, 并得到合理的结论.

例 A.18 设一个大城市中的总人口是固定的. 人口的分布因居民在市区和郊区之间的迁徙而变化. 每年有 6%的市区居民搬到郊区去居住, 而有 2%的郊区居民搬到市区. 假如开始时有 30%的居民住在市区, 70%的居民住在郊区, 问十年后市区和郊区的居民人口比例是多少? 30 年、50 年后又如何?

解　首先用矩阵乘法来描述此问题. 把人口变量用市区和郊区两个分量表示, 即

$$\boldsymbol{x}_k = \begin{bmatrix} x_{ck} \\ x_{sk} \end{bmatrix},$$

其中 x_{ck} 为第 k 年市区人口所占比例, x_{sk} 为第 k 年郊区人口所占比例.

因此, 在 $k=0$ 的初始状态,

$$\boldsymbol{x}_0 = \begin{bmatrix} x_{c0} \\ x_{s0} \end{bmatrix} = \begin{bmatrix} 0.3 \\ 0.7 \end{bmatrix}.$$

一年以后, 市区人口为 $x_{c1}=(1-0.06)x_{c0}+0.02x_{s0}$, 郊区人口 $x_{s1}=0.06x_{c0}+(1-0.02)x_{s0}$, 利用矩阵乘法来描述, 可写成

$$\boldsymbol{x}_1 = \begin{bmatrix} x_{c1} \\ x_{s1} \end{bmatrix} = \begin{bmatrix} 0.94 & 0.02 \\ 0.06 & 0.98 \end{bmatrix}\begin{bmatrix} 0.3 \\ 0.7 \end{bmatrix} = \boldsymbol{A}\boldsymbol{x}_0 = \begin{bmatrix} 0.2960 \\ 0.7040 \end{bmatrix}.$$

以此类推, 从初始时间到 k 年, 该城市的人口扩展为 $\boldsymbol{x}_k=\boldsymbol{A}\boldsymbol{x}_{k-1}=\boldsymbol{A}^2\boldsymbol{x}_{k-2}=\cdots=\boldsymbol{A}^k\boldsymbol{x}_0$. 在 MATLAB 中, 可输入:

```
>> A=[0.94,0.02;0.06,0.98];x0=[0.3;0.7];
>> x1=A*x0,x10=A^10*x0,x30=A^30*x0,x50=A^50*x0
```

运行结果为

```
x1 =
    0.2960
    0.7040
x10 =
    0.2717
    0.7283
x30 =
    0.2541
    0.7459
x50 =
    0.2508
    0.7492
```

无限地增加时间 k, 市区和郊区人口比例将趋向一组常数 0.25, 0.75.